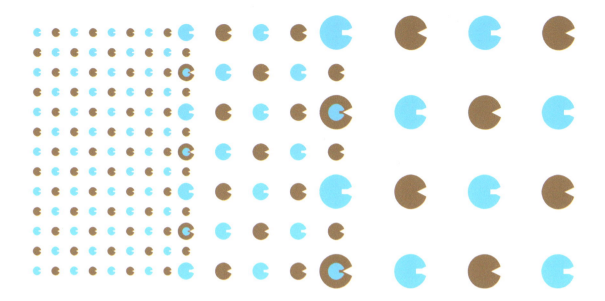

エッセンシャル タンパク質工学

Essential Protein Engineering

Tadao Oikawa 老川典夫　*Toshihisa Ohshima* 大島敏久　*Kiyoshi Yasukawa* 保川 清　*Hisaaki Mihara* 三原久明　*Ikuko Miyahara* 宮原郁子 [著]

講談社

ま え が き

　タンパク質は生命の根幹を担う生体分子であり，酵素をはじめ我々のからだの
さまざまな構造や機能の維持に重要な役割を果たしている。タンパク質研究の歴
史的な背景を考えた場合，地球創生期におけるタンパク質の誕生との関連に基づ
いた考察もできるであろうが，筆者はタンパク質研究の起源は，有史以前から人
類が狩猟や農耕によって獲得したさまざまな食料を腐敗しないために長期保存す
る目的で，自然界に存在する微生物によって経験的に保存中の食料を発酵させて
いたことにあると考える。このような微生物による発酵現象をさまざまな研究者
が，当初は微生物の細胞レベルで，その後微生物細胞内の分子レベルで解明して
いくことにより，発酵を担うものは酵素というタンパク質であることが解明され
た。その結果，酵素というタンパク質がどのような構造をしているのか，どのよ
うにして精密で複雑な反応を触媒することができるのかという素朴な疑問が生ま
れ，こうした「酵素の不思議」を解明するために必要な微生物の培養技術，タン
パク質の精製技術・結晶化技術・分析技術などが発展した。このようにしてタン
パク質の本質的な性質が解明できるようになると，タンパク質研究に対する研究
者の視点は，タンパク質を大量に得るにはどのようにすればよいのか，タンパク
質の機能を改変するにはどのようにすればよいのかなどといったタンパク質の応
用にも向けられるようになった。このような「タンパク質の大量生産と機能改変」
を体系的に学ぶ学問として，「タンパク質工学」が誕生した。したがって，タン
パク質工学はこれまで，発酵および醸造学を起源にタンパク質科学，遺伝子工学，
構造生物学，培養工学などとともに発展を遂げてきたといえよう。思い起こせば
タンパク質工学が誕生した頃，筆者は大学院の修士課程に在籍しており，日本で
まだ数台しか納入されていないという蛍光DNAシーケンサーが研究室に設置さ
れていた。ラジオアイソトープを使わずにDNAシーケンスができることに驚き
と感動を覚えたことを今でも鮮明に記憶しているが，現在筆者自身の研究室には
次世代DNAシーケンサーが導入され，微生物のドラフトゲノムであればわずか
1日で解読することができるようになっている。この数十年もの間におけるタン
パク質工学の学問的・技術的進化がたゆまなく続いていることを実感している。

　このような背景において，本書は「工学」として一本筋を通し，主に大学でタ
ンパク質工学，酵素・タンパク質化学，生物機能工学，生体高分子化学，タンパ
ク質機能学，応用タンパク質科学などを学ぶ学部学生を対象とした講義の教科書
として活用いただけるよう執筆した。高等専門学校でタンパク質科学やタンパク
質工学を学ぶ学生や，大学院でタンパク質機能構造学を学ぶ大学院生，さらに自
然科学に関する一般的素養をもつ人々や専門からやや離れた研究者や学生にも，
幅広く教科書や参考書として活用していただけるように高度な内容をできるだけ
わかりやすく平易に解説するように心がけ，基礎と最先端がつながるよう執筆し
た。特に，カラーの図表を豊富に取り入れた点は，同類他書にはない特色となっ
ている。タンパク質工学の複雑多岐にわたる分野をカバーするため，執筆者はそ

れぞれの分野で実績のある個性的で多彩な顔ぶれを選定した。それぞれの執筆分担は次のとおりである：老川（1，8，10章），大島（2，3，10章），保川（5，7，10章），三原（6，9，11章），宮原（3，4，11章）。

　本書のいわば旧版にあたる『タンパク質科学―科学と工学』は，1999年，今から19年前に筆者の恩師である京都大学名誉教授 左右田健次先生らの共著によって出版された。今回，その名著のいわば新版を取りまとめさせていただくことになり，感慨もひとしおである。刊行にあたり，本書執筆の機会を与えてくださった講談社サイエンティフィクの関係各位に御礼申し上げるとともに，本書を読んだ学生諸君が，若き日の自分がそうであったように，タンパク質や酵素の研究に夢を抱き，タンパク質や酵素の研究の未来を開拓してくれることを期待して止まない。

2018年2月
著者を代表して
老川　典夫

『エッセンシャル タンパク質工学』 Contents

まえがき iii

第1章 序 章 001

1.1 タンパク質工学とは 001
1.2 タンパク質工学の基本的な考え方 003
1.3 本書が目指すもの 005

第2章 アミノ酸とタンパク質の構造と性質 007

2.1 アミノ酸の構造と性質 007
2.1.1 アミノ酸の構造 007
2.1.2 アミノ酸とペプチドの表記法 008
2.1.3 アミノ酸の立体化学 008
2.1.4 アミノ酸の一般的性質 011
2.1.5 非タンパク質性アミノ酸 013

2.2 タンパク質の構造と性質 013
2.2.1 タンパク質の構造の階層性 013
A. 一次構造 013
B. 二次構造 014
C. 三次構造 018
D. 四次構造 019
2.2.2 タンパク質の形と大きさ 020

第3章 タンパク質の抽出・精製と分析 023

3.1 タンパク質の抽出と分離, 濃縮 023
3.1.1 タンパク質の抽出 023
3.1.2 膜タンパク質の可溶化 024
A. カオトロピック試薬 025
B. 界面活性剤 025
C. 酵素 027
3.1.3 塩析 027
3.1.4 透析と限外ろ過, 濃縮 028

3.2 タンパク質の精製 ⸺⸺⸺⸺⸺ 028

3.2.1 イオン交換クロマトグラフィー ⸺⸺⸺ 029
3.2.2 アフィニティークロマトグラフィー ⸺⸺ 030
3.2.3 ゲルろ過クロマトグラフィー ⸺⸺⸺ 031
3.2.4 その他のクロマトグラフィーによる精製法 ⸺ 032

3.3 ポリアクリルアミドゲル電気泳動による
タンパク質の純度評価 ⸺⸺⸺⸺⸺ 032

3.4 タンパク質の定量法 ⸺⸺⸺⸺⸺⸺ 034

3.4.1 紫外吸収法 (UV法) ⸺⸺⸺⸺ 034
3.4.2 ローリー法 ⸺⸺⸺⸺⸺⸺ 035
3.4.3 BCA法 ⸺⸺⸺⸺⸺⸺⸺ 035
3.4.4 ブラッドフォード法 ⸺⸺⸺⸺ 036

第4章 タンパク質の構造決定 ⸺⸺⸺⸺ 037

4.1 一次構造の決定法 ⸺⸺⸺⸺⸺⸺ 037

4.1.1 プロテインシーケンサー ⸺⸺⸺ 037
4.1.2 質量分析による決定法 ⸺⸺⸺ 039

4.2 二次構造の決定法 ⸺⸺⸺⸺⸺⸺ 041

4.2.1 円偏光二色性 (CD) スペクトル法 ⸺ 041
4.2.2 赤外吸収スペクトル法 ⸺⸺⸺ 042

4.3 高次構造の決定法 ⸺⸺⸺⸺⸺⸺ 044

4.3.1 核磁気共鳴 (NMR) スペクトル法 ⸺ 044
4.3.2 X線結晶構造解析 ⸺⸺⸺⸺ 045
4.3.3 その他の高次構造決定法 (電子顕微鏡・X線小角散乱法) ⸺ 047

4.4 構造データベースの活用 ⸺⸺⸺⸺ 049

第5章 タンパク質の生合成と分解 ⸺⸺⸺ 051

5.1 核酸の構造 ⸺⸺⸺⸺⸺⸺⸺⸺ 051

5.2 複製 ⸺⸺⸺⸺⸺⸺⸺⸺⸺⸺ 053

5.3 転写 ⸺⸺⸺⸺⸺⸺⸺⸺⸺⸺ 056

5.3.1 原核細胞における転写 ⸺⸺⸺ 056
5.3.2 真核細胞における転写 ⸺⸺⸺ 058

5.4 翻訳 — 059

5.4.1 アミノアシル tRNA の合成 — 059

5.4.2 タンパク質の生合成の開始 — 061

5.4.3 ポリペプチド鎖の伸長とその終結 — 061

5.5 タンパク質の分解 — 063

第6章 タンパク質の構造形成と輸送 — 065

6.1 タンパク質の翻訳後修飾：タンパク質の修飾と切断 — 066

6.1.1 アミノ末端およびカルボキシ末端の修飾 — 066

6.1.2 リン酸化 — 068

6.1.3 カルボキシ化 — 068

6.1.4 メチル化 — 068

6.1.5 ユビキチン化 — 069

6.1.6 S−ニトロシル化 — 070

6.1.7 脂質修飾 — 070

   A. イソプレニル化 — 070

   B. アシル化 — 070

   C. GPI修飾 — 071

6.1.8 糖鎖付加 — 071

6.1.9 補欠分子族付加 — 071

6.1.10 前駆体のプロセシングによる成熟 — 072

6.1.11 シグナル配列の除去 — 073

6.1.12 ジスルフィド結合の形成 — 073

6.2 分子シャペロンによるタンパク質のフォールディング — 075

6.3 シグナルペプチドによるタンパク質の輸送とフォールディング — 077

6.3.1 小胞体移行シグナルペプチド — 077

6.3.2 ミトコンドリア, 葉緑体, ペルオキシソームへの移行シグナルペプチド — 080

6.3.3 核移行シグナル — 080

6.3.4 真正細菌におけるタンパク質ターゲティングに関わるシグナルペプチド — 081

第7章 酵素としてのタンパク質 ... 085

7.1 酵素の分類 ... 085

7.2 活性化エネルギーと遷移状態 ... 087

7.3 酵素反応速度論 ... 089

7.4 酵素反応の反応機構 ... 093

7.5 補酵素 ... 094

7.6 酵素の阻害 ... 096

7.7 酵素活性の制御 ... 099
7.7.1 最適pH ... 099
7.7.2 最適温度 ... 100
7.7.3 アロステリック酵素 ... 100

7.8 抗体酵素 ... 102
7.8.1 抗体酵素とは ... 102
7.8.2 抗体酵素の作製法 ... 102
7.8.3 抗体酵素の現状 ... 103

第8章 遺伝子工学 ... 105

8.1 遺伝子工学の基礎 ... 105
8.1.1 制限酵素とリガーゼ ... 105
8.1.2 ベクター ... 107
A. プラスミドベクター ... 107
B. ウイルスベクター ... 110
C. コスミドベクター ... 111
8.1.3 DNAポリメラーゼ ... 112

8.2 遺伝子の増幅と分析法 ... 114
8.2.1 DNAの増幅：ポリメラーゼ連鎖反応（PCR） ... 114
8.2.2 DNAの分析：アガロースゲル電気泳動 ... 116
8.2.3 DNAの塩基配列の決定：DNAシーケンサー ... 118

8.3 遺伝子クローニング ... 122
8.3.1 目的遺伝子の調製 ... 122
A. PCRによる対象遺伝子の増幅 ... 122
B. 化学合成による対象遺伝子の調製 ... 123

8.3.2 発現ベクターの選択と構築 126
A. pETベクターの種類と選択 127
B. 発現ベクターの構築 129

8.3.3 宿主の選択 130
A. クローニングと発現を分離する場合 130
B. サブクローニングを行わずにクローニングと発現を同時に行う場合 130

8.3.4 遺伝子導入法 131
A. 化学的方法 131
B. エレクトロポレーション法 132

8.3.5 形質転換体の選択法 133

8.3.6 形質転換体の保存方法 134
A. 短期保存方法 134
B. 長期保存方法 134

8.4 遺伝子への変異導入法 135

8.4.1 部位特異的変異導入法 135
A. Overlapped extension法 135
B. QuikChange法 136

8.4.2 ランダム変異導入法 137

第9章

遺伝子発現とタンパク質精製 139

9.1 原核細胞におけるタンパク質の発現 139

9.1.1 転写効率の向上 139

9.1.2 翻訳効率の向上 142

9.1.3 融合タンパク質としての発現 143

9.1.4 分子シャペロンとの共発現 144

9.2 真核細胞におけるタンパク質の発現 145

9.2.1 酵母におけるタンパク質の発現 145

9.2.2 動物細胞におけるタンパク質の発現 147

9.2.3 昆虫細胞におけるタンパク質の発現 149

9.3 発現タンパク質の精製 149

9.3.1 融合タンパク質のアフィニティークロマトグラフィーによる精製 149

9.3.2 封入体からのタンパク質の精製 151

第10章 タンパク質工学の実際1 ―酵素としてのタンパク質 … 155

10.1 酵素工学を構成する技術 … 155
10.1.1 合理的設計法 … 155
10.1.2 ランダム変異導入法 … 156

10.2 酵素の機能改変 … 157
10.2.1 リゾチームの耐熱化 … 157
10.2.2 キシラナーゼの耐熱化 … 157
10.2.3 逆転写酵素の耐熱化 … 159
10.2.4 DNAポリメラーゼの基質特異性の改変 … 161
10.2.5 ビタミンD合成酵素の基質特異性の改変 … 161
10.2.6 耐熱性NADP依存性D-アミノ酸デヒドロゲナーゼのタンパク質工学的創製と応用 … 162
- A. 人工D-AADHのタンパク質工学的創製と特徴 … 163
- B. *U. thermosphaericus* 由来の *meso*-DAPDH を用いたD-AADHの創製 … 165
- C. 耐熱性D-AADHを利用するD-分岐鎖アミノ酸とその安定同位体標識アナログの生産 … 165
- D. 耐熱性D-AADHを利用したD-イソロイシンの特異的分析法 … 168
- E. 立体構造解析の情報に基づく変異酵素の改良 … 168

10.3 酵素の構造と機能の解析 … 171
10.3.1 γ-レゾルシン酸デカルボキシラーゼ … 171
- A. γ-レゾルシン酸デカルボキシラーゼの触媒機構 … 172
- B. γ-レゾルシン酸代謝関連酵素遺伝子群の発見と機能解析 … 175
10.3.2 酢酸マレイルレダクターゼ … 176

第11章 タンパク質工学の実際2 ―機能／構造タンパク質 … 179

11.1 金属タンパク質 … 179
11.1.1 金属酵素 … 179
11.1.2 電子伝達タンパク質 … 181
11.1.3 金属依存性転写調節因子 … 183
11.1.4 金属タンパク質の解析例：ジヒドロピリミジンデヒドロゲナーゼ … 183

11.2 膜タンパク質 … 185
11.2.1 膜輸送体 … 186
11.2.2 受容体 … 191

11.3 蛍光タンパク質 193
11.3.1 GFPの発見および発光のしくみ 194
11.3.2 GFPの利用 195

11.4 立体構造と機能の関係：PLP酵素を例に 197
11.4.1 Fold-type Iに属するアミノトランスフェラーゼ 198
11.4.2 Fold-type IVに属するアミノトランスフェラーゼ 200

さらに勉強をしたい人のために 203
索 引 207

Column

XFEL（自由電子レーザー） 048

もっとも長いタンパク質 049

複製 056

タンパク質の分解 064

シャペロン 075

タンパク質の構造形成の熱力学 077

酵素の分類 087

熱力学 088

酵素反応速度論 092

ファージ 106

次世代DNAシーケンス技術 120

ゲノムウォーキングPCR 124

インバースPCR 129

人工遺伝子合成 141

耐熱性タンパク質の精製 153

全アミノ酸スキャニング変異導入法 157

遺伝子組み換えダイズ 159

第1章

序　章

1.1 ◆ タンパク質工学とは

　タンパク質工学は，文字どおり「タンパク質」を対象に「遺伝子工学」的手法を用いて研究するための学理と技術を体系的に学ぶ学問である。したがって，タンパク質工学を理解するには，古典的なタンパク質に関する知識と，最先端の遺伝子工学の知識をともに有機的に関連させながら修得する必要がある。

　タンパク質という用語の起源は，1938年にムルダー（Gerardus J. Mulder）が，ギリシャ語のproteios（「根源的」の意，英語のprimeやof the first rankに相当）になぞらえ，窒素に富む生物のもっとも大切な要素をタンパク質と命名したことが最初であるといわれている。一方，遺伝子工学という用語の起源は明確ではないが，1970年代前半にgene engineering, genetic engineeringなどの単語を含むタイトルの論文が初めて報告されていることから，この頃に誕生したと考えられる。したがって，タンパク質工学は，遺伝子工学誕生後それがやや安定期に入った1980年代に誕生したと考えられ，今誕生から約40年の時が経ち，まさに成熟期を迎えている。

　タンパク質工学の目的は，（1）自然界に存在する稀少なタンパク質を大量に生産することと，（2）自然界に普遍的に存在するタンパク質の構造や機能を改変することに大別され，これらは単にタンパク質の本質を理解するための学問的な基礎の面から重要なだけではなく，我々の生活を豊かにするためにタンパク質を産業利用する応用の面からも重要である。以下，この2つの目的の意義について具体例を示しながら紹介する。

（1）自然界に存在する稀少タンパク質を大量生産することの重要性

　タンパク質工学の有用性を理解する上でわかりやすい例に，レンネットに関する研究がある。レンネットはチーズ製造の際に牛乳を凝固させ，チーズの素を作り出すのに用いられる酵素剤であり，その主成分はキモシン（EC 3.4.23.4：EC番号については第7章を参照）である。牛乳中に含まれるタンパク質であるκ-カゼインは，牛乳中ではカルシウムおよびリン酸によりカゼインミセルという負の電荷を帯びた巨大な複合体を

形成している。キモシンはタンパク質分解酵素であるプロテアーゼの一種であり，κ-カゼインの105番目のフェニルアラニン残基と106番目のメチオニン残基の間のペプチド結合を加水分解する。その結果，κ-カゼインが不安定化し，カゼインミセルから分離して負の電荷が弱まり，カルシウムイオンを介して脂肪球とともに沈殿凝固する。レンネットは，これまで主に生後間もない仔牛の第4胃の消化液から抽出されたものが利用されてきた。したがって，レンネットを得るには，大量の仔牛を屠殺する必要があり，酪農家にとって大きな負担となるだけでなく，動物愛護の精神からも問題となっていた。しかしタンパク質工学により，1980年代に仔牛キモシン遺伝子のクローニングが可能となり，稀少な仔牛キモシンとまったく同じアミノ酸配列や特性をもつ遺伝子組換えキモシンを大量に生産することができるようになり，上記のような問題が解決された（図1.1）。

また，キモシンのようなもともと自然界で稀少なタンパク質は，タンパク質工学によって大量に生産され高純度なタンパク質が調製できるようになると，これまで解明できなかったタンパク質自体の構造や機能など，タンパク質科学的な特性が解析できるようになる。例えば，①タンパク質のアミノ末端（N末端）側の配列の解析（第3章），②タンパク質をプロテアーゼなどで限定分解することによる内部配列の決定（第4章），③タンパク質の全一次構造の決定（第4章），④タンパク質のサブユニットの分子量および四次構造の決定（第4章），⑤結晶化したタンパク質を用いたX線結晶構造解析による立体構造の解析（第4章），⑥最適温度（至適温度），最適pH（至適pH），熱安定性，pH安定性，基質特異性，補酵

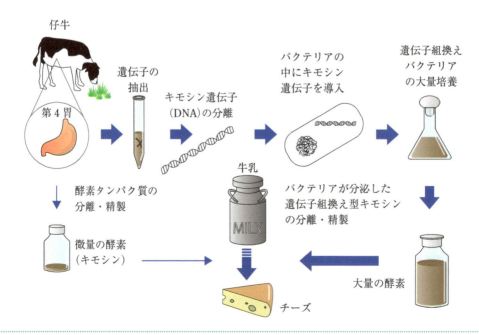

| 図1.1 | タンパク質工学によるキモシン（稀少タンパク質）の大量生産の模式図

素特異性，阻害剤の影響の評価，反応の速度論的解析（第7章）などを行うことができる。これらのタンパク質の特性の解析は，単にタンパク質分子の特性を理解する上で重要であるだけでなく，次の(2)で述べるタンパク質の構造・機能を改変する上で必要不可欠な情報となる。

(2) 自然界に普遍的に存在するタンパク質の構造・機能を改変することの重要性

　自然界に存在する酵素（野生型酵素）を産業利用する場合，最適温度，最適pH，熱安定性，pH安定性，基質特異性などの性質のうち，1つまたはいくつかが使用者が望んでいる特性とは異なっている場合がある。このような場合，酵素工学的なアプローチでは，望んでいる性質をもった酵素を生産する微生物などの自然界からのスクリーニングが行われるが，これは「宝探し」のようなもので，見つかる確率は一般にかなり低い。一方，タンパク質工学では，野生型酵素の一次構造中のアミノ酸残基に対して特異的に（部位特異的変異）あるいは非特異的に（ランダム変異）変異を導入することにより別のアミノ酸残基に置換し，使用者が望んでいる性質を兼ね備えた酵素を創製し，さまざまな物質や製品の生産に応用できるように試みる（第8章）。

　また，タンパク質工学の部位特異的変異導入技術は，物質生産における機能性タンパク質の機能向上などタンパク質の応用面で用いられるだけではない。タンパク質の一次構造から高次構造までの情報に基づき，そのタンパク質の触媒活性および構造維持に重要と予想されるアミノ酸残基を実験者が望んでいるアミノ酸残基に置換し，その構造や機能を解析することによって，タンパク質の構造と機能の相関や酵素の反応機構の解明といったタンパク質科学的な基礎研究にも用いることができる。さらに，得られたタンパク質科学的知見に基づき，タンパク質工学的手法により，人工酵素の創製なども可能となる（図1.2）。

1.2 ◆ タンパク質工学の基本的な考え方

　タンパク質工学の対象は当然ながらタンパク質であるが，上記した(1)および(2)の2つのタンパク質工学の目的を達成するには，実際はタンパク質そのものではなく，それをコードする「遺伝子」であるDNAも対象となる。DNAとしては動物，植物，微生物などさまざまな生物から抽出された自然界に存在する天然の遺伝子だけでなく，DNA自動合成機で合成された人工の遺伝子や変異を導入した変異型遺伝子も利用される（第8章参照）。また真核生物の場合，DNAにはコード領域（エクソン）と非コード領域（イントロン）があるため，そのまま異種生物細胞中で発現させても，目的とするタンパク質が得られない。したがって，イントロンを含まないmRNAを逆転写酵素でDNAに逆転写したcDNA（相

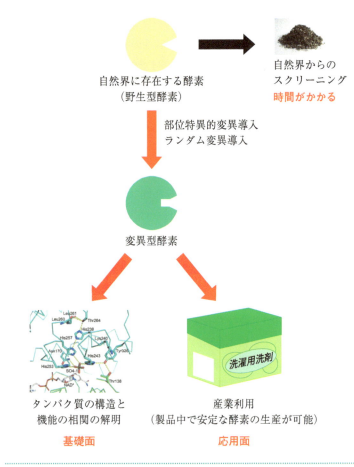

図1.2 タンパク質工学により自然界に存在する酵素の構造・機能を改変することの重要性

補的DNA）が用いられる（第9章参照）。また材料となる遺伝子の入手量が少ない場合には，ポリメラーゼ連鎖反応（PCR，8.3.1項参照）によって，短時間で大量に増幅することができる。こうして調製されたDNAを，「はさみ」の役割を果たす制限酵素で切断し，「のり」の役割を果たす酵素リガーゼでベクターとよばれる「運び屋」の役割を果たすDNAに接着し，宿主細胞（ベクターを導入したタンパク質を発現させるための細胞）を形質転換する（8.1.2項参照）。そして，発現宿主細胞中で発現したタンパク質を各種クロマトグラフィーで精製し，物質生産や機能性評価に用いる（第3章参照）。

　上記のうち遺伝子工学的な実験は，試薬や試料の量の正確な取り扱いと反応温度や反応時間の厳密な制御や管理ができれば，多くの場合，大きな問題なく実施することが可能である。一方，遺伝子工学的な手法により発現したタンパク質を，どのように精製し評価するかといったタンパク質の取り扱いに関する実験は，個々のタンパク質に適した実験方法を試行錯誤しながら選択し最適化する必要があるため，タンパク質の取り扱いに関する豊富な知識だけではなく，経験も重要となる。膨大な遺

伝情報が短時間で供給されるようになったポストゲノム時代の今，個々の遺伝子にコードされたタンパク質の機能を解明する上で，タンパク質工学はきわめて重要な学問であるといえる。

1.3 ◆ 本書が目指すもの

　本書では，上記のように現代のライフサイエンス，バイオテクノロジーの分野で重要な位置づけにあるタンパク質工学を，最先端の知識や技術を織り交ぜながら体系的に学ぶ。すなわち，まず第2章でタンパク質を構成するアミノ酸の性質やタンパク質の基本的な性質を学び，第3章でタンパク質の基本的な取り扱い方法である細胞などからの抽出と精製・分析方法を学ぶ。第4章では精製タンパク質のさまざまな構造決定方法を学び，第5章ではタンパク質の生合成と分解の基礎を学ぶ。続く第6章ではタンパク質を構成するポリペプチド鎖が，どのように高次構造を形成するのか，そしてどのような機構でそれぞれが機能する場所へと運ばれるのかについて翻訳後修飾を含めて学ぶ。第7章では触媒活性をもつタンパク質である酵素について基本的な性質を学ぶ。さらに，第8章ではタンパク質工学の研究手法として重要な遺伝子工学について，第9章ではタンパク質をどのようにさまざまな細胞で発現させるのかについて最新の方法を含めて学ぶ。最後に，第2章から第9章までで学んだ知識や技術が，実際にどのように生かされているかを，第10章では酵素を中心に，第11章では機能タンパク質・構造タンパク質を中心に，具体的な研究例をもとに理解する。

第2章

アミノ酸とタンパク質の構造と性質

2.1 ◆ アミノ酸の構造と性質

　タンパク質は約20種類の異なるα-アミノ酸（amino acid）がペプチド結合により重合した高分子物質である。一般にα-アミノ酸が約50〜2,000個（なかには10,000個を超えるものもある）ぐらいつながったものを**タンパク質**（protein）といい，50個以下のものは**ペプチド**（peptide）とよばれる。自然界には20種類のアミノ酸の配列と重合度が異なる無限数に近いタンパク質が存在する。それらが固有の構造と特有の機能をもち，生命を支え，また生物の多様性と普遍性を演出している。

2.1.1 ◇ アミノ酸の構造

　アミノ酸は1つの分子内にアミノ基（$-NH_2$）と酸性基（カルボキシ基：$-COOH$，スルホン酸基：$-SO_3H$，リン酸基（ホスホン酸基）：$-PO_3H_2$）をもつ分子であり，生物の機能と構造に関与する分子のなかでもっとも重要である。天然には，約500種類のアミノ酸の存在が知られているが，タンパク質を構成するアミノ酸（タンパク質構成アミノ酸）はα位（カルボキシ基の隣：2位）にアミノ基，水素および20種類の異なる側鎖をもつカルボン酸（1位）である（**図2.1**）。また，20種類のタンパク質構成アミノ酸以外にセレノシステインやピロリジンなどを含むタンパク質も存在する。コラーゲン，ゼラチン，カゼインなどにはプロリンから生合成される4-ヒドロキシプロリンが含まれる。

　α-アミノ酸のほかに，アミノ基がカルボキシ基から2つ離れた炭素（3位）に結合しているβ-アミノ酸（例えばβ-アラニン）や3つ離れた炭素（4位）に結合しているγ-アミノ酸（例えばγ-アミノ酪酸）なども生体には存在する。γ-アミノ酸のような炭素鎖の末端をω炭素とよび，末端の炭素にアミノ基が結合しているときにはω-アミノ酸とよぶこともある（**図2.2**）。さらに，分子内にアミノ基やカルボキシ基が複数個存在するアミノ酸も存在する。例えば，α位に加えてε位（6位）にアミノ基が存在するリシンやα位に加えてγ位（4位）にもカルボキシ基が存在するグルタミン酸などがある。

| 図2.1 | α-アミノ酸の分子構造

| 図2.2 | γ-アミノ酪酸の分子構造

2.1.2 ◇ アミノ酸とペプチドの表記法

タンパク質を構成する20種類のアミノ酸の順番・組成を表記する際，アミノ酸が鎖状にペプチド結合したペプチドやタンパク質では，正式名を使うと長くなりすぎるため，アミノ酸の三文字表記や一文字表記が利用される（**表2.1**）。三文字表記では英語名の最初の三文字を用い，一文字目は大文字で残りは小文字で表す。例えば，グリシン（glycine）やアラニン（alanine）はそれぞれGlyやAlaと表記する。ただし，グルタミン酸（glutamic acid）とグルタミン（glutamine），アスパラギン酸（aspartic acid）とアスパラギン（aspargine）の2組では，最初の三文字が同じであるので，それぞれをGluとGln，AspとAsnとして区別する。また，イソロイシン（isoleucine）とトリプトファン（tryptophan）も最初の三文字を使わず，それぞれIleとTrpと表記する。一方一文字表記では，基本的にアミノ酸の英語表記の頭文字を使う。同じ頭文字であるアミノ酸では，分子量の小さいものを優先し，残りのものは，頭文字が他のアミノ酸の表記に使用されていない文字を充てている。例えば，Gly, Glu, Glnの場合，それぞれG, E, Qで表す。また，どのアミノ酸か区別できない場合の一文字表記はXで表し，GluかGlnの区別ができない場合はGlx（三文字表記の場合），Z（一文字表記），AspかAsnの区別ができない場合は，Asx（三文字表記），B（一文字表記）で表す。なお，セレノシステインとピロリジンの三文字表記と一文字表記は，それぞれSec, UとPyl, Oである。

2.1.3 ◇ アミノ酸の立体化学

タンパク質を構成する20種類のアミノ酸のα炭素は，側鎖が水素であるグリシンを除き，アミノ基，カルボキシ基，水素原子に加え種類の異なる側鎖が結合した不斉炭素であり，アミノ酸分子はキラルである。そのため，三次元（空間）的に重なり合わない一対の**エナンチオマー**（enantiomer：鏡像異性体，対掌体）が存在する（**図2.3**）。エナンチオマーはラテン語で「反対」や「対称」という意味で，「互いに鏡像の関係，あるいは右手と左手の関係にあって，互いに重ね合わせることができない一対の分子種の一方」と定義される。また，そのような関係をエナンチオ異性とよぶ。キラルな化合物の溶液には偏光を入射したときに偏光面を回転させる性質があり，このような性質を光学活性という。

表2.1 タンパク質を構成するアミノ酸とその性質

アミノ酸名	三文字表記	一文字表記	分子量	pK_a	等電点
アラニン	Ala	A	89.08	2.35, 9.87	6.00
アルギニン	Arg	R	174.20	2.18, 9.09, 13.2	10.76
アスパラギン	Asn	N	132.12	2.02, 8.80	5.41
アスパラギン酸	Asp	D	133.10	1.88, 3.65, 9.60	2.77
システイン	Cys	C	121.16	1.71, 8.33, 10.78	5.07
グルタミン	Gln	Q	146.15	2.17, 9.13	5.65
グルタミン酸	Glu	E	147.13	2.19, 4.25, 9.67	3.22
グリシン	Gly	G	75.07	2.34, 9.60	5.97
ヒスチジン	His	H	155.15	1.78, 5.97, 8.97	7.59
イソロイシン	Ile	I	131.17	2.32, 9.76	6.02
ロイシン	Leu	L	131.17	2.36, 9.60	5.98
リシン	Lys	K	146.19	2.20, 8.90, 10.28	9.74
メチオニン	Met	M	149.21	2.28, 9.21	5.74
フェニルアラニン	Phe	F	165.19	2.58, 9.24	5.48
プロリン	Pro	P	115.13	1.99, 10.60	6.30
セリン	Ser	S	105.09	2.21, 9.15	5.68
トレオニン	Thr	T	119.12	2.15, 9.12	6.16
トリプトファン	Trp	W	204.23	2.38, 9.39	5.96
チロシン	Tyr	Y	181.19	2.20, 9.11, 10.07	5.66
バリン	Val	V	117.15	2.32, 9.69	5.96

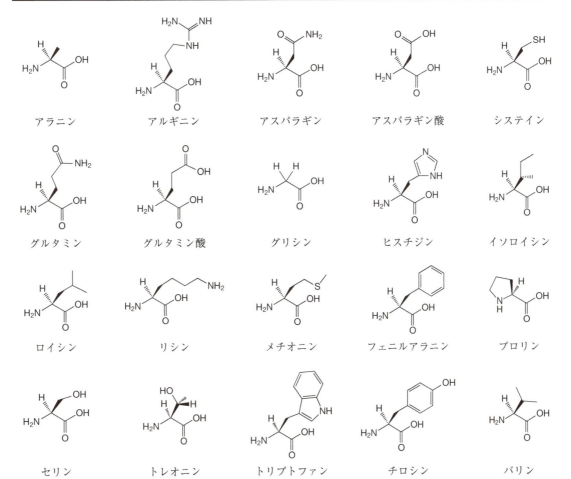

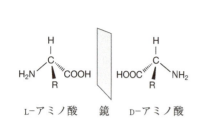

図2.3 L-アミノ酸とD-アミノ酸の鏡像関係

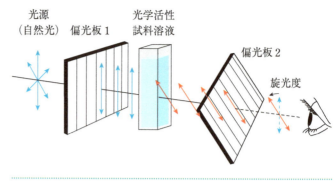

図2.4 旋光度測定の原理

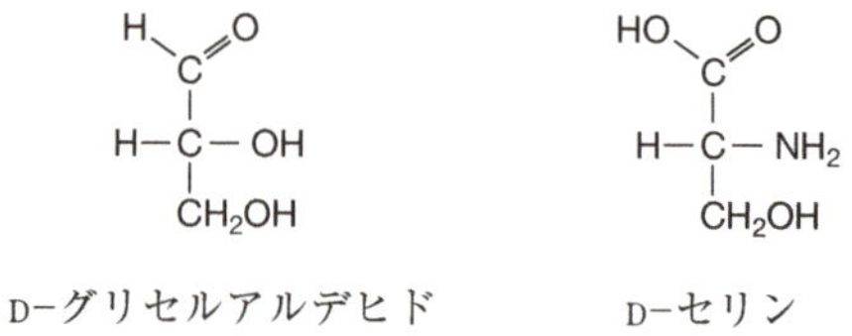

図2.5 D-グリセルアルデヒドとD-セリンの分子構造

　一対のエナンチオマーどうしの物理化学的性質は同一であるが，別のキラルな分子との反応性は異なる。それらの溶液は偏光面を回転させる方向（**図2.4**）が逆であり，その回転の度合いはキラルな分子を含む溶液を旋光度計で測定した室温（25℃）での偏光の回転角度から得られる比旋光度[α]で表す。

$$[\alpha]_D^{25} = \frac{偏光の回転角度（°）}{光路長（cm）\times 濃度（g/cm^3）} \quad (2.1)$$

（D：ナトリウムスペクトルのD線）

偏光面の回転が観察者から見て時計回りであることを右旋性（[α]は＋），反時計回りであることを左旋性（[α]は－）という。またエナンチオマーどうしは，光学的性質がまったく異なることから「光学異性体」とよばれることもある[*1]。

　キラル化合物の立体構造の表示には，もっとも簡単な構造をもつ糖であるD-グリセルアルデヒドの化学構造（**図2.5**）を基準とするDL表記法が古くから用いられている。アミノ酸ではD-セリンが基準である。一方，有機化学の分野などで一般的によく用いるRS表示法では，不斉炭素に直接結合する4種類の異なる原子の原子番号の大きい方から優先順位を付け，一番小さい水素原子を車のハンドルの軸の方に置いたときに，優先順位の回転方向がハンドルの時計回り（右回り）である場合は*R*，一方反時計回り（左回り）である場合は*S*となる。タンパク質を構成するアミノ酸はほとんどがL体であり，*S*体である（**図2.6**）。しかし，L-システイ

[*1] 国際純正・応用化学連合（IUPAC）によれば光学異性体という用語の使用はなるべく避けるべきであるが，光学活性という用語は用いてもよいことになっている。

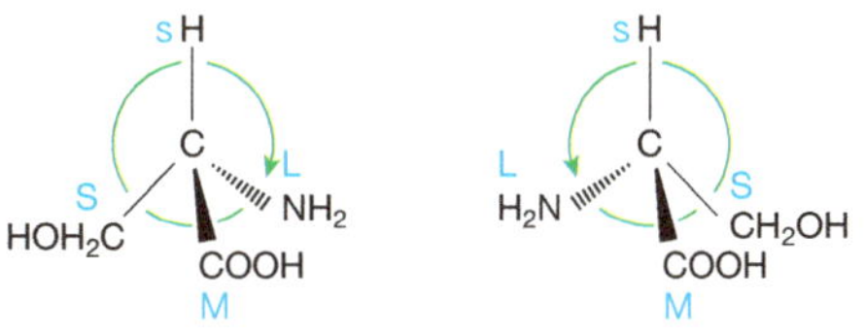

S体(L-Ser)　　　　R体(D-Ser)

|図2.6|セリンにおけるR配置とS配置
不斉炭素に結合する原子番号の大きい原子を優先し，同じ原子がある場合にはその1つ先に付いている2番目の原子番号の最大のものを比較する。二，三重結合があるときは，その結合をもつ原子がそれぞれ2個，3個あるものとする。すべての原子団の順位が決定したら，順位が最低のもの（s，例えば水素）を不斉炭素の背後に置き，残りの原子団の優先順位（L, M, Sの順）が，右回りのときをR（rectus：右），左回りのときをS（sinister：左）配置とする。

ン（Cys）はα炭素についているカルボキシ基の酸素原子よりもβ炭素についている硫黄原子の原子番号の方が大きく優先されるので，R体となる。生化学の分野ではこの例外による混乱を避けるため，一般にはDL表記法が利用されている。

　生物がもつタンパク質は一部の例外を除き，すべてL–アミノ酸から構成されている。それは，タンパク質の合成に関与するアミノアシルtRNA合成酵素がL–アミノ酸のみを基質として利用することに起因している。また，遺伝子の構成成分である塩基，酸化還元酵素の補酵素として重要なニコチンアミドアデニンジヌクレオチド（リン酸）（NAD（P））やフラビンアデニンジヌクレオチド（FAD），生体のエネルギー物質であるアデノシン三リン酸（ATP）などはL–アミノ酸を原料として生合成され，D–アミノ酸は利用されないので，D–アミノ酸は天然には存在しないと考えられてきた。しかし近年，D体とL体のアミノ酸を高速液体クロマトグラフィーなどで分離分析する技術の発展により，生物にも遊離アミノ酸として，またタンパク質の内部に結合する形でD–アミノ酸が存在することが明らかになっている。例えば，アサリなどの二枚貝には遊離のD–アラニンが高濃度で存在し，浸透圧調節に関与していることや，白内障患者では目のレンズを構成する主要タンパク質であるα–クリスタリンの特定のアスパラギン酸がD体となっていることなどが明らかになっている。後者のタンパク質内で結合型として存在するD–アミノ酸は，相当するL–アミノ酸から「翻訳後の化学反応」により生成し，タンパク質の老化との関連が予想されている。

2.1.4◇アミノ酸の一般的性質
　一般にアミノ酸分子内のα–カルボキシ基とα–アミノ基は，水溶液中では，それぞれ酸・塩基として作用する。両者はpHに応じて非イオン（–COOH, –NH$_2$）とイオン（–COO$^-$, –NH$_3{}^+$）の状態をとる。α–カルボキシ基のpK_aは1.8～2.46で，α–アミノ基のpK_aは8.72～10.70であるので，生物の細胞や組織の中性付近ではカルボキシ基とアミノ基は陰イオンと

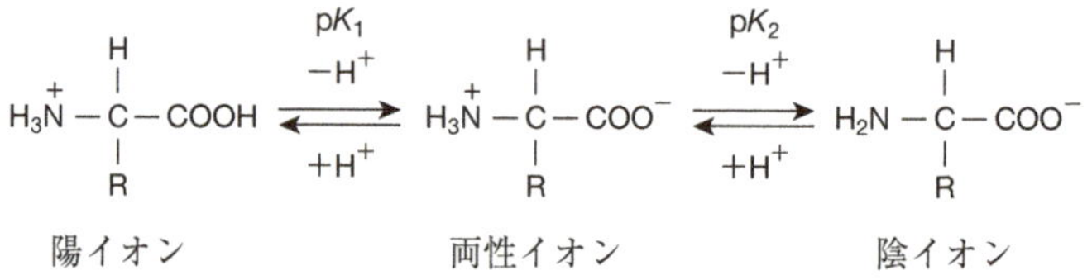

012 | 第2章 アミノ酸とタンパク質の構造と性質

$$H_3\overset{+}{N}-\underset{\underset{R}{|}}{\overset{\overset{H}{|}}{C}}-COOH \underset{+H^+}{\overset{pK_1}{\underset{\longleftarrow}{\overset{-H^+}{\rightleftharpoons}}}} H_3\overset{+}{N}-\underset{\underset{R}{|}}{\overset{\overset{H}{|}}{C}}-COO^- \underset{+H^+}{\overset{pK_2}{\underset{\longleftarrow}{\overset{-H^+}{\rightleftharpoons}}}} H_2N-\underset{\underset{R}{|}}{\overset{\overset{H}{|}}{C}}-COO^-$$

陽イオン　　　　　　　　　　　両性イオン　　　　　　　　　　陰イオン

| 図2.7 | 水溶液中における α-アミノ酸のpHに依存した解離状態

*2 $pK_a = -\log K_a$で，K_aは酸の解離平衡の平衡定数(酸解離定数)である。酸をHAと表すと，その解離平衡HA⇌H^++Aの酸解離定数は$K_a =$[H^+][A^-]/[HA]となる。pK_aが小さいほど強い酸を意味する。

陽イオンにそれぞれ解離した状態で存在する*2。これを両性イオンという(**図2.7**)。分子内の陽イオンと陰イオンの電荷数が等しい，言い換えると電荷が差し引きゼロの状態になるpHを**等電点**(isoelectric point, pI)という。等電点に等しいpHの水溶液中ではアミノ酸は電気泳動において通電しても移動せず，溶解度はもっとも低くなる。

　20種類のアミノ酸を側鎖の極性で分けると(1)電荷のある極性側鎖をもつアミノ酸，(2)非極性側鎖をもつアミノ酸，(3)無電荷の極性側鎖をもつアミノ酸の3種類に大別できる。まず(1)電荷のある極性側鎖をもつアミノ酸としては，酸性のカルボキシ基をもつアスパラギン酸(Asp)とグルタミン酸(Glu)があり，酸性アミノ酸とよばれる。これに対して，リシン(Lys)，アルギニン(Arg)，ヒスチジン(His)は側鎖に塩基性であるアミノ基，グアニジル基，イミダゾール基をそれぞれ含むので，塩基性アミノ酸に分類される。酸性アミノ酸と塩基性アミノ酸の側鎖に存在するカルボキシ基やアミノ基は，α炭素に結合しているそれとは異なる特異的な酸解離定数pK_a(以下pK_Rと表す)を有する(表2.1参照)。

　(2)非極性側鎖をもつアミノ酸は9種類あり，グリシン(Gly)，アラニン(Ala)，バリン(Val)，ロイシン(Leu)，イソロイシン(Ile)は大きさの異なる脂肪族側鎖をもつ。メチオニン(Met)はチオエーテル型の側鎖をもち，プロリン(Pro)はピロリジン環をもつ。芳香環を含む側鎖としてフェニルアラニン(Phe)はフェニル基を，トリプトファン(Trp)はインドール基をもつ。

　(3)無電荷の極性側鎖をもつアミノ酸は6種類あり，ヒドロキシ基(アルコール基)，アミド基，メルカプト基(チオール基)を含むアミノ酸がある。セリン(Ser)，スレオニン(Thr)，チロシン(Tyr)の側鎖にはヒドロキシ基がある。チロシンの側鎖は芳香環を含むが，フェノール性のヒドロキシ基をもちpK_Rは10.46である。アスパラギン(Asn)とグルタミン(Gln)は側鎖にアミド基をもつ。システインはメルカプト基(-SH)を側鎖にもち，脱プロトン化したチオレートアニオン(-S^-)となることもある($pK_R = 8.37$)。システイン(Cys)の側鎖は，酸化されるともう1つのシステインのメルカプト基とジスルフィド結合をつくる。

　タンパク質はアミノ酸の重合体であり，アミノ酸の側鎖の物理化学的性質がタンパク質の構造や機能に強く反映されるので，20種類のアミノ酸の側鎖の構造，大きさ，極性，酸性度，水素結合性，架橋能力，他

の官能基との反応性などの特徴を理解することがタンパク質の構造と機能を理解する上で非常に重要である。

2.1.5 ◇ 非タンパク質性アミノ酸

タンパク質を構成する20種類のアミノ酸以外に，生体には，代謝中間体，抗生物質，毒およびそれらの成分などとして機能するアミノ酸が数百種存在することが知られている。代表的なものとして，尿素サイクルの構成成分であるL-オルニチン，L-シトルリン，L-アルギニノコハク酸，お茶の旨味成分であるL-テアニン，Lys代謝系の中間体であるL-2-アミノアジピン酸がある。またサッカロピン，ペプチド抗生物質に含まれるD-Phe，D-Leuや，納豆の糸に含まれるD-GluなどのD-アミノ酸もある。

2.2 ◆ タンパク質の構造と性質

2.2.1 ◇ タンパク質の構造の階層性

タンパク質の機能は構造（立体構造）によって決まる。タンパク質の構造は以下に示すように階層的に分けられる。構造を考える上で，重要な役割をもつのがタンパク質を構成するアミノ酸の側鎖や末端アミノ酸残基の間で形成される分子間相互作用である。分子間相互作用としては，共有結合のS-S結合，負電荷と正電荷間に形成されるイオン間相互作用，水素結合，疎水性相互作用，ファンデルワールス相互作用がある。

A. 一次構造

タンパク質は20種類のL-α-アミノ酸が脱水縮合してペプチド結合を形成し，数10～2,000個くらい結合した直鎖状のポリマー分子である（**図2.8**）。タンパク質分子の基本的構造や性質は構成アミノ酸残基の並び方により決まり，それを**アミノ酸配列**（amino acid sequence）もしくは**一次構造**（primary structure）とよぶ。各タンパク質はDNAの遺伝子情報，すなわちヌクレオチドの並び方（塩基配列）を反映して，固有の一次構造をもつ。タンパク質はアミノ末端（N末端）側から生合成されるので，一次構造を表すときは，N末端のアミノ酸から始め，C末端のアミノ酸で終える（図2.8）。例えば，あるタンパク質の一次構造を，三文字表記ではMet-Glu-Gly-Ala-Lys-----------Ser，一文字表記ではMEGAK------------Sのように表す。化合物名で表す場合には，methionyl-glutamyl-glycyl-alanyl-lysyl---------serineのようにN末端アミノ酸から順にアミノ酸の最後の三文字（-ineなど）を-ylに変え，C末端アミノ酸名をそのまま添えて終わる。

特徴的な機能を示す一次構造（モチーフ配列）が知られている。例えば，NAD（H）の結合モチーフである-GxGxxG-，ATP結合モチーフであ

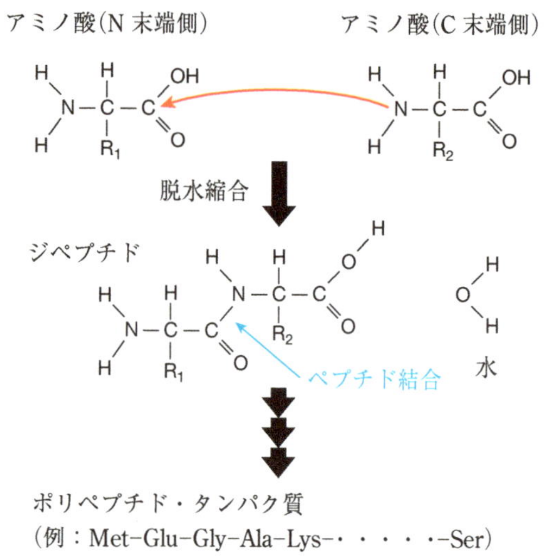

014 | 第2章 アミノ酸とタンパク質の構造と性質

図**2.8** アミノ酸の脱水縮合によるペプチドおよびタンパク質の生成

る–GxxxxGK（T/S）–，DNAと結合する亜鉛フィンガーモチーフ（2つの Cys残基と2つのHis残基が亜鉛イオンに対して四面体に配位する）などがある。また，システイン残基間で形成されるジスルフィド結合（–S–S–）の位置も一次構造として扱う。一次構造がわかっていれば，タンパク質の等電点やタンパク質の吸光係数を決定できる。タンパク質の一次構造の決定については4.1節で述べる。

B. 二次構造

タンパク質の立体構造のうち，規則的なポリペプチドの部分構造（アミノ酸3～30残基）を**二次構造**（secondary structure）といい，αヘリックス，βシート，ターン，および不規則構造がある。タンパク質内のペプチド結合は**図2.9**に示すような共鳴構造をとっているために二重結合性を帯び，平面性をもっているので，$C_{\alpha 1}$–CO–NH–$C_{\alpha 2}$は同じ平面上にある。また，$C_{\alpha 2}$–CO–NH–$C_{\alpha 3}$は別の平面上にある。ここでNH–$C_{\alpha 2}$HRと$C_{\alpha 2}$HR–COの結合は単結合であるので自由に回転可能であるが，アミノ酸も側鎖と主鎖との間での衝突があるために影響を受け，主鎖の2つの単結合の角度ϕ（ファイ：–NH–C_{α}HR–の回転角度）とψ（プサイ：–C_{α}HR–CO–の回転角度）は自由な値をとれず制限を受ける（**図2.10**）。例えば，GlyはC_{β}（β炭素）がないため他のアミノ酸に比べて許容範囲はずっと広い。また，Proの側鎖は環状であるため許容範囲は強く制限される。このようにϕとψの組み合わせにより特定の二次構造が形成される。ただし立体的に許される二面角ϕとψの組み合わせは制限され，ϕ，ψ値と各原子間距離の計算によって立体的に許容されるペプチドの構造の範囲を図示した**ラマチャンドランプロット**（Ramachandoran plot）によってϕとψの許容領域が求められる。

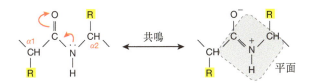

図2.9 ペプチド結合の共鳴構造
共鳴構造によりペプチド結合は二重結合性を帯び，$C_{α1}$–CO–NH–$C_{α2}$ は同じ平面上にある。

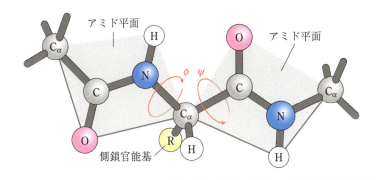

図2.10 ペプチド主鎖の回転角 ϕ, ψ

(1) ヘリックス

二次構造として代表的なαヘリックスは，タンパク質のポリペプチド鎖中にあるアミノ酸残基（n番目）のカルボニル酸素（–CO–）と，それからC末端側に3つ離れたアミノ酸残基（$n+3$番目）のアミド基（–NH–）の水素の間で水素結合を形成することでつくられるらせん構造である。らせん1巻きの間には13個の原子が存在し，3.6残基でらせんは1回転する（**図2.11**(a)）。L-アミノ酸からなるαヘリックスでは，立体障害から右巻きらせんが安定な構造となる。αヘリックスをとりやすいアミノ酸残基としてはGlu, Met, Ala, Leuなどがあり，とりにくいものとしてはGly, Pro, Asn, Tyrなどがある。特に自由な**コンフォメーション**（conformation）*3をとれるGlyや，アミノ基でなくイミノ基をもつProはαヘリックス構造を妨げる傾向がある。なお，溶液中のタンパク質のαヘリックス含量は200～250 nmの領域の円二色性（CD）スペクトルや赤外スペクトル（第4章参照）から簡単に測定できる。

αヘリックス以外のヘリックスには，タンパク質の構造としてはまれに存在する3_{10}ヘリックス（n_m表示のnはヘリックス1回転あたりのアミノ酸残基数，mは水素結合により閉環した構造の水素原子を含む構成原子数），Ωヘリックス，Πヘリックス，βヘリックス，コラーゲンヘリックスなどが存在する。例えば3_{10}ヘリックスではアミノ酸は右巻きのらせんを形成し，そのなかではアミノ酸は120°ずつずれて配置し，アミノ酸3つで1巻きとなっている。また軸方向には1巻きごとに2.0Å長く

*3 タンパク質を構成する分子（アミノ酸）は多くの原子が共有結合でつながってできている。その共有結合は二重結合を除き単結合では回転できるので，同じ分子であっても異なる空間的構造が生じる。その各原子の空間的配列のことをコンフォメーション（立体配座）という。

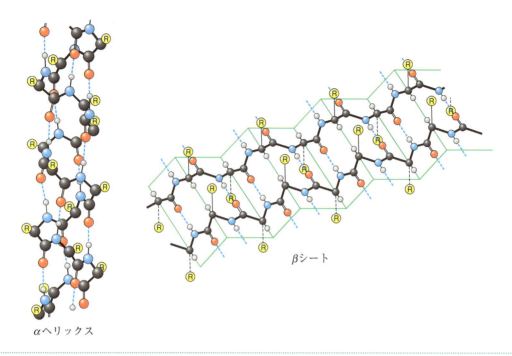

図2.11 αヘリックス(a)とβシート構造(b)
Rは側鎖，---は水素結合を表す。

なり，アミノ酸のアミノ基が3つ前のアミノ酸のカルボキシ基と水素結合を形成している。

(2) β構造（βシート構造）

β構造は複数のペプチドが平行に配置し隣接する異なるペプチドの−NH−と−CO−の間で水素結合を形成することでつくられるシート状構造である（図2.11(b)）。シート状構造を形成する各ポリペプチド鎖のN末端からC末端への方向が同じ場合は平行β（シート）構造，逆の場合は逆平行β（シート）構造とよぶ。各残基の側鎖はシート状構造の上下に位置する。β構造を形成しやすいアミノ酸残基はβ位(3位)炭素が分岐しているVal，Ile，Thr，芳香族アミノ酸である。一方，β構造の形成を妨げるアミノ酸残基は，側鎖が解離しやすいGlu，Asp，Lys，アミド基をもつAsn，Gln，環状イミノ酸のProである。一般にβ構造は2〜12残基の長さのものが多く，平均は6残基である。酵素のような球状タンパク質では1分子あたり2〜17個のβ構造が存在（平均は6個）する。

(3) ターン構造（折り返し構造）

ペプチド主鎖の方向が鋭角的に逆転する部分をターン構造という。一般に4個のアミノ酸残基からなり，I型とII型が存在する。最初の残基の−CO−と4番目の残基の−NH−の間に水素結合が形成される（図2.12）。ターン構造を形成しやすいアミノ酸残基は側鎖がHで自由度が高い

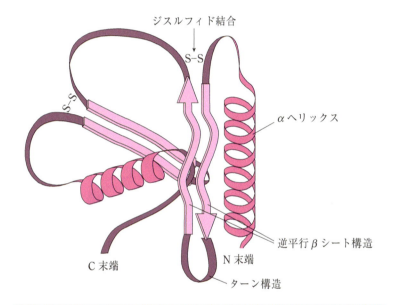

| 図2.12 | I型とII型のβターン構造（折り返し構造）

| 図2.13 | タンパク質に含まれる二次構造の例

Gly，環状イミノ酸であるProや親水性のAsp，Asn，Serなどである。反対に疎水性アミノ酸残基はターン構造を形成しにくい。ターン構造はタンパク質分子の表面に位置することが多い。

(4) 不規則構造

タンパク質分子の約半分は，上記のαヘリックス，β構造，ターン構造に属さない比較的規則性がない自由なコイル（ランダムコイル構造），あるいはループ状の非繰り返し構造をとる。このような低規則性構造においても，α炭素の両側の結合は自由回転しない（図2.13）。

(5) モチーフ（超二次構造）

タンパク質分子の構造においてαヘリックス，β構造などの二次構造間のパターン（αとα，αとβ，βとβなど）を**モチーフ**（motif）という。例

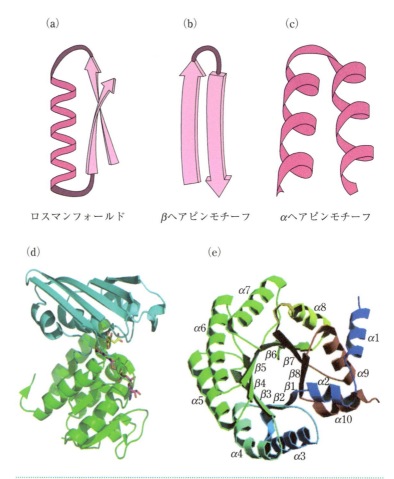

図2.14 代表的な3種類のモチーフ構造(a)〜(c)およびモチーフ構造を含むタンパク質の立体構造(d)(e)（PDB ID：2DC1, 1N7K）

(a)ロスマンフォールド，(b)βヘアピンモチーフ，(c)αヘアピンモチーフ，(d)ロスマンフォールドモチーフをもつアスパラギン酸デヒドロゲナーゼ，(e) $(\alpha\beta)_8$ バレルモチーフをもつ2-デオキシ-5-リボースアルドラーゼ。

えば，平行な2個のβ構造がαヘリックスを介して結合しているβαβ構造モチーフは発見者Michael G. Rossmannの名を冠してロスマンフォールドとよばれ，NAD(P)，FADなどのアデニンヌクレオチドと結合する（**図2.14**(a)，(d)）。β構造が逆平行に並んでいるβヘアピンモチーフ（図2.14(b)）や2本のαヘリックスで構成されるαヘアピンモチーフ（図2.14(c)），複数のβ構造や $(\alpha\beta)_8$ から構成されるバレル（樽状）モチーフ（図2.14(e)）もよく知られている。モチーフは異なる種類のタンパク質の構造中に同一のものが存在し，それぞれ特徴的な機能の発現に関与している。

C. 三次構造

タンパク質は一次構造に従って二次構造を形成し，さらに折りたたまれて，それぞれ独自の**三次構造**(tertiary structure)を形成する。二次構造がペプチド主鎖の立体構造であるのに対し，三次構造は側鎖を含めた

タンパク質全体の立体構造である。三次構造はαヘリックス，β構造などの二次構造間やモチーフなどの超二次構造間における疎水性相互作用や静電的相互作用，ジスルフィド(S–S)結合などにより形成される。三次構造を形成することでタンパク質は独自の生物学的な機能を発揮する。タンパク質の構造は熱や強酸・強アルカリなどにより破壊されると**変性**(denaturation)し，活性が消失する。これを**失活**(inactivation)という。一般に数百個以上のアミノ酸残基からなる酵素は，球状の構造をとる。球状タンパク質は**ドメイン**(domain)とよばれる構造上あるいは機能上の単位(塊)をもっている。各ドメインは平均100〜200残基からなり，その直径は2.5 nmくらいである。例えば，NADのAspからのデノボ生合成系[*4]で機能するキノリン酸合成反応を媒介する酵素は，3つのドメインから構成されている(図2.15)。

D. 四次構造

タンパク質の中には，同一または異なる種類の三次構造を形成したタンパク質が非共有結合によって複数会合することで機能を発揮するものがある。こうしたタンパク質の会合構造を**四次構造**(quarternary structure)という。各ポリペプチド鎖は**モノマー**(monomer, 単量体)または**サブユニット**(subunit)とよばれ，複合体はオリゴマーという。サブユニットには，疎水性相互作用，水素結合，静電相互作用が広い領域にわたって多数存在し，これによって固有の四次構造を形成する。

例えば，ヒトの血液中に含まれる赤血球にあり，酸素を肺から組織へ運ぶヘモグロビンは，αとβの2種類のグロビンタンパク質というサブユニットがそれぞれ2つずつ結びついた四次構造($\alpha_2\beta_2$)をとる(図2.16)。一方，筋肉組織において酸素を貯蔵する役割を担うミオグロビンはヘモグロビンと同じように酸素と結合するタンパク質であるが，四次構造を形成せず，単量体として存在する。

*4 デノボ合成系：ある物質の生合成系において，簡単な別の物質が原料となりいくつかの酵素反応により新しく生産される経路をいう。これに対する言葉として物質が分解代謝中間体から再び生産されるサルベージ合成系がある。

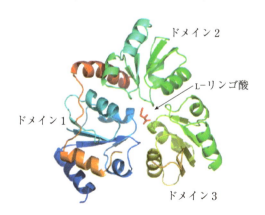

図2.15 ***Pyrococcus horikoshii*のキノリン酸合成酵素の立体構造(PDB ID：1WZU)**

3つのドメインからなる。単量体の基質アナログであるリンゴ酸を結合した状態。
[H. Sakuraba *et al.*, *J. Biol. Chem.*, **280**, 26645(2005)]

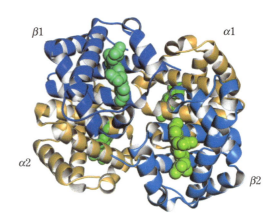

図2.16 ヘモグロビンにおける α, β サブユニットの空間充填モデル（PDB ID：1A3N）

　四次構造をとるヘモグロビンのようなタンパク質が単量体として存在するミオグロビンと大きく異なる点は，アロステリックな調節機能（7.6節参照）が備わっていることである。四次構造をとるヘモグロビンは，酸素分圧が高い肺組織では，1つのサブユニットが酸素と結合すると構造が変化して，隣のサブユニットに影響することにより酸素と結合しやすい構造に変化する。一方，筋肉組織のような酸素分圧が低いところでは，逆に1つのサブユニットが酸素を解離すると他のサブユニットも酸素を解離しやすくなる構造へと変化する。このように，ヘモグロビンは四次構造をとることによって酸素濃度が高い肺では酸素と高い割合で結合し，酸素を解離する必要がある筋肉組織などでは酸素を解離するという，環境に応じたアロステリック効果を発揮できる。しかし，単量体のミオグロビンにはそのような調節機能はない。また，糖代謝で非常に重要な役割をもっているピルビン酸デヒドロゲナーゼ（ピルビン酸脱水素酵素）では，大腸菌由来の酵素は3種類の異なるポリペプチド（E1, E2, E3）がそれぞれ24, 24, 12個ずつ合計60個会合して複合体をつくっており，それぞれがバラバラで存在するよりもE1からE3への一連の反応を高い効率で行うことができるしくみをもっている。

2.2.2 ◇ タンパク質の形と大きさ

　生体内には，多種多様なタンパク質が存在する。それらの形や大きさは大きく異なり，機能も異なる。皮膚，骨，軟骨などの主成分としてヒトの体にもっとも大量に存在するタンパク質であるコラーゲンは，約1,000残基のアミノ酸からなるポリペプチド鎖が形成するらせん構造3本から構成される繊維状タンパク質である。直径が約3 nmで長さ約300 nmの細長い棒状分子であり，建築現場の足場における支えの鉄棒のような働きをし，細胞外マトリックスの主成分として多くの細胞をつなぎあわせ，組織を作りあげている。その他に毛髪の構成タンパク質α-ケ

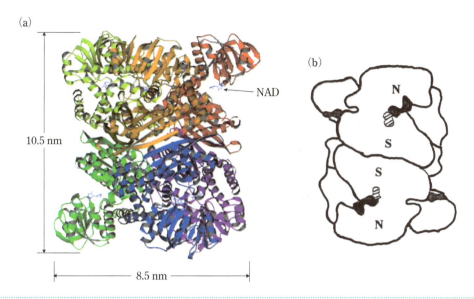

図2.17 超好熱菌のグルタミン酸デヒドロゲナーゼの四次構造（PDB ID：1V9L）
(a) X線結晶構造，(b) 六量体構造の模式図。NはNAD結合部位，Sは基質結合部位。

ラチンや蚕の絹タンパク質フィブロインなどは典型的な繊維状の細長い構造をもつ。

　一方，酸素の貯蔵や運搬機能をもつミオグロビンやヘモグロビン，生体の化学反応を触媒する酵素などの機能タンパク質は大きさ数nmの球状構造をとっている。例えばミオグロビン（クジラ筋肉由来：153アミノ酸残基）は分子量が約17,200で，大きさは4.5×3.5×2.5 nmの非常にコンパクトに折りたたまれた球状タンパク質である。六量体（ヘキサマー）で四次構造をとる超好熱菌のグルタミン酸デヒドロゲナーゼ（単量体の分子量は47,000，六量体は270,000）は，かなり大きく，長さ10.8×幅8.0 nmのシリンダー状の構造をもっている（図2.17）。1個の大腸菌細胞の大きさが1×3 μmであると仮定すると，直径数nmの球状構造をもつタンパク質1分子の長さは大腸菌細胞の100〜1000分の1くらいの長さになる。大腸菌細胞を甲子園球場の大きさと仮定すると，酵素1分子の大きさは1人の野球選手くらいの大きさに相当する。

第3章

タンパク質の抽出・精製と分析

　生物は多種多様な機能をもつタンパク質を生産し，それらの機能の統合により生命活動が営まれる。生物を理解し，利用するには，まずそれぞれのタンパク質の物理化学的特徴を理解することから始める必要がある。そのためには，生体や細胞からそれぞれのタンパク質を抽出・精製し分析することが基本となる。本章ではタンパク質の抽出・精製技術，および分析法について基本的事項を説明する。

3.1 ◆ タンパク質の抽出と分離，濃縮

　細胞の中には，生命に必要とされるさまざまな物質が存在する。その中から目的のタンパク質の物理化学的性質を明らかにするためには，細胞から抽出した粗タンパク質液を調製した後，分離・精製する必要がある。その際の成否は，目的タンパク質をいかに安定な状態で他の多くの夾雑物から簡便・迅速に分離・精製できるかにかかっている。

3.1.1 ◇ タンパク質の抽出

　タンパク質は細胞内の遺伝子DNA（染色体，ミトコンドリア，プラスミド）の塩基配列をもとにリボソームにおいて合成される。合成されたタンパク質は細胞内，細胞小器官内，細胞や細胞内小器官の膜内，および細胞外へとそれぞれ移動して機能する。それゆえ，取り扱うタンパク質の存在状態（場所）により，抽出方法は大きく異なる。細胞外に分泌されるタンパク質の場合では，細胞外溶液を粗タンパク質液（無細胞抽出液ともいう）とすることができるが，多くのタンパク質は細胞内の細胞質に存在する。その場合は，緩衝液中に懸濁した細胞を物理的・化学的方法や細胞膜分解酵素を用いる方法などによって破壊して，細胞内から粗タンパク質溶液を抽出しなければならない。細胞内部では安定なタンパク質もいったん細胞外に抽出され，異なる環境に置かれると著しく不安定になることもある。したがって，粗タンパク質溶液の調製においては，低温，適切な緩衝液の選択，安定化剤の使用など，細心の注意をもって作業を行う必要がある。細胞の膜壁の強度は細胞の種類によって異なるため，それぞれに対応したいくつかの破砕手段が考案され利用されている（表3.1）。さらに，対象のタンパク質が細胞内小器官や細胞膜内に

| 表3.1 | 細胞からのタンパク抽出法 |

分　類	方　法	詳　細
温和な細胞破壊による抽出法	浸透圧ショック法	細胞を滅菌水などの低張溶液に懸濁し破壊する方法。オルガネラの破壊が抑えられるが，タンパク質の抽出率はあまり高くない。
	凍結融解法	凍結細胞を室温の緩衝液中に投げ入れ細胞破壊させる。簡単で大容量でも可能だが，未破壊の細胞が少し残る。
	界面活性剤法	SDS などにより膜タンパク質を可溶化して抽出する。
	酵素消化法	リゾチームやセルラーゼなどを用いた酵素処理による細胞壁破砕後，他の機械的手法で抽出する。
機械的な細胞破壊による抽出法	乳鉢による粉砕	アルミナ粉末や海砂などの助剤を細胞に添加し，乳棒を使用して細胞をすりつぶす。
	超音波処理	超音波のせん断力により細胞を破壊する。大腸菌などの細菌の実験室レベルでの破砕に適する。硬い酵母細胞の破砕には向かない。
	フレンチプレス	急激な圧変化を与えて細胞を破壊する。強靭な細胞壁構造でも破壊可能であり，細菌細胞膜タンパク質などの調製にも利用される。
	ホモジナイザーによる破砕	核やミトコンドリアなどの細胞小器官を破壊せずにタンパク質の抽出ができる手法であり，植物細胞などの柔らかい細胞からの抽出に適する。ブレンダーは，大容量のサンプルにも適用できる。
	ガラスビーズによる破砕	細かい粒子のガラスビーズを細胞に混ぜ，機械的に撹拌することによる研磨作用で細胞を破壊する。酵母のような硬い細胞の破砕が少量から大容量まで比較的短時間で可能である。

局在する場合には，それらから抽出して水溶液に可溶化する操作が必要となる。

3.1.2◇膜タンパク質の可溶化

　タンパク質は細胞内における存在様式によって，細胞質に存在するもしくは細胞内顆粒の内部に含まれる可溶性タンパク質，細胞膜表面や他の生体成分と会合体を形成している複合タンパク質，細胞膜や顆粒体膜に組み込まれる膜タンパク質などに大別される。本来細胞質溶液中に存在する可溶性タンパク質や複合タンパク質は，前項で述べた方法で得られた細胞からの抽出液中には比較的安定に存在するが，膜タンパク質の場合，水に難溶の膜から目的タンパク質を水溶液中に安定性を保持したまま取り出す処理をする必要がある。この操作を可溶化といい，そのために可溶化剤が使われる。可溶化剤は(1)目的タンパク質の可溶化能力が十分高い，(2)目的タンパク質を変性・失活させない，(3)目的タンパク質の活性測定系を妨害しない，(4)低温(0〜6℃)でも溶解度が高く沈殿しない(低温で取り扱うので)，(5)紫外領域に吸収をもたない，(6)安価で毒性がない，(7)可溶剤自身を簡便に定量できる方法がある，(8)イオン交換クロマトグラフィーなど後の精製操作において妨害しない，などの点を考慮して選ばれる。どのような膜タンパク質の可溶化にも有効な可溶化剤はまだないので，目的タンパク質に最適な可溶化剤と可溶化法をスクリーニングで選ぶ必要がある。また最適化，例えば可溶化剤の濃度，界面活性剤と膜の比率，緩衝液の種類，pH，共存イオン，脂質

添加の可否，温度などについて考慮・検討する必要がある。通常，可溶化剤としてはカオトロピック試薬，界面活性剤，酵素などが使われる。

A. カオトロピック試薬

　膜タンパク質などの疎水性部位が水に接触すると，水のエントロピーは減少する。これにより疎水性物質が水に対して不溶となる。ある種の塩は，非イオン性の低分子化合物やタンパク質の水に対する溶解度を高める一方，タンパク質や核酸などの精密な高次構造を破壊し，変性させることがある。このような効果は，特定の塩類から生じたイオンが水の(分子間)構造を壊すことにより発生する水のエントロピーの減少を抑制することに起因する。そのような効果をもたらす物質をカオトロピック試薬という。代表的なカオトロピック試薬としては，グアニジン塩，尿素，ヨウ化物イオンなどがある。

　タンパク質の可溶化にカオトロピックイオンを用いる利点は，透析(3.1.4項参照)などで簡単に目的のタンパク質から除けること，一般に有機溶媒や界面活性剤と比較してタンパク質の変性が起こりにくいことなどがあげられる。また，可溶化した膜タンパク質複合体の各成分を再構成する場合にはアンチカオトロピックイオンを使うことも多い。カオトロピックイオンにより可溶化されるタンパク質の一例として，ミトコンドリアのNADHデヒドロゲナーゼ，コハク酸デヒドロゲナーゼなどが知られている。

B. 界面活性剤

　さまざまな**界面活性剤**(surfactant)が開発されており，電気的性質に基づき，陰イオン性，陽イオン性，両性，非イオン性の大きく4つに分類される(**表3.2**)。一方，ステロイド骨格(コール酸やデオキシコール酸など)をもつ界面活性剤は異なる性質を示すことから胆汁酸系界面活性剤として別のグループに分類される。膜タンパク質の可溶化には陰イオン性・非イオン性・胆汁酸系の界面活性剤が利用される。陰イオン性界面活性剤の代表はドデシル硫酸ナトリウム(sodium dodecyl sulfate, SDS)である。SDSはタンパク質に対する変性作用が強く，膜に存在するほぼすべてのタンパク質を可溶化できるが，酵素などでは活性の低下をきたすので注意を要する。このようなイオン性界面活性剤と比較して，非イオン性界面活性剤はタンパク質に対する作用が温和であり，イオン交換クロマトグラフィーや等電点電気泳動(3.4.1項参照)といったタンパク質の精製や分析を妨害しないという利点がある。胆汁酸系界面活性剤は，臨界ミセル濃度(一定条件下でモノマー分子が集合してミセルを形成し始める濃度：CMC)が高く，ミセル量(1つのミセルを形成するのに必要な界面活性剤の総量)は少ない。そのため，可溶化されたタンパク質溶液から除きやすく，膜タンパク質複合体やリボソームのような超

026 | 第3章 タンパク質の抽出・精製と分析

表3.2 膜タンパク質の可溶化によく利用される界面活性剤とそれらの物性

	界面活性剤名	CMC (mM)	ミセル重量 (分子質量：Da)	注意事項
陰／陽イオン性	ドデシル硫酸ナトリウム(SDS)	7〜10	18,000	クロマトグラフィーや二次元電気泳動用のサンプル調製には不適
	臭化セチルトリメチルアンモニウム	1	62,000	
	コール酸ナトリウム	9〜15	900	
	デオキシコール酸ナトリウム	2〜6	1,200〜4,900	
	N-ラウロイルサルコシンナトリウム	−	18,000	2価陽イオンと沈殿物を形成
両性イオン性	CHAPS	6〜10	6,150	二次元電気泳動のサンプル調製でよく利用される
	CHAPSO	8	7,000	
	Zwittergent 3−10	25〜40	12,500	
	Zwittergent 3−12	2〜4	18,500	
非イオン性	Brij−35	0.09	48,000	
	Brij−58	0.077	82,000	
	Triton X−100	0.2〜0.9	80,000	280 nmに強い吸収をもつ。温度変化にともないミセル量が変化する
	Triton X−114	0.35	−	
	Tween 20	0.069	−	
	Tween 80	0.012	76,000	
	Digitonin	−	7,000	
	MEGA−8	58	−	
	Nonidet P−40	0.25	−	280 nmに強い吸収をもつ
	n−ノニル−β−D−グルコピラノシド	6.5	−	水溶液は細菌汚染に注意
	n−オクチル−β−D−グルコピラノシド	20〜25	25,000	水溶液は細菌汚染に注意
	n−オクチル−β−D−マルトピラノシド	23.4	38,000	水溶液は細菌汚染に注意

CMCは20〜25℃における値

分子複合体の再構成を目的とする実験系ではよく利用される。界面活性剤の除去には，①透析，②限外ろ過，③ゲルろ過，④吸着分離などの手法がある。

界面活性剤の可溶化能を左右する因子としては，CMCやミセル重量などの固有の性質に加え，濃度，膜成分との量比，pH，イオン強度，夾雑物質[*1]などがあげられる。粗タンパク質液の超遠心分離において沈殿として得られる膜を含む溶液に，添加する界面活性剤の量の増加にともない分子間相互作用が変化し，界面活性剤の膜への結合 → 混合ミセルの形成 → 膜脂質の除去 → 膜タンパク質との複合体の形成 → 可溶化の過程が進行する。そのため界面活性剤の濃度だけでなく膜成分との量比も考慮する必要がある。膜全体の可溶化のためには膜脂質の等量から3倍量の界面活性剤を通常用いるが，常に膜全体を可溶化する必要はない。低濃度の界面活性剤で目的タンパク質が可溶化できる場合は，それ以外の膜タンパク質が可溶化されにくい低濃度条件を設定する。目的タンパク質が高濃度の界面活性剤で可溶化される場合には，低濃度条件

*1　界面活性剤を分解する試料中のグリコシダーゼなどの酵素，塩類，尿素やグアニジン塩酸，Ca^{2+}やMg^{2+}のような金属イオン，EDTAなどのキレート剤など。

で不要タンパク質をあらかじめ可溶化して除去した後，濃度を上げて行う方法（ステップワイズ法）が有効である。

可溶化にあたっては，目的タンパク質が安定なpH領域で実行するのが基本である。ただし，一般的には塩基性側のpHの方がより可溶化に適している（特に胆汁酸系界面活性剤は酸性で溶解しにくくなるため，中性〜塩基性条件下で使用する必要がある）。塩類や尿素の共存，超音波処理，複数の界面活性剤の併用などによって可溶化が促進されることもある。また可溶化能は高いが溶解度の低いデオキシコール酸と逆の特徴をもつコール酸を混合して両者の利点を活用することも行われている。

C. 酵素

膜タンパク質の中には，膜をプロテアーゼ，リパーゼ，ホスホリパーゼなどの加水分解酵素で処理すると可溶化できるものがある。プロテアーゼ処理による可溶化の場合，標的となるタンパク質の親水性ドメインが膜に結合している疎水性ドメインと切り離され可溶化される。その場合，可溶化されたタンパク質が酵素活性などの機能を有している場合も少なくない。目的タンパク質の機能の解析を主な目的とする場合，カオトロピック試薬や界面活性剤よりも，プロテアーゼ（トリプシン，カテプシン，ペプシン，パパインなど）を含む混合酵素を用いた方が有効な場合も知られている。またリパーゼやホスホリパーゼなどの脂質分解酵素を用いて膜を構成する脂質を分解して膜タンパク質を可溶化することも行われている。そのうち，ホスホリパーゼによる可溶化は，膜脂質から加水分解によって生成するリン脂質のリゾ体（1位または2位の脂肪酸アシル基をもたない1本鎖のグリセロリン脂質）が界面活性剤として働くために膜タンパク質の可溶化が可能になると考えられている。これは膜結合性のシトクロム類や酸化還元酵素群の可溶化に利用されている。

3.1.3◇ 塩析

低い塩濃度（弱いイオン強度）のタンパク質溶液に塩類などを加えていくと，タンパク質の溶解度はいったん増加するがすぐに減少に転じる。さらに塩濃度が高まると，タンパク質は溶液から析出し始める。この現象を**塩析**（salting-out）という。塩析は高濃度の塩がタンパク質の水和水を奪い，タンパク質の溶解度が低下するために生じると理解されている。タンパク質の塩析には水への溶解性にすぐれ，また溶解度が温度に左右されない特性をもつ硫酸アンモニウム（固形）がよく利用される。塩析で沈殿したタンパク質は基本的に安定で，雑菌汚染を受けることもなく生理活性を長期間にわたり維持できることから，保存にも適している。塩析で沈殿したタンパク質を溶液状態に戻すには，遠心分離により得られる沈殿を少量の緩衝液に溶解後，透析（次項）して硫酸アンモニウムを除

去する必要がある。

3.1.4 ◇ 透析と限外ろ過，濃縮

分子量が大きな目的タンパク質を通過できないような細孔をもつセロハン膜やコロジオン膜などの半透膜を用い，共存する低分子量のペプチドや塩類などを半透膜の外の溶液に拡散させる方法を**透析**（dialysis）という。例えば，膜を通過して拡散できる分子のサイズ（分画分子量，MWCO）が10,000（10k）の市販の透析膜に硫酸アンモニウムのような低分子物質を含むタンパク質溶液を入れ，大容量（タンパク質溶液量の100倍程度）のリン酸緩衝液などの透析膜外液中で穏やかに撹拌すると，高分子のタンパク質はそのまま膜内に残るが低分子の硫酸アンモニウムは透析膜外液中に拡散する。穏やかに透析膜外液を撹拌すると数時間で透析膜内液と透析膜外液は平衡に達し，タンパク質中の硫酸アンモニウム濃度は低下する。なお，長時間の透析よりも外液を頻繁に交換する方がより効果的な透析が達成できる。透析の達成度は透析膜外液の電気伝導度の測定でわかる。透析中のタンパク質の変性を防ぐため，ジチオスレイトールや2-メルカプトエタノールなどの抗酸化剤，補酵素要求性の酵素タンパク質では相当する補酵素，プロテアーゼ阻害剤などを添加することがある。

タンパク質の濃縮は，上述の硫酸アンモニウム塩析を行った後，遠心分離で得られた沈殿を少量の緩衝液を用い溶解し，透析により脱塩することにより簡便にできる。またタンパク質を通さないサイズの細孔をもつ限外ろ過膜（例：分画分子量10k, 30kの膜）を利用する濃縮法も用いられる。溶媒や低分子量物質のタンパク質からの分離のために窒素ガスによる圧力や遠心分離が利用される。分画分子量やタンパク質の吸着特性が異なる種々の材質や形状の限外ろ過膜が市販されている。例えば，円形の限外ろ過膜は小・中容量（3～3,000 mL）の試料の濃縮に適し，チューブ状（中空）のホローファイバーは大容量の試料に利用される。また，微量のタンパク質試料（0.05～数mL）の濃縮には，限外ろ過膜（分画分子量10k, 30k, 100kなど）を装着した遠心分離用のチューブが利用される。

3.2 ◆ タンパク質の精製

現在，タンパク質は一部を除き生細胞を使わないと生産できないので，目的のタンパク質の構造や機能などの物理化学的性質や生物活性などを解明するためには，細胞によって生産される多種多様な物質から目的タンパク質を分離・精製しなければならない。分離・精製の基本は分離原理の異なる手段を多段的に用い，目的タンパク質を本来の性質（生物活性）を損なわずに他の物質から効率的に分離することである。目的タンパク質の性質やそれを生産する細胞の種類と生産量，要求される精製の

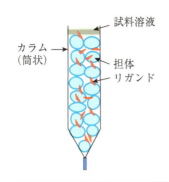

図3.1 カラムクロマトグラフィーの概略

レベルなどによって分離・精製法は異なるが，以下によく使われる方法をあげる。

　まず一般的にタンパク質の精製にはカラムクロマトグラフィーがもっとも有効な手段として利用される。その主な理由としては，異なる原理の分離法が同じ機器・同じ操作で行えること，タンパク質の安定化条件と分離条件をいろいろ変えて選択・調整できること，溶出液送ポンプ，タンパク質の検出器，フラクションコレクターなどが装備され自動化された分取精製装置による精製作業の負担軽減（迅速化，繰り返し使用）などの利点があることである。カラムクロマトグラフィーでは，円筒状のカラム（クロマト管）に充填された固定相（担体粒子）とそれを貫流する移動相（緩衝液など）に含まれる溶質（タンパク質など）の相互作用の結果として溶質が展開される（図3.1）。例えば目的の溶質分子が担体とまったく相互作用しない場合，溶質分子が移動相と同じ速さでカラムを通り抜ける。一方，溶質が担体粒子と相互作用してある種の結合状態が発生した場合，溶質は担体に移動してとどまる。その間は移動相によって運ばれないので移動相の流速よりも遅れてカラムから溶出される。担体に移動するのかしないのか，また移動したとしてとどまる時間が長いのか短いのかなどについては，溶質（タンパク質など）の個々の構造と性質が強く反映される。

3.2.1 ◇ イオン交換クロマトグラフィー

　イオン交換クロマトグラフィー（ion-exchange chromatography）は，タンパク質の表面の電荷の差を利用したタンパク質の精製法である。担体としては，セルロース，デキストラン，アガロースなどの多糖類にイオン交換基を導入したイオン交換体，具体的には陰イオン交換体のジエチルアミノエチル（DEAE）や陽イオン交換体のカルボキシメチル（CM）を担体に結合させたものが主に利用される。DEAE交換体は中性で正の電荷をもち，CM交換体は中性で負の電荷をもつ。したがって，等電点より高いpHではタンパク質はDEAEイオン交換体に吸着し，等電点より低いpHではCMイオン交換体に吸着する。低イオン強度の緩衝液中

のタンパク質をイオン交換体に吸着させ，非吸着のタンパク質を溶出させた後，溶出液（溶離液）の塩濃度やpHを段階的に（ステップワイズ法）あるいは連続的に（グラジエント法）変化させて，タンパク質分子とイオン交換基との間の静電相互作用を弱めることにより溶出し，フラクションコレクターを用いて異なる吸着力を示す不要タンパク質と分離・分画する。溶出液中のタンパク質は280 nmにおける吸光度の測定で検出できる。また，目的タンパク質は生物活性や抗体との反応性などで検出する。

3.2.2◇アフィニティークロマトグラフィー

アフィニティークロマトグラフィー（affinity chromatography）は目的タンパク質が特異的に親和性をもつ物質（リガンド）と結合することにより親和性を示さないものと分離・分画する精製手段である。一般にリガンドと目的タンパク質の特異的な結合がある場合に良好な分離・精製が達成できる。リガンドがタンパク質である場合としては，抗体やシグナル伝達因子の受容体などがある。またリガンドが低分子物質の場合としては酵素の基質，基質アナログ，阻害剤，補酵素，補酵素アナログ，受容体ホルモンなどがある。カラムクロマトグラフィーではそれらを固定化した担体（基材はデキストランやアガロースなど）に分離すべき目的物質を含む溶液を通過させることでリガンドとの親和性をもたない夾雑物質の大半を洗い流した後，NaClなどでイオン強度を上昇させることや親和性のより高いリガンドや類縁物質を含む溶離液を用いることにより目的タンパク質を溶出する。

近年，多数の生物種のゲノムの全塩基配列の決定が進みつつあり豊富なゲノム情報が利用できるようになっている。目的タンパク質の遺伝子配列や部分配列が容易に決定でき，目的タンパク質遺伝子を大腸菌や枯草菌などを宿主として発現させ，遺伝子工学的に大量生産できるようになった。その際，目的タンパク質のN末端あるいはC末端残基に6～10残基のヒスチジンタグ（His–tag）の遺伝子をあらかじめ付けたタンパク質遺伝子を大腸菌に導入し，タグ付きタンパク質を発現させる。その発現タンパク質をニッケル（Ni^{2+}）キレート担体に特異的に吸着させ，非吸着の不要タンパク質を洗い流した後，イミダゾールで目的タンパク質を溶出する精製法がよく利用されている（図3.2）。この場合，タグ自身は立体構造をもたないので変性条件下でもアフィニティー精製が可能である。タグが目的タンパク質の正しい立体構造形成を妨げるときは，タグをプロテアーゼで切断して取り去ることも可能である。また組換えタンパク質のN末端に活性ドメインがある場合は，代わりにC末端にタグを接続することで不活性化を回避できることもある。

Hisタグの方法の他にも，グルタチオンS–トランスフェラーゼ（GST）タグや親水性ペプチド（Asp–Tyr–Lys–Asp–Asp–Asp–Asp–Lys）のFLAG

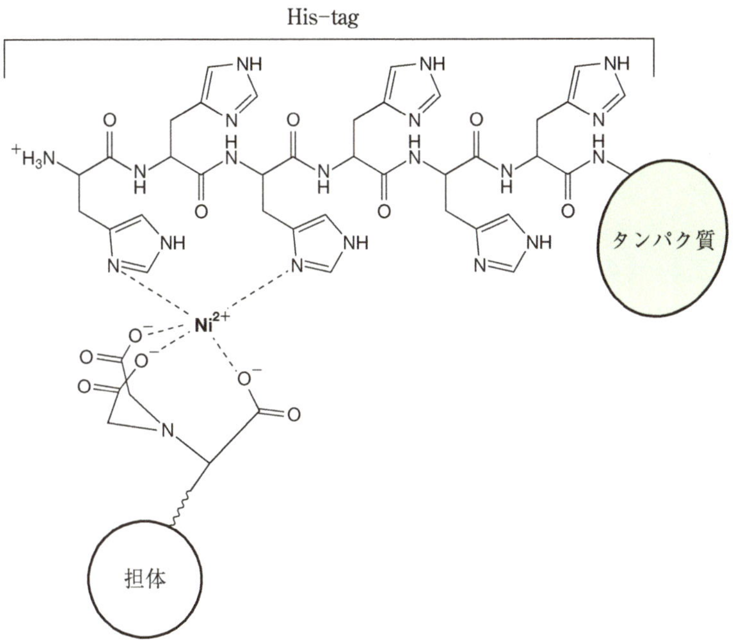

図3.2 ヒスチジンタグ付きタンパク質のNi^{2+}キレート担体への結合様式
担体にはニトリロ三酢酸(NTA)が修飾されており，これがNi^{2+}をキレートする。

タグを同様に遺伝子工学的に融合させた目的タンパク質を調製し，それぞれ親和性をもつグルタチオンやFLAG-ペプチド抗体をリガンドとしてもつ担体でアフィニティー精製を行う方法もある。このような遺伝子工学的な手法で目的タンパク質を宿主に大量生産させ，アフィニティークロマトグラフィーで精製する方法は，きわめて簡便で効率的に精製が達成できるので，一般的によく利用されている(発現タンパク質の精製に関しては9.3節を参照)。

3.2.3◇ゲルろ過クロマトグラフィー

ゲルろ過クロマトグラフィー(gel permeation chromatography)は，タンパク質の大きさの違いを利用して分離する方法である。カラム担体は多孔性粒子で，孔の大きさや粒径の違いによって分離できる分子の大きさが異なるため，用途に合わせて担体を選ぶ必要がある。担体にサンプルを通すと，孔に入れないほど大きい分子は担体内部に拡散することができずに素通りするが，小さい分子は担体内部に拡散するため大きい分子よりも後に流出してくる。つまり，分子量がより大きなタンパク質から先に溶出してくることになる。

イオン交換クロマトグラフィーやアフィニティークロマトグラフィーとは異なり，試料を担体に吸着させずに通過させているため，バッファーの組成が分離能に大きく影響することはないが，試料体積が大きいと分離能が悪くなるため，精製の最終段階に用いられることが多い。また，

脱塩やバッファー置換の目的にも用いられる。この場合には，カラム担体を，塩を除いた状態のバッファーもしくは置換したいバッファーで平衡化しておき，試料を充填する。試料は，塩やバッファーよりも先に流出するため，得られる試料は平衡化バッファーに置換された状態で流出する。

3.2.4◇その他のクロマトグラフィーによる精製法

タンパク質の疎水性のリガンド（ブチル基やフェニル基）との相互作用の違いを利用して分離する疎水性相互作用クロマトグラフィー，ヒドロキシアパタイトに対する吸着性の違いを利用する吸着クロマトグラフィーも古くからタンパク質の精製に利用されている。また，高濃度の尿素をタンパク質溶液中に共存させ変性状態で各種クロマトグラフィーを行い，分離・精製後，タンパク質液中の尿素を透析により段階的に負の濃度勾配を付けながら除くことにより活性型に戻す方法も使われている。

3.3◆ ポリアクリルアミド電気泳動によるタンパク質の純度評価

タンパク質の大きさによって分離・分析する方法として，**ポリアクリルアミドゲル電気泳動**（polyacrylamide gel electrophoresis, PAGE）と先述のゲルろ過クロマトグラフィーがある。タンパク質の大きさは，およそ分子量に比例するので，あらかじめ分子量がわかっているタンパク質と一緒に分析することで相対的な分子量を知ることができる。また，これらの手法により精製された目的タンパク質の純度（精製度）や大まかな量を知ることもできる。

アクリルアミドとビスアクリルアミドを混合したものに重合開始剤として過硫酸アンモニウムと N, N, N', N'-テトラメチルエチレンジアミンを加えると，**図3.3**の反応により架橋構造をもつポリアクリルアミドのゲルが形成される。アクリルアミドに対するビスアクリルアミドの配合

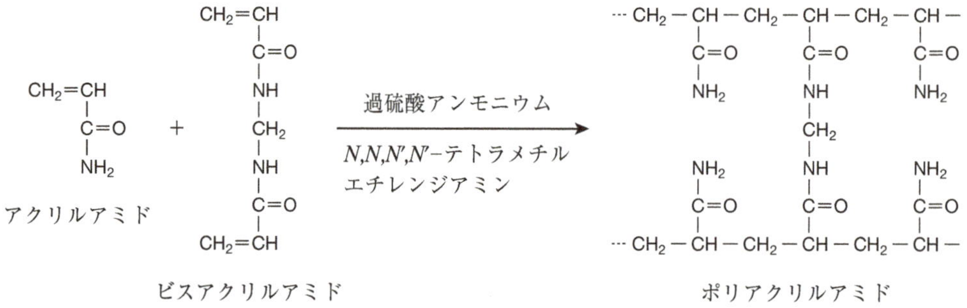

| 図3.3 | ポリアクリルアミドの合成反応

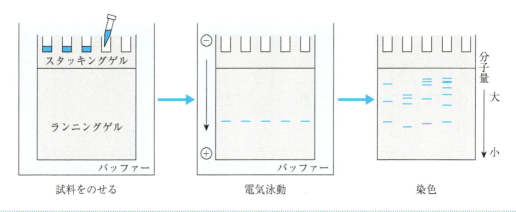

図3.4 SDS-PAGEによるタンパク質の分離

比率やそれぞれの濃度を変えると，生成するゲルの孔サイズや剛性が変わり，分離できるタンパク質の分子量が変わる。ゲル中で濃度勾配をつけることで幅広い分子量をもつ試料を分離することも可能である。

　もっとも普及しているのは，ドデシル硫酸ナトリウム（SDS）とポリアクリルアミドゲルを利用した電気泳動（SDS-PAGE）である。3.1.2項で，SDSは膜タンパク質の可溶化に用いられているが，この場合にはSDSを加えて加熱しタンパク質を変性させて直線に近い状態にする。直鎖状になっているポリペプチド鎖に一様にSDSが結合するため，ポリペプチド鎖長に応じた負電荷をもつことになる。適当なサイズの孔をもつポリアクリルアミドゲルの両端に電圧を印加すると，負に帯電したタンパク質は陽極側へ移動していくが，小さなタンパク質ほどゲルの網目を縫って先に移動するため，分子量の違いでタンパク質を分離することができる（図3.4）。SDS処理後の試料をプレートに挟まれたゲルの上部にのせ，電気泳動を開始すると試料は陽極へと移動していく。ゲルの組成は上部と下部でアクリルアミド含有率が異なり，上部が試料を濃縮するスタッキングゲル，下部が試料を分離するランニングゲルとなっている。電気泳動後にタンパク質がゲルのどの位置に移動しているのかは，ゲルを染色することで明らかにする。染色には，後述するタンパク質の定量法の1つであるブラッドフォード法で用いられる色素と同じクマシーブリリアントブルーがよく使われる。分子量既知のタンパク質を複数含んだ分子量マーカーがさまざまなメーカーから市販されており，このマーカーを一緒に電気泳動することによって，試料の分子量を相対的に知ることができる。泳動時間や試薬量が少なくて済む8×10 cmの「ミニゲル」が，カラムクロマトグラフィーの各フラクションの純度検定に用いられている。

　SDSで変性させてしまうと，複数のポリペプチド鎖から構成されるタンパク質の場合はそれらがバラバラになってしまう。SDSで変性させずに電気泳動する方法をNative-PAGEとよび，この方法では四次構造を

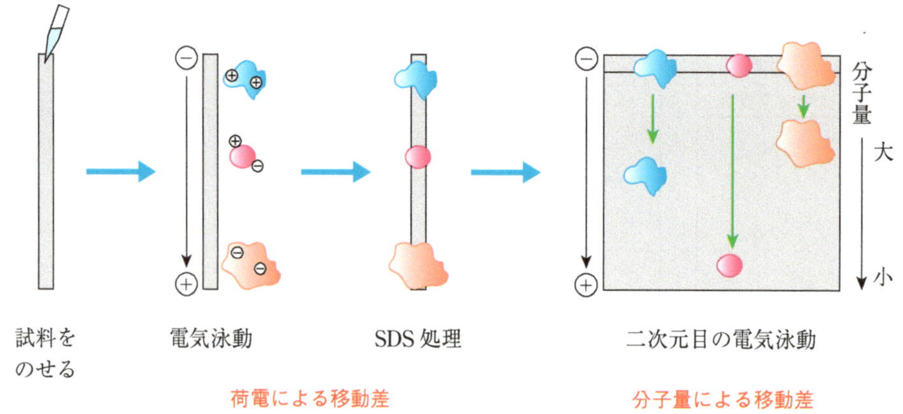

034 | 第3章 | タンパク質の抽出・精製と分析

試料を　　　　電気泳動　　　SDS処理　　　　　　二次元目の電気泳動
のせる

荷電による移動差　　　　　　　分子量による移動差

| 図**3.5** | 二次元電気泳動

＊2　Native-PAGEではサブユニットごとにバラバラにはならないため,非変性のタンパク質を分析できるが,分子量は見積もることができない。

保ったまま分析できる＊2。また,pH勾配をもつゲルを用いた等電点電気泳動という方法を用いると,タンパク質の等電点(pI)の違いを利用した分離を行うことができる。二次元電気泳動を用いると,まず等電点電気泳動により等電点が異なるタンパク質を分離し,さらにSDS-PAGEにより分子量でタンパク質を分離することができる(**図3.5**)。

3.4 ◆ タンパク質の定量法

　現在,タンパク質濃度の測定には,主に紫外吸収法(UV法),ローリー法,BCA法,ブラッドフォード法が利用されている。いずれの方法も分光光度計を用いて測定が行われるが,使用にあたっては感度と簡便さが重要視される。そのほかに,測定するタンパク質試料の種類と濃度の違い,タンパク質の純度の違い,タンパク質以外の共存する妨害物質の種類と濃度の違い,タンパク質試料液のpHの違いなどを考慮して,最適な方法が選択される。また,方法により測定値が若干異なることがあるので,既報のデータと比較する必要がある場合は,それと同じ測定法を使用することもある。

3.4.1 ◇ 紫外吸収法 (UV法)

　紫外吸収法は適当に希釈したタンパク質溶液を分光光度計で直接測定することで濃度を決定する,非常に簡便で安価な測定法である。タンパク質の紫外吸収スペクトルを測定すると,すべてのタンパク質はペプチド結合を有するので,ペプチド結合に由来する200～215 nm付近の吸収ピークと,芳香族アミノ酸(Tyr, Trp)の側鎖に由来する280 nm付近の吸収ピークが観測される。このうち,200～215 nm付近の吸収ピークは大きいが,溶媒などの他の成分の吸収波長と重なることが多いため,この吸収ピークを用いたタンパク質濃度の測定はあまり行われない。一方,280 nmの吸収ピークは,緩衝液などによる妨害が少ないため,その吸

光度をタンパク質の定量に用いることができる。測定するタンパク質によってTyr残基やTrp残基の含量が異なるため，タンパク質間で値は変化するが，さまざまなタンパク質を含んだ粗タンパク質溶液の場合，280 nmにおける吸光度（1 cmの光路長セルを用いた場合）が1のとき，その溶液のタンパク質濃度は1 mg/mL程度とみなされる。ただし，細胞抽出した直後のタンパク質溶液にはヌクレオチド類などの260 nm付近に吸収ピークをもつ物質による妨害があるので，あまり精度が良いとはいえない。しかし，精製されたタンパク質では，その1％（10 mg/mL）溶液の280 nmにおける吸光度を一度測定してその値（$A_{280nm}^{1\%}$ の値）を決定しておけば，その後は対象タンパク質の濃度決定を簡便に行うことができる（光路長1 cmのセルの使用で濃度が10〜1000 µg/mLまで測定可能）。また，ゲノム情報などから一次構造がわかっているタンパク質（特に大腸菌での遺伝子組換えタンパク質）の場合は，大阪大学微生物病研究所附属遺伝情報実験センターのwebサイト「Nucleic and/or Amino Acid contents」（http://www.gen-info.osaka-u.ac.jp/~uhmin/study/gc_content/index.html）において，そのタンパク質の一次構造データを入れると，自動的に吸光係数を算出してくれる。UV法はタンパク質試料が貴重な場合，濃度測定後に回収できるという利点を有する。

　そのほかに，ヘムなどの有色の補欠分子族やFADのような補酵素をもつタンパク質（例えばヘモグロビンやシトクロムなど）の場合では，その吸収ピークの吸光度からタンパク質濃度を決定できる。なお，280 nmの吸光度はカラムクロマトグラフィーによってタンパク質を分離・精製する際の，溶出パターンのモニターにも用いられる。

3.4.2 ◇ ローリー法

　ローリー（Lowry）法は古典的な比色定量法であるビゥレット（Biuret）法の改良型であり，Cu^{2+} とペプチド結合の反応，およびアミノ酸（Tyr, Trp, Cys）の側鎖の酸化反応を組み合わせたものである。タンパク質溶液をアルカリ条件下で Cu^{2+} と反応させた後，フォーリン−チオカルトー（Folin–Ciocalteu）試薬（リンモリブデン酸とリンタングステン酸の混合物）を加えると，リンモリブデン酸−タングステン酸複合体が Cu^{2+} によって還元されて青く発色する。この吸光度（750 nm付近）を測定することでタンパク質濃度を定量する。タンパク質濃度が5〜100 µg/mLの範囲の測定が可能である。この方法の短所は，タンパク質中に共存する界面活性剤，EDTAなどの金属キレート剤，2−メルカプトエタノールやジチオスレイトールなどの還元剤をはじめとするいろいろな物質による妨害を受けやすいことである。

3.4.3 ◇ BCA法

　BCA法はローリー法の改良型で，フォーリン−チオカルトー試薬の

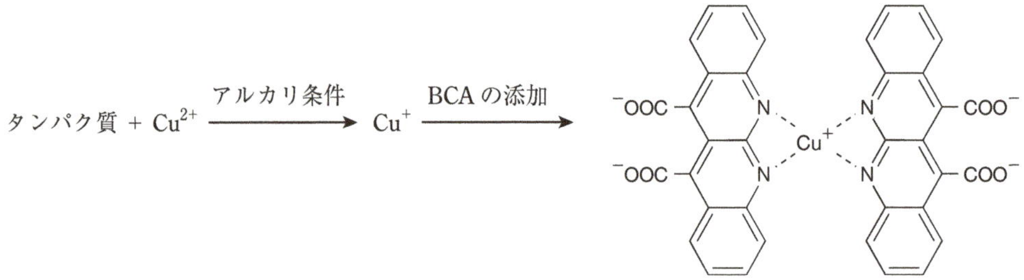

図3.6 BCA法の発色（赤紫色）原理

　代わりにビシンコニン酸イオン（bicinchoniate, BCA）がCu^+と複合体を形成して赤紫に発色（波長560 nm）することを利用してタンパク質濃度を定量する（**図3.6**）。ローリー法と比較して，妨害物質，特に界面活性剤の影響を受けにくい。また検出感度（タンパク濃度は2 μg/mL）と信頼性が高く，測定に要する時間も短い（所要反応時間は約30分）ため，ローリー法に代わってよく利用される。

3.4.4◇ブラッドフォード法

　ブラッドフォード（Bradford）法はクマシーブリリアントブルー（CBB G-250，吸収ピーク465 nm）がタンパク質と結合すると，青色に発色（吸収ピーク595 nm）することを利用して，595 nmの吸光度からタンパク質濃度（5～200 μg/mL）を測定する方法である。操作が簡単で，妨害物質も少ないが，タンパク質によって発色率が異なり，試料中に界面活性剤が混入することにより測定値が不正確になるという欠点がある。

　以上代表的なタンパク質定量法を述べたが，それぞれの手法は，検出感度，簡便さ，用いる試薬，測定波長などが異なるので，用いる手法によって定量値には違いが生じる。それゆえ試料の性質を踏まえて定量法を選ぶ必要がある。特に定量する試料タンパク質が偏ったアミノ酸配列をもつ場合には，定量法の選択に注意が必要である。また，市販のウシ血清アルブミン（BSA）などを標準タンパク質溶液として用い，検量線を作成して，定量が正確かつ再現性良くできているかを適宜チェックする必要がある。最近ではBCA法やブラッドフォード法によるタンパク定量のキットが市販されており，それらを利用することが一般的である。

第4章

タンパク質の構造決定

タンパク質の構造は，2.2.2項で述べたように，一次構造，二次構造，三次構造もしくは四次構造として階層的に分類される。それぞれの階層構造の決定に用いられる分析手法は異なる。以下にとりあげる分析手法は，今後さらに洗練され，自動化されていくであろうが，基本的な原理と得られる結果を理解しておくことは非常に重要である。本章では，それぞれの階層構造の構造決定に用いられる方法の原理および得られる情報について述べる。

4.1 ◆ 一次構造の決定法

タンパク質の一次構造とはタンパク質を構成しているポリペプチド鎖のアミノ酸配列のことである。タンパク質の生合成においては，DNAの遺伝情報がリボソーム上で翻訳されることでポリペプチド鎖が合成されるため（第5章参照），DNAの塩基配列を決定すれば合成されるポリペプチド鎖の配列は明らかになる。近年では，遺伝子クローニングが容易になったことから，タンパク質をコードする遺伝子を大腸菌などを宿主としてクローニングし，その塩基配列を決定して，それから一次構造を演繹する方法が一次構造決定にはよく使われる。

しかしながら，生体内で機能しているタンパク質は，翻訳されたペプチドが切断や化学修飾などの翻訳後修飾を受けている場合がある。したがって，実際に生体内で機能しているタンパク質を用いて，そのアミノ酸配列を決定することが必要不可欠である。タンパク質は数百から数千に及ぶアミノ酸がつながったポリペプチド鎖が折りたたまれて構造を形成しており，末端から順番にすべての配列を正確に決めるためにはさまざまな技術が必要となる。

4.1.1 ◇ プロテインシーケンサー

プロテインシーケンサーとは，アミノ酸の配列（シーケンス）を決定する装置である。この装置では，ポリペプチド鎖のN末端側から**エドマン分解**（Edman degradation）という化学反応を繰り返すことによりアミノ酸配列を決定することができる。エドマン分解とは，1950年にエドマン（Pehr Edman）が発明した，ポリペプチド鎖に対して(1)弱アルカリ性

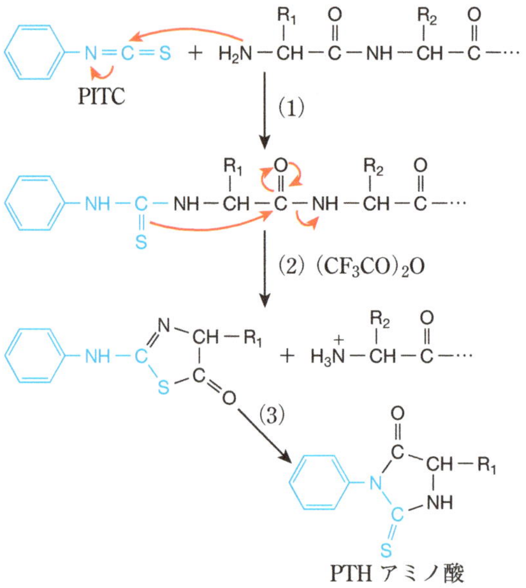

038 | 第4章 | タンパク質の構造決定

PITC

(1)

(2) $(CF_3CO)_2O$

(3)

PTH アミノ酸

| 図**4.1** | エドマン分解の化学反応式

条件下でフェニルイソチオシアネート(PITC)を反応させた後，(2)無水トリフルオロ酢酸を加え，(3)酸処理を行うという3段階の反応により，N末端側から1残基ずつアミノ酸を切り取る方法である(**図4.1**)。切り取られたフェニルチオヒダントイン(PTH)アミノ酸の紫外吸収を利用すれば，エドマン分解を順次行ってHPLCで分離・分析することでアミノ酸配列を決定できる。この方法は繰り返し適用できるため，現在ではすべて自動化され，ガラスフィルターやポリフッ化ビニリデン(PVDF)膜に保持させた10 pmol程度の高純度試料を装置にセットすればアミノ酸配列がわかる。操作が容易で配列の信頼性も高いが，N末端のアミノ基が修飾されている場合には反応が起こらないため注意が必要である。また，エドマン分解を数多く繰り返していくと反応の不完全性や副反応などによる反応収率の低下が蓄積し精度が落ちてしまうので，調べたいタンパク質のポリペプチド鎖をそのまますべて分析することはできない。プロテインシーケンサーにセットする試料は，あらかじめ酵素的または化学的な手法を用いて，同じ配列をもった短い(20残基以下)断片に切断(限定分解)しておく。この目的には，ある特定の配列に対してペプチド結合を加水分解する酵素(プロテアーゼ)を利用する。例えばトリプシンという酵素は，側鎖に正電荷をもつアミノ酸であるアルギニンやリシンのC末端側を特異的に加水分解する(**図4.2**)。また，臭化シアン(BrCN)を用いて化学的に処理をすればメチオニン残基に特異的に作用し，そのC末端側でポリペプチド鎖を切断する。短い断片のアミノ酸配列を決定した後，どのようにして元の長い配列を明らかにするかを**図4.3**に示した。図4.3のようにトリプシンと臭化シアンで切断した断片のアミノ酸

| 図4.2 | ペプチド結合の加水分解

| 図4.3 | アミノ酸配列決定の流れ

配列をそれぞれ決定し，それらの結果を比較することで切断前の元のアミノ酸配列が決定できる。あらゆるタンパク質がトリプシンと臭化シアンだけで配列を決められるわけではなく，特異性の高くない加水分解酵素を用いて低温で短時間処理して限定分解させるなど，決定したいタンパク質のアミノ酸配列によって限定分解の方法を探す必要がある。

4.1.2 ◇ 質量分析による決定法

質量分析は，調べたい分子から電子を脱離させてイオン化し，質量の異なるイオンが電場下で移動速度が違うことに基づいてその分子量を測定する方法で，1922年にその発明によりアストン (Francis W. Aston) がノーベル化学賞を受賞していることからも明らかなように，古くから利用されている。イオン化された試料は外部から印加された電圧によって，真空の装置内をイオン検出器まで飛行する。生じた複数の正イオンは，その飛行速度によって選別されて検出され，横軸がm/z（m：イオンの質量，z：電荷数），縦軸が相対的な検出強度である質量スペクトルが得られる（図4.4）。

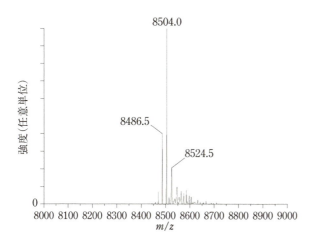

| 図4.4 | 質量スペクトルの例
試料はアミンデヒドロゲナーゼ (ATCC 12633 細胞株由来)。
[I. Vandenberghe *et al.*, *J. Biol. Chem.*, **276**, 42923 (2001)]

質量分析計は，試料導入部（試料を気相でイオン化する箇所）と分析部（試料を分離・検出する箇所）に分けられる．タンパク質を質量分析する場合には，分子を壊さずにイオン化することについて工夫が必要である．タンパク質や高分子のイオン化には，**エレクトロスプレーイオン化**（electrospray ionization, ESI）や**マトリックス支援レーザー脱離イオン化**（matrix assisted laser desorption Ionization, MALDI）が用いられる．ESI法では，装置内のガラスキャピラリーにタンパク質の溶液を導入し，先端に高電圧をかけた状態で噴霧することで，タンパク質をイオン化する．MALDI法では，レーザー光によってイオン化されやすい物質（マトリックスとよぶ）をあらかじめ試料と混ぜ合わせておき，これにレーザーを照射することで試料をイオン化するため，ESI法と同様にタンパク質分子を壊すことなくイオン化できるだけでなく，効率良くイオン化される．そのため，試料が微量であったり，純度が低い場合でも測定が可能となる．MALDI法を開発した田中耕一氏には2002年のノーベル化学賞が授与された．イオン化したタンパク質の分離・検出には，飛行時間型質量分析計（time of flight mass spectrometry, TOF-MS）がよく用いられる．生成したイオンは検出器まで飛行するが，電荷に対して質量が大きい分子は低速で，逆に小さい分子は高速で飛行するため，検出器に到達するまでの時間（飛行時間：time of flight）の差からm/zがわかる．TOF-MSにより検出する場合は測定時間を長くすれば，原理的には検出できる分子量に上限はない．

　質量分析によりポリペプチド鎖のアミノ酸配列を決める場合，プロテインシーケンサーを使う方法と同様に，まずあらかじめプロテアーゼで短いペプチド断片にしておく必要がある．ペプチド断片の混合物は逆相HPLCで分離した後，質量分析計を2台つないだタンデム質量分析計で分析を行う（LC-MS/MS，**図4.5**）．HPLCで分けられたペプチド断片は

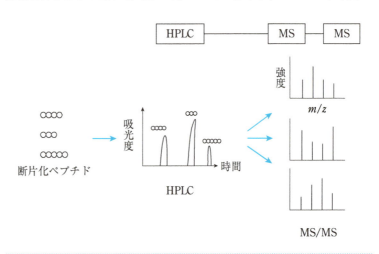

図4.5　LC-MS/MSによるアミノ酸配列の決定
HPLCで分離したペプチドについて，その分子量とそのペプチドを断片化したものの質量分析を行う．断片化したペプチドの質量スペクトルから，データベースを用いてアミノ酸配列が決定される．

1つ目の質量分析計で質量測定され，その後アルゴンガスと衝突することにより断片化(フラグメント化)される。2つ目の質量分析計ではそれぞれの断片イオンの質量が測定される。測定した質量分析の結果から，MS/MSデータベース検索をすることでアミノ酸配列を決定することができる。質量分析計による配列決定法は，N末端が修飾されていてエドマン分解ができない試料でも問題なく分子量が精度良く測定できるため，翻訳後修飾を見つけることもできる。ただし，まったく同じ質量の分子(イソロイシンとロイシンなど)は区別することができない。

4.2 ◆ 二次構造の決定法

　タンパク質の二次構造とは，αヘリックスやβシートといった局所的な立体構造のことである。タンパク質の三次元構造を決定すれば，その中には局所的な二次構造の情報も含まれているが，三次元構造の決定は，多くの場合簡便な二次構造の決定に比べて労力と時間を要し，用いる手法によっては分子量や濃度の制限により決定できない場合がある。タンパク質分子中にαヘリックスやβシート構造があるかどうか，および，その割合は，分光学的に調べることができる。また，三次元構造が未知であるタンパク質における二次構造の割合を調べるだけでなく，環境変化によるタンパク質の安定性(変性具合)，フォールディングの状態などを調べることが可能である。

4.2.1 ◇ 円偏光二色性(CD)スペクトル法

　光は進行方向に対して垂直でそれぞれ直交して振動する電場と磁場をもつ電磁波の一種である。太陽や蛍光灯から出る光にはさまざまな方向に振動する成分が混ざっているが，光学フィルターを使うことによって電場および磁場が1つの方向に振動する光(偏光)を取り出すことができる。電場の振動方向が常に一定のものを直線偏光，進行方向に対して回転しているものを円偏光という(**図4.6**)。直線偏光は，回転する方向が異なる右円偏光と左円偏光が等しく足し合わさったものともいえる。光

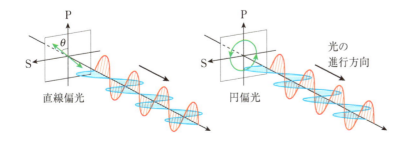

図4.6 直線偏光と円偏光
赤と青は同じ振幅，同じ波長の偏光方向が直交する光。直線偏光では赤と青の位相が一致し，円偏光では位相が90°ずれている。

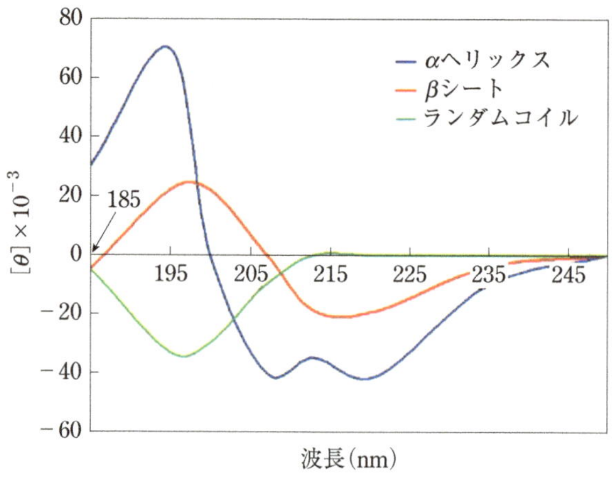

図4.7 αヘリックスとβシートのCDスペクトルの例
[濱口浩三，武貞啓子，蛋白質の旋光性（生物化学実験法6），学会出版センター（1971）を改変]

学活性な物質に直線偏光を入射すると，吸収波長領域において右円偏光と左円偏光で吸収の度合いが異なるため，通過した光は電場の振動が楕円を描く楕円偏光となる。このように，右円偏光と左円偏光の吸収度が異なる性質を円偏光二色性（circular dichroism, CD）という。楕円率θとは，楕円の短軸aと長軸bの比a/bがtan θとなる角度である。CDスペクトルでは，横軸に波長を，縦軸に平均モル残基楕円率をとる。平均モル残基楕円率$[\theta]$ ($\mathrm{deg \cdot cm^2/mol}$)とは，楕円率θ (deg)を用いて以下の式により換算される。

$$[\theta] = \frac{\theta \cdot 100}{l \cdot c \cdot A} \tag{4.1}$$

l (cm)は光路長，c (mol/L)はタンパク質のモル濃度，Aはアミノ酸の数である。タンパク質を構成するαヘリックス，βシート，不規則構造は紫外領域にそれぞれ固有の円偏光二色性をもつため，タンパク質のCDスペクトルを測定することにより，αヘリックス，βシート，不規則構造（ランダムコイル）のそれぞれの含有量を知ることができる。**図4.7**にαヘリックス，βシートおよびランダムコイルのCDスペクトルの例を示す。

4.2.2 ◇ 赤外吸収スペクトル法

分子に赤外光を照射すると，その分子を構成する結合の振動や回転に対応するエネルギーをもつ光を吸収するため，どのエネルギーの光がどれくらい吸収されたかを調べることで，分子に含まれる結合に関する情報が得られる。赤外吸収スペクトルは，横軸に波数（波長の逆数：1 cmあたりの波の数），縦軸に赤外光の透過率（あるいは吸収度）をとったものである。赤外吸収スペクトルは気体・液体・固体での測定が可能であり，測定対象分子に含まれる官能基の種類がわかるため[*1]，有機化学

*1　官能基はそれぞれ特徴的な吸収位置をもつ。さらに$1500\ \mathrm{cm^{-1}}$以下は指紋領域とよばれ，わずかな構造の違いもわかる。

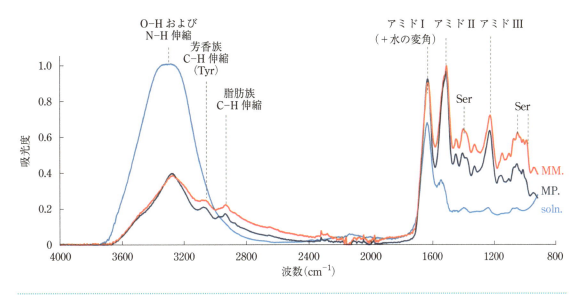

図4.8　FT-IRスペクトルの例
試料は絹タンパク質。溶液(soln)とカイコガの絹糸腺に含まれる分泌物(MMとMP)。MMとMPは試料の採取場所が異なる。

の分野では古くから使われている。

　タンパク質分子には非常にたくさんの結合が含まれているが，主鎖のC=O結合の伸縮振動に由来する吸収はアミドIバンドとよばれ，二次構造の違いによりそのエネルギーがわずかに異なるため，この領域のスペクトルを調べることによりタンパク質に含まれる二次構造の含量がわかる。かつては回折格子を用いて試料を透過した後の光を分ける分散型とよばれる方法が用いられていたが，現在は透過光と，鏡を用いて入射光を反射させた反射光を干渉させ，その干渉波の信号強度からフーリエ変換によりスペクトルを得るフーリエ変換赤外分光光度計(FT-IR)が用いられている。FT-IRでは，短時間で高精度な測定が可能となっている。図4.8に絹タンパク質のFT-IRスペクトルを示す。

4.3 ◆ 高次構造の決定法

　タンパク質分子は三次元的に折りたたまれ，分子によっては複合体を形成することによって初めて機能するため，高次構造を知ることは非常に重要である。世界で初めて三次元構造が明らかになったタンパク質は，1958年にケンドリュー（John C. Kendrew）がX線結晶構造解析を用いて決定したミオグロビンである。しかしながら，長い間タンパク質の立体構造決定は非常に困難であったので，1990年初めまでは構造が明らかにされたタンパク質は限られていた。その後，遺伝子組換え技術やコンピューターの発展などにより膨大な数のタンパク質の立体構造が明らかとなっており，現在ではタンパク質の機能を理解するために高次構造の決定が必要不可欠となっている。

4.3.1 ◇ 核磁気共鳴（NMR）スペクトル法

　核磁気共鳴（nuclear magnetic resonance, NMR）とは，試料を磁場中に置くと分子を構成する原子核の回転（スピン）によって試料のエネルギー状態が分裂し，そこへラジオ波を照射すると対応するエネルギーが吸収される現象である。核スピンがゼロである原子（例えば ^{12}C や ^{16}O）についてNMR現象を観測することはできないが，^{1}H や ^{13}C，^{15}N ではNMR現象を観測することができる。分子を構成する水素や炭素は複数存在するが，個々の原子を取り囲む環境の違いにより，それぞれの原子が吸収するエネルギーが異なるため，有機化学では構造決定法として一般的に用いられている。

　図4.9（a）は抗生物質 Amycolamicin の分子の一次元 ^{1}H NMRスペクトルで，それぞれのピークは環境が異なる水素原子を示し，各ピークの積分比から水素原子の数がわかる。二次元 ^{1}H COSY（correlation spectroscopy）（**図4.9**（b））スペクトルを測定すると，各ピークの交点には空間的に近接するプロトン間の情報が反映されるため，それぞれの水素同士の位置関係がわかる。さらに多次元や異種核の測定を行うことで原子間の相対距離を知ることができる。相対距離から立体構造を求めるため，不確定さなく一義的に構造が決まることはないが，溶液中で分子は揺らいでいるため，逆に本来の構造を反映しているともいえる。タンパク質分子のNMR測定では，含まれる水素の数が膨大であり，^{1}H のピークだけでも重なり合ってしまうため，^{15}N でラベルしたタンパク質を用いて ^{1}H と ^{15}N の二次元NMRスペクトル（^{1}H–^{15}N HSQC, heteronuclear single-quantum correlation）を測定することで，ペプチド結合の ^{1}H と ^{15}N の交差シグナルを測定する。さらに詳細な帰属には，三次元のNMRが測定される。

　NMRの測定装置は，測定試料を入れる強力な磁場を発生する超伝導磁石，ラジオ波の発生と観測を行う分光器，装置の制御と解析を行うコ

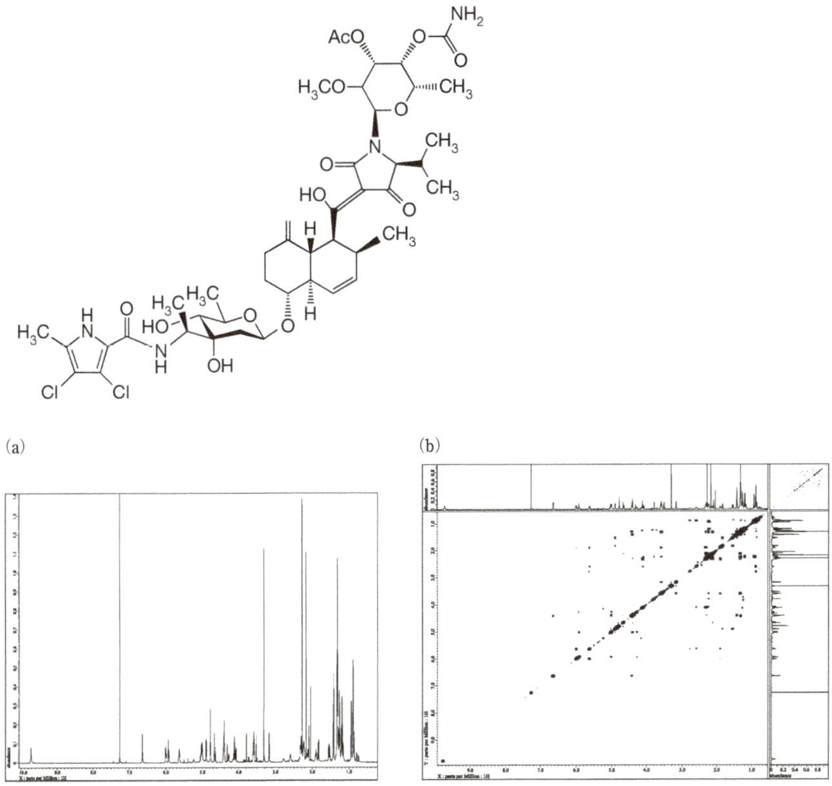

4.3 | 高次構造の決定法 | 045

図4.9 | **NMRスペクトルの例（抗生物質Amycolamicin）**
(a)は一次元¹H NMRスペクトル，(b)は二次元¹H COSYスペクトル。
[R. Sawa *et al.*, *Chem. Eur. J.*, **18**, 15772（2012）]

ンピューターで構成される。試料は細長いNMR用ガラスチューブに入
れ，磁石内にセットされる。^{1}Hは天然に99％以上存在する水素同位体
であるが，^{13}C，^{15}Nの存在比は非常に低いため，あらかじめ大腸菌発現
系（第8章参照）でこれらを導入したタンパク質を用いることで感度を上
げることができる。測定時間が数十時間から数日単位と長いため，タン
パク質が安定に存在する必要があるが，そのために添加する化合物が感
度を下げる場合があるので注意を要する。測定パラメータの設定や，得
られたスペクトルの解析には専用のソフトウエアがあるが，まだ容易と
はいえず，専門家の手が必要であり，測定できるタンパク質の分子量に
も限界がある。しかしながら，機能する環境にあるタンパク質に対して
測定が可能で，構成する個々の原子の情報が得られる点は他の手法には
ない長所である。

4.3.2 ◇ X線結晶構造解析

X線結晶構造解析（X-ray crystallography）は，結晶中で周期的に並んだ
原子もしくは分子がX線を回折する現象に基づいて，結晶中での周期的
な構造を求める手法である。構成する原子が限られており小さな単位構

 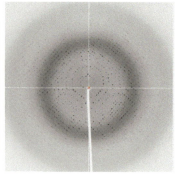 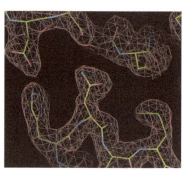

(a) タンパク質の単結晶　　　　　(b) 回折点　　　　　(c) 電子密度マップ

図4.10　タンパク質のX線結晶構造解析
試料はセリンパルミトイルトランスフェラーゼ。

造からなる無機化合物の結晶などとは異なり，タンパク質分子は多くの種類の原子が含まれる大きな単位構造からなるため，複雑な情報が得られる。X線を回折しているのは，実際には結晶中の分子を構成する電子である。測定で得られる結晶から出た回折波から，結晶中の電子密度とフーリエ変換の関係にある結晶構造因子とよばれる関数が求められる。したがって，X線回折強度の測定から結晶構造因子を求め，フーリエ変換を行うことによって，結晶内の電子密度が得られる。電子密度のピーク位置は原子の座標位置となることから，分子を構成する原子の各座標位置を求めることができる。

　タンパク質分子の結晶構造解析には，種々の方法により作製されたタンパク質の単結晶が用いられる（**図4.10**(a)）。X線源としては放射光もしくは金属ターゲットを備えたX線発生装置から出る単波長のX線が用いられ，結晶にX線が照射され，回折波が二次元検出器で計測される。窒素あるいはヘリウムガスを吹き付けることにより結晶を凍結させた低温の状態で測定するため，あらかじめグリセロールなどを含ませるクライオプロテクタント処理が必要となる。検出器で二次元測定される回折点（**図4.10**(b)）は，データ処理のソフトウエアにより積分値に変換される。変換された積分値を用いて電子密度を計算し，そのピーク位置に原子を帰属する（**図4.10**(c)）。X線結晶構造解析で得られた三次元立体構造の座標はさまざまなソフトウエアで利用できるため，X線結晶構造解析は構造研究には欠かせない強力なツールとなっている。しかしながら，測定試料を単結晶にしなければならないこと，得られるのは結晶中に含まれる分子の平均構造であること，水素原子やプロトンの位置はわからないことなどが弱点としてあげられる。X線の代わりに中性子線を利用する中性子構造解析を行えば，水素原子やプロトンの位置が観測できるが，これにはさらに大きな結晶が必要であり，また利用できる中性子施設の数も少ない。

4.3.3 ◇ その他の高次構造決定法（電子顕微鏡・X線小角散乱法）

電子顕微鏡（electron microscope）は，試料に電子線を当てることで拡大像を観測する方法である。以前は試料を真空中で維持し，電子線が透過できる程度に薄くしなければならなかったため，タンパク質の構造解析には用いることができなかった。現在では，電子線検出器の向上やコントラストを上げるサンプリング技術の開発が進み，大量の撮影画像をデータ処理することにより，タンパク質主鎖の立体構造が構築できる三次元画像が得られるようになっている。タンパク質分子を電子顕微鏡で見ようとすると，電子との相互作用によりタンパク質分子が損傷してしまうため，この損傷を抑えながらデータを収集する必要がある。試料を凍結し，二次元結晶であれば電子線回折を利用し，単粒子であれば多くの画像の平均化をすることで，電子線の照射によるタンパク質構造の損傷がない状態でデータを集め，立体構造が構築できるようにする。Electron Microscopy Bankには電子顕微鏡により決定された原子座標や三次元画像データが登録されており，ブラウザ上でそれらを立体的に見ることができる（**図4.11**）。

X線小角散乱法（small-angle X-ray scattering, SAXS）では，タンパク質の溶液にX線を照射したときに生じる等方的な散乱から，タンパク質分子の外形がわかる。X線結晶構造解析に比べて空間分解能は劣るが，単結晶を作製する必要がないことが利点である。また，サブユニットやドメイン単位の結晶構造解析ができていて全体の構造を知りたい場合や，リガンドを含まない状態の構造があるときに溶液中でのリガンドによる構造変化を知りたい場合などでは，知りたい状態の小角散乱データを結晶構造を用いて解析することができる。X線結晶構造解析の場合と同じく，X線小角散乱法でも二次元検出器で散乱波を計測するが，検出器で観測される散乱は単結晶のような斑点ではなく，同心円状になる。タン

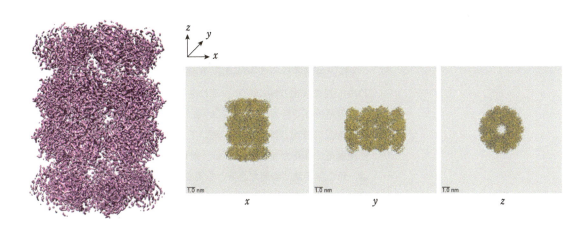

図4.11 | **電子顕微鏡により得られた構造の例**
試料は20Sプロテアソーム（EMDB ID：3457）。

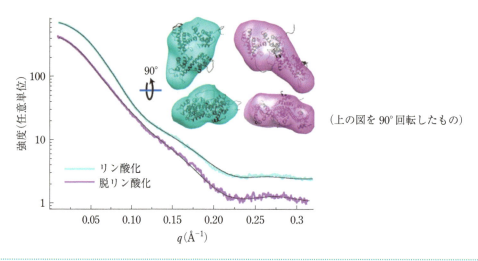

図4.12　X線小角散乱のデータおよび計算された立体構造モデル
試料はRbタンパク質（転写因子に結合するDNA転写調節因子）。
[J. R. Burke et al., Genes Develop., **26**, 1156 (2012)]

パク質溶液の散乱からタンパク質を除いた溶液のみの散乱を差し引くと，タンパク質分子由来の散乱曲線が得られる。得られたタンパク質分子由来の散乱曲線を解析することにより，散乱体の大きさ（慣性半径）や分子量を求めることができる。さらに第一原理的な（*ab initio*）形状予測や，既知の構造を用いた分子動力学（MD）シミュレーションから散乱体の立体構造モデルを計算することも可能である。図4.12に，散乱曲線データと得られる構造モデルを示した。

Column

XFEL（自由電子レーザー）

X線自由電子レーザー（X-ray free electron laser, XFEL）はきわめて強く波長が短い光で，これを用いると理論上タンパク質1分子の解析ができるといわれている。2000年頃から欧米や日本で利用施設の建設が開始され，続いてスイスや韓国などでも建設・利用運転の開始が始まっている。新しい光を利用するにあたっては，新たな手法や装置が必要となるため，XFELの利用はいまだ身近なものとして認識されていないが，2017年に開催された国際結晶学会（IUCr2017）においては低温電子顕微鏡と並び非常に注目されており，今後の発展が期待される。

4.4 ◆ 構造データベースの活用

4.1〜4.3節で紹介してきた方法により決定された構造データはデータベースに登録され，多くの場合，無料で取得することができる。また，データベース自体にも用途に応じてたくさんの種類があり，情報を引き出すためのツールが用意されている。

世界中の構造生物学研究者によって決定された各タンパク質の立体構造の座標データは，**Protein Data Bank（PDB）**に登録され，誰でもダウンロードできる。PDBに登録された構造データには，PDB IDとよばれる4文字の数字・アルファベットからなるコードが割り当てられる。日本蛋白質データバンク（Protein Data Bank Japan，PDBj）でも，生体高分子の立体構造データの保存・活用を行っており，タンパク質の立体構造だけでなく，アミノ酸配列，二次構造，モチーフなどに関するさまざまな解析ツールを提供している[2]。PDB IDをホームページで検索すれば，その構造データにたどり着ける。論文タイトルや実験情報，構造データのダウンロードだけでなく，立体構造の視覚化や，他のデータベース（UniProtやSCOPといった一次構造や二次構造などのデータベース）への接続など，特殊な知識がなくとも知りたい情報を引き出すことが可能となっている。

＊2　https://pdbj.org/

アミノ酸配列から二次構造や三次構造予測を行う，ホモロジーモデリングのプログラムも開発されている。これらのアルコリズムの開発は，バイオインフォマティクスとよばれる分野の研究対象になるが，web上でアミノ酸配列を入力すると構造予測の結果を与えてくれるようなサービスも多くあり，簡単に利用することができる。

Column

もっとも長いタンパク質

タンパク質を構成するペプチド鎖が長くなると，翻訳反応のエラーや，誤った折りたたみなどの問題が生じると想像できる。実際，巨大なタンパク質は複数のペプチド鎖から構成される複合体になっている場合が多い。では，タンパク質を構成するペプチド鎖でもっとも長いものはどのくらいの長さであろうか。我々の体の中でもっとも長いペプチド鎖をもつタンパク質は，筋肉の中にあるタイチン（titin）であり，34,000個以上のアミノ酸残基からできている。タイチンの長いポリペプチド鎖はたくさんのドメインをもつ形で折りたたまれて，筋肉の収縮に関わっている。

第5章

タンパク質の生合成と分解

1940年代にグリフィス（Frederick Griffith）とアヴェリー（Oswald T. Avery）により遺伝子はDNAであることが証明され，1950年代にはワトソン（James D. Watson）とクリック（Francis H. C. Crick）により，X線回折の結果から，DNAが二重らせん構造であることが示された。遺伝情報はDNAからRNAを経てタンパク質へと伝えられる。この一方向の情報の流れはあらゆる生物に共通であり，セントラルドグマ（中心となる教義）とよばれる（図5.1）。セントラルドグマはDNA二重らせんモデルを提唱したクリックにより提案された。本章ではタンパク質の生合成について解説する。

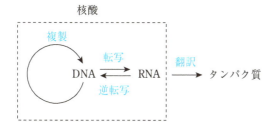

| 図5.1 | セントラルドグマ

5.1 ◆ 核酸の構造

核酸（nucleic acid）は，19世紀後半にミーシェル（Johannes F. Miescher）により，膿（微生物を食べた白血球の崩壊物）の有形成分（核）から発見され，酸性を示すことからそのように命名された。核酸にはDNAとRNAがあり，いずれも**ヌクレオチド**（nucleotide）を構成単位とするポリマー（ポリヌクレオチド）である。ヌクレオチドには，DNAを構成するデオキシリボヌクレオチドとRNAを構成するリボヌクレオチドの2種類がある（図5.2）。いずれもリン酸，糖，塩基からなるが，DNAを構成する糖はデオキシリボース，RNAを構成する糖はリボースであり，この2つの違いは2′位がOH基かH基かだけである。DNAを構成する塩基にはアデニン（adenine, A），グアニン（guanine, G），シトシン（cytosine, C），チミン（thymine, T）の4種類があり，RNAではチミンの代わりにチミンのメチル基がないウラシル（uracil, U）となっている。GとC，AとT

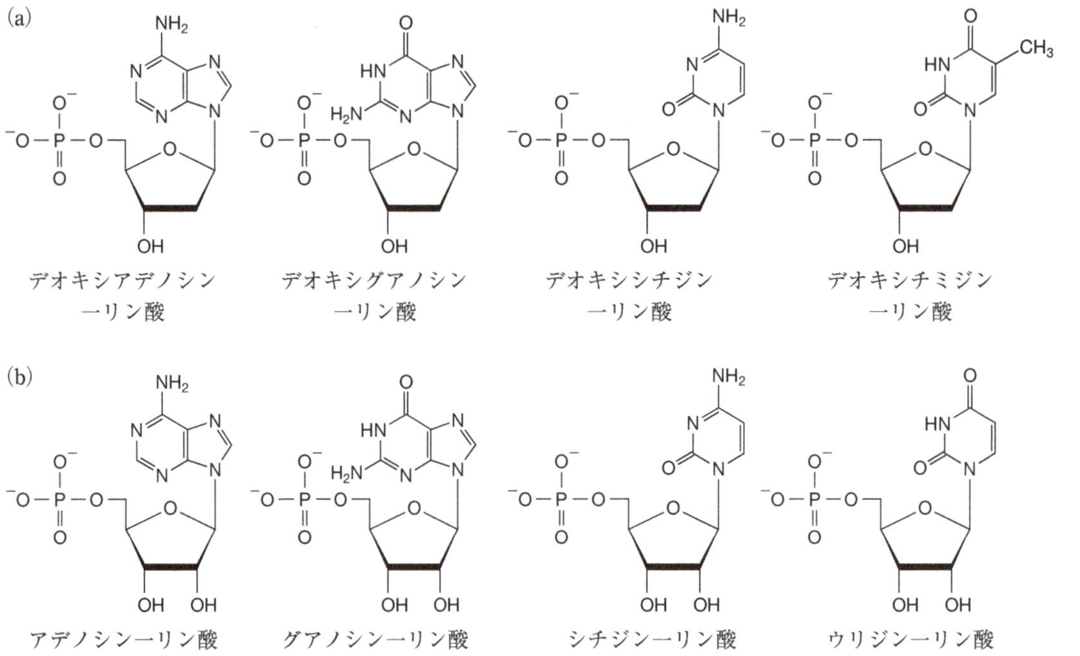

(a) デオキシアデノシン一リン酸／デオキシグアノシン一リン酸／デオキシシチジン一リン酸／デオキシチミジン一リン酸

(b) アデノシン一リン酸／グアノシン一リン酸／シチジン一リン酸／ウリジン一リン酸

図5.2 デオキシリボヌクレオチド(a)とリボヌクレオチド(b)の分子構造

（U）は水素結合によりそれぞれ塩基対を形成する。ヌクレオチドからリン酸を除いたものは**ヌクレオシド**（nucleoside）とよばれる。ポリヌクレオチドの糖の5′位側の末端を5′末端，糖の3′位側の末端を3′末端という。

DNAの構造を**図5.3**に示す。その特徴は以下のとおりである。

(1) 2本の鎖からなり，それぞれは相補的な塩基配列をもつ。

(2) 右巻きの二重らせん構造を形成する。

(3) 加温すると2本の鎖は分離する。しかし，冷やすと元の二重らせん構造をつくる。

(4) 塩基は疎水性なので，らせんの内側に位置する。糖とリン酸は親水性なので，らせんの外側に位置する。

(5) 一方の鎖は5′→3′，もう一方の鎖は3′→5′の方向（逆平行）である。

上記の性質は，二重らせんを巻き戻せば2本のDNA鎖がそれぞれ鋳型となりDNAが複製できることから，複製において重要となる。

RNAはDNAと異なり1本鎖として存在するが，分子内で水素結合によりG–C塩基対，A–U塩基対を形成する。細胞内のRNAは，DNAからの転写により生成する**メッセンジャー RNA**（messenger RNA, mRNA），翻訳の際に働くリボソームを構成する**リボソームRNA**（ribosomal RNA, rRNA），アミノ酸と結合し，翻訳の際に伸長中のペプチド鎖にこのアミノ酸を転移させる**トランスファー RNA**（transfer RNA, tRNA）に分類される。

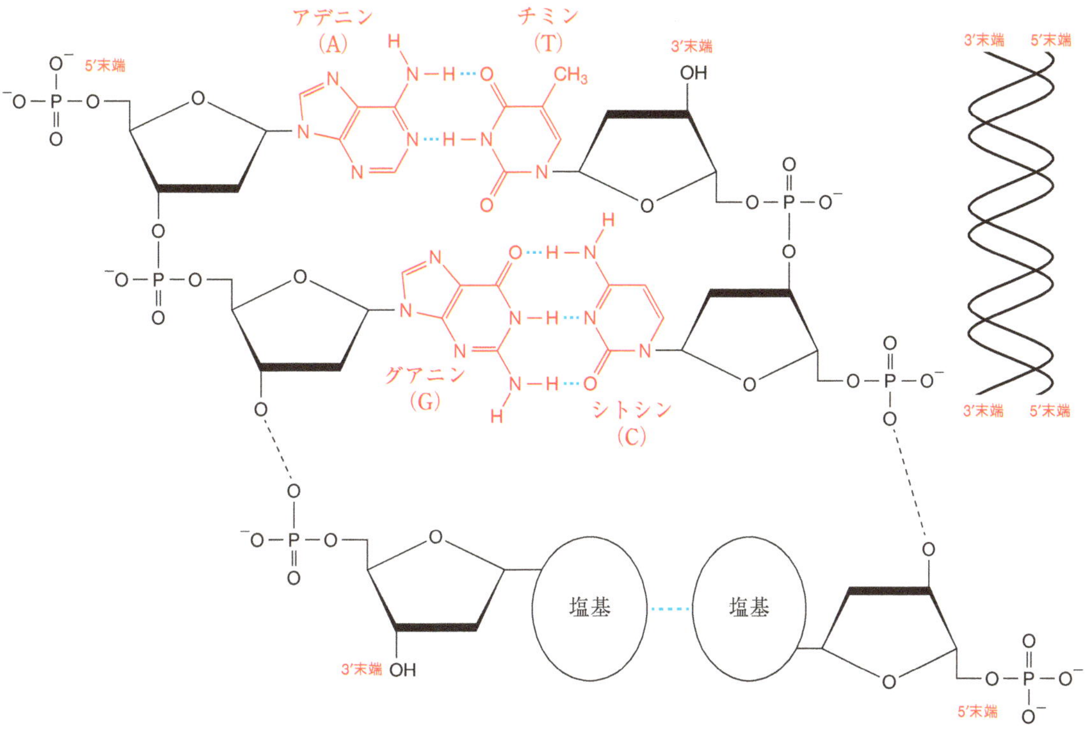

図5.3 DNAの分子構造
水色の破線は水素結合を表す。

　ヒトではゲノムの70%以上の領域が転写されていることが知られている。ただし，タンパク質をコードしていない，遺伝子以外の領域でも転写が起きている。こうしたRNAは，タンパク質に**翻訳**されないので，**非コードRNA**（non-coding RNA，ノンコーディングRNA）とよばれる。rRNAとtRNAも非コードRNAに含まれる。

5.2 ◆ 複　製

　DNAの複製は原核生物では細胞質，真核生物では核で行われる。DNAの複製において重要な役割を果たすのは**DNAポリメラーゼ**（DNA polymerase）という酵素である。DNAポリメラーゼは，元の鎖を鋳型，デオキシリボヌクレオシド三リン酸（dNTP）を基質として，dNTPのα-5′-リン酸基が新しいDNA鎖の3′末端のヒドロキシ基とホスホジエステル結合を形成する反応を触媒する（**図5.4**(a)）。この反応では，ピロリン酸が遊離する。この反応が繰り返されることで，DNAは5′→3′方向に合成される。3′→5′方向には合成されない。DNAポリメラーゼが誤ったデオキシリボヌクレオチドを取り込んでこれとDNAを結合させてしまった場合，自身のもつ校正機能によりこれを切断した後，正しいデオキシリボヌクレオチドを結合させることができる。

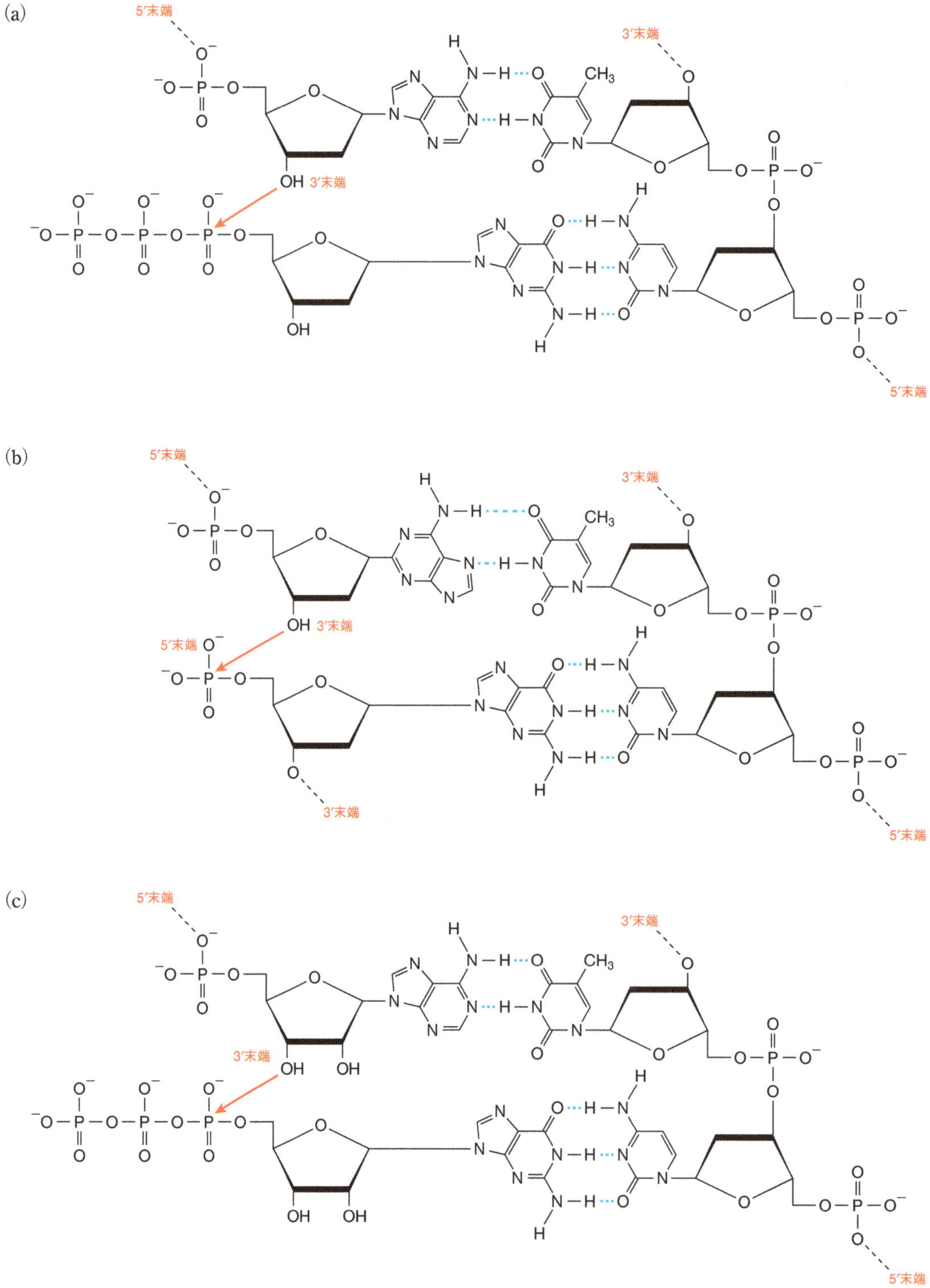

054 │ 第5章 │ タンパク質の生合成と分解

図**5.4** │ **（a）DNAポリメラーゼ，（b）DNAリガーゼ，（c）RNAポリメラーゼが触媒する反応**

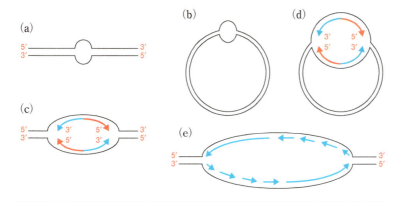

図5.5 | 複製フォーク

DNA複製は, 線状DNA(a)あるいは環状DNA(b)の特定の部位(複製起点とよぶ。A-Tが多い。大腸菌では1箇所, ヒトでは約1万箇所)が開くことから始まる。見かけ上は1本の鎖(リーディング鎖, 青色)が5′→3′方向で, もう1本の鎖(ラギング鎖, 赤色)が3′→5′方向である(c, d)。しかし, ラギング鎖は, 実際は1,000塩基程度の短い断片(岡崎フラグメントと呼ぶ)が次々と不連続に合成され, つながったものである(e)。

　生体内において二本鎖DNA上でDNA複製が進行している部位を**複製フォーク**(replication fork)とよぶ。複製フォークは電子顕微鏡でも観察されている。DNAの複製においては, まず, 複製起点とよばれる特定の部位(大腸菌の環状ゲノムDNAでは1箇所, ヒトゲノムDNAでは1万箇所)で二重らせんが開く(**図5.5**(a)(b))。ここに短いRNA鎖(真核生物では10塩基程度, これをRNAプライマーとよぶ)がプライマーゼとよばれる酵素により合成され, 鋳型となるDNAに結合する。RNAプライマーの3′末端を起点として, 両方向(見かけ上は5′→3′方向および3′→5′方向)に合成が進む。5′→3′方向の合成で生じた鎖をリーディング鎖, 3′→5′方向の合成より生じた鎖をラギング鎖とよぶ(**図5.5**(c)(d))。DNAポリメラーゼは5′→3′方向への反応しか触媒できないため, 3′→5′方向への合成においては, 5′→3′方向に約1,000ヌクレオチドの短い断片が次々と不連続に合成され, それらがつなげられる(**図5.5**(e))。この断片は, 発見者である岡崎令治博士の名にちなみ, **岡崎フラグメント**(Okazaki fragment)とよばれている。

　ラギング鎖のDNAの伸長においては, まず, プライマーゼによりRNAプライマーが合成され, これが鋳型となるDNA鎖に結合し, このRNAの3′末端からDNAが伸長する。その後, RNAはリボヌクレアーゼにより分解される。伸長したDNA鎖の3′末端が先に合成されたポリデオキシリボヌクレオチド鎖の5′末端に達したとき, DNAリガーゼの作用により両末端はホスホジエステル結合を形成する(**図5.4**(b))。

> **Column**
>
> ## 複 製
>
> 近年，細胞中の染色体DNAには，本来ないはずのリボヌクレオチドが，多い場合は1,000個に1個の割合で誤って取り込まれていること（図）や，リボヌクレアーゼH（RNase H）がこのリボヌクレオチド中の5′側のホスホジエステル結合を加水分解し，これの除去に関与していることが明らかになった。試験管内でDNA複製を行った場合は，リボヌクレオシド三リン酸（NTP）が存在しないので，それが誤って取り込まれることはない。一方，細胞内ではリボヌクレオシド三リン酸の濃度がデオキシリボヌクレオシド三リン酸の濃度よりも高いために誤った複製が生じると考えられる。
>
>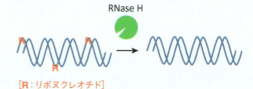
>
> [R：リボヌクレオチド]

5.3 ◆ 転 写

5.3.1 ◇ 原核細胞における転写

RNAポリメラーゼは遺伝子上の**プロモーター**（promoter）とよばれる領域に結合し，DNAに沿って動きながら二重らせんをほどき，一方の鎖を鋳型，リボヌクレオシド三リン酸（NTP）を基質として，NTPのα-5′-リン酸基とRNA鎖の3′末端がホスホジエステル結合を形成する反応を触媒する（**図5.4**（c））。反応の結果，ピロリン酸が遊離する。この反応が繰り返されることで，RNAは5′→3′方向に合成される。これは原核細胞と真核細胞で共通である。DNAポリメラーゼによる複製とは異なり，転写にはプライマーは必要ない。

原核細胞は核やミトコンドリアなどの細胞器官をもたない。原核細胞での転写の特徴は，（1）RNAポリメラーゼが1種類であること，（2）RNAポリメラーゼが他の因子の介在を必要とせず単独で転写を開始できること（**図5.6**），（3）RNAの5′末端が真核細胞で見られるような修飾を受けていないこと（**図5.7**）である。

原核細胞では，複数の遺伝子が1本のmRNAに転写され，転写活性化因子やリプレッサーにより共通の転写制御を受けることが多い。これをポリシストロニックな転写とよび，この複数の遺伝子をオペロンとよぶ。例えば，ラクトースオペロン（*lac*オペロン）は，ラクトースの取り込みと分解を担う3個のタンパク質をコードする。*lac*オペロンの転写は，転写活性化因子であるCAP（カタボライト遺伝子活性化タンパク質）と

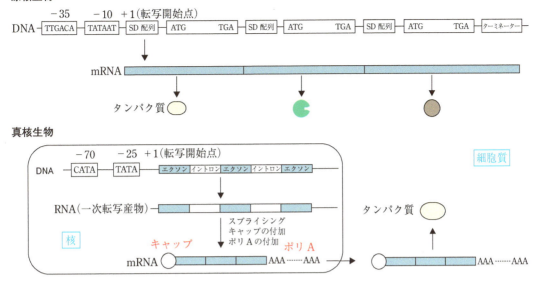

図5.6 原核生物と真核生物の転写と翻訳
大腸菌の場合，転写開始点の5′側上流の−10塩基付近にTATAAT，−35塩基付近にTTGACAという共通性の高い配列が見られる。真核生物の場合，転写開始点の5′側上流の−25塩基付近にTATA (A/T) A (A/T)，−70塩基付近にGC (C/T) CAATCTという共通性の高い配列が見られる。

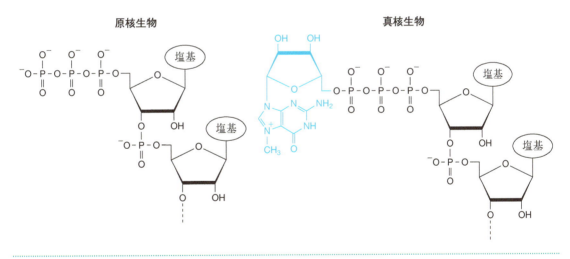

図5.7 原核生物と真核生物のmRNAにおける5′末端の構造

*lac*リプレッサーにより制御を受ける。CAPは，グルコース非存在下では*lac*オペロンのCAP結合部位に結合するが，グルコース存在下ではグルコースと結合し，CAP結合部位に結合しない。同様に*lac*リプレッサーはラクトース非存在下では*lac*オペロンのオペレーターとよばれる部位に結合するが，ラクトース存在下ではラクトースと結合し，オペレーターに結合しない。RNAポリメラーゼが*lac*オペロンのプロモーターに結合できるのは，*lac*オペロンにCAPが結合し，*lac*リプレッサーが結合していないときである（**図5.8**）。そのため，グルコース非存在下，ラクトース存在下でのみ転写が起こり，ラクトースの取り込みと分解を担うタン

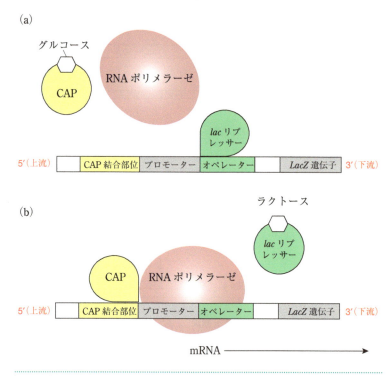

図5.8 *lac* オペロンにおける転写制御（原核生物遺伝子における転写制御の例）

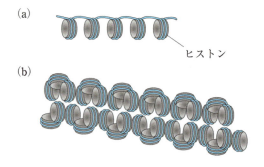

図5.9 真核生物のクロマチンの構造
二重らせんDNAがヒストンタンパク質に巻き付き，ヌクレオソーム構造を形成する(a)。これがさらに折りたたまれ，高次の構造を形成する(b)。

パク質が合成される。

5.3.2 ◇ 真核細胞における転写

　真核細胞は核やミトコンドリアなどの細胞器官をもつ。核に存在するDNAはヒストンというタンパク質と複合体を形成しており，この複合体をクロマチンとよぶ（図5.9）。真核細胞の転写の特徴は，RNAポリメラーゼがI，II，IIIの3種類あり，それぞれrRNA, mRNA, tRNAを合成することである。また，いくつかの転写因子（基本転写因子）が関与しないとRNAポリメラーゼは転写を開始できないこと（図5.6）やRNAの5′

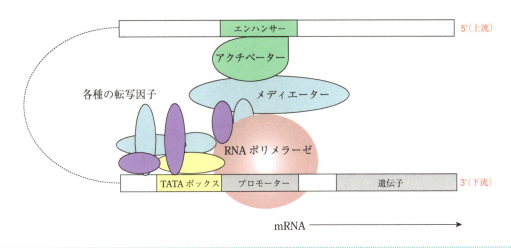

図5.10 真核生物遺伝子における転写制御
最初の転写因子がTATAボックスに結合すると，残りの転写因子とRNAポリメラーゼがその周囲やプロモーターに結合する。さらにプロモーターから離れた位置にあるエンハンサーに結合したアクチベーターがメディエーターを介してRNAポリメラーゼに接触する。

末端が修飾を受けていること（図5.7）も特徴である。転写活性化因子やリプレッサーは，プロモーターの近傍だけでなく，プロモーターから数千塩基も離れたところでDNAに結合しても転写開始に影響を及ぼす（図5.10）。

ヒトゲノムの遺伝子数は20,000から25,000であり，例えばショウジョウバエ（14,000）などとそれほど差はない。高等生物が多彩な細胞型をつくることができるのは，転写活性化因子やリプレッサーが転写を制御することで，細胞の種類あるいは刺激の有無により，合成されるタンパク質の種類が大きく異なるからと考えられている。

5.4 ◆ 翻 訳

5.4.1 ◇ アミノアシルtRNAの合成

細胞内ではアミノ酸とtRNAからアミノアシルtRNA合成酵素の作用により，ATP加水分解のエネルギーを用いて，アミノアシルtRNAが合成される。図5.11に示すようにアミノアシルtRNAの3′末端のヒドロキシ基とアミノ酸のα-カルボキシ基のエステル結合は，ペプチド結合より高いエネルギーをもっている。したがって，遊離のアミノ基が近くにあると，アミノ基がカルボキシ基を求核攻撃し，エステル結合が切れてペプチド結合が形成される。tRNA（あるいはアミノアシルtRNA）には，塩基対を形成している部分と形成していない部分があり，全体としてはクローバー様の構造をとる。tRNAはアンチコドン（anticodon）とよばれる3つの塩基をもち，表5.1に示すようにこのアンチコドンの配列により，結合するアミノ酸の種類が決まる。

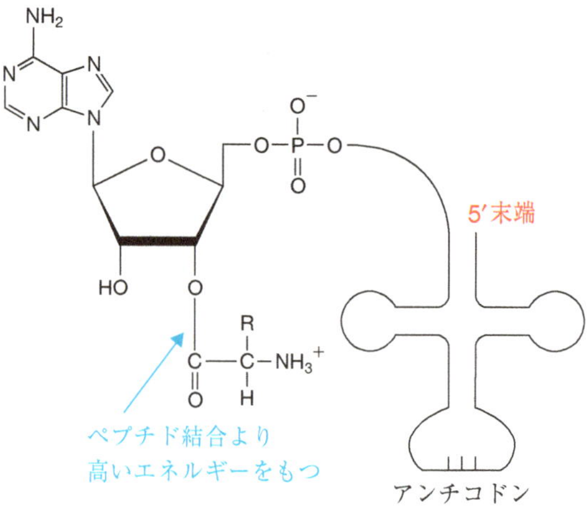

060 | 第5章 | タンパク質の生合成と分解

図5.11 | アミノアシルtRNAの構造

表5.1 | 遺伝暗号表（コドン表）

1文字目 5′末端	2文字目				3文字目 3′末端
	U	C	A	G	
U	UUU Phe UUC Phe UUA Leu UUG Leu	UCU Ser UCC Ser UCA Ser UCG Ser	UAU Tyr UAC Tyr UAA 終止 UAG 終止	UGU Cys UGC Cys UGA 終止 UGG Trp	U C A G
C	CUU Leu CUC Leu CUA Leu CUG Leu	CCU Pro CCC Pro CCA Pro CCG Pro	CAU His CAC His CAA Gln CAG Gln	CGU Arg CGC Arg CGA Arg CGG Arg	U C A G
A	AUU Ile AUC Ile AUA Ile AUG Met	ACU Thr ACC Thr ACA Thr ACG Thr	AAU Asn AAC Asn AAA Lys AAG Lys	AGU Ser AGC Ser AGA Arg AGG Arg	U C A G
G	GUU Val GUC Val GUA Val GUG Val	GCU Ala GCC Ala GCA Ala GCG Ala	GAU Asp GAC Asp GAA Glu GAG Glu	GGU Gly GGC Gly GGA Gly GGG Gly	U C A G

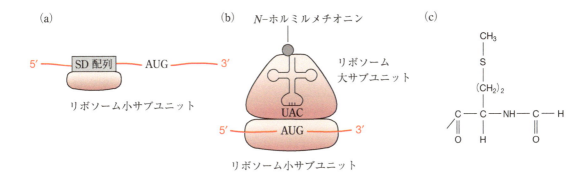

図5.12 | タンパク質の生合成の開始
(a) SD配列にリボソームの小サブユニットが結合する。(b) リボソーム小サブユニットがmRNAの3′下流方向に移動し，最初のAUGコドンに達したら，アンチコドンがCAU（AUGに相補的な配列）であり，アミノ酸が*N*-ホルミルメチオニンであるアミノアシルtRNAがリボソームに結合する。(c) *N*-ホルミルメチオニル基の分子構造。

5.4.2 ◇ タンパク質の生合成の開始

タンパク質の生合成は**リボソーム**（ribosome）で行われる。**図5.12**に示すようにリボソームは大サブユニットと小サブユニットからなり，いずれも複数のタンパク質とRNA（すなわちrRNA）を含む。タンパク質の生合成は，小サブユニットがmRNA中の**シャイン-ダルガーノ配列**（Shine-Dalgarno sequence，SD配列）に結合することから始まる。SD配列は原核細胞のmRNAの開始コドン（AUG）の上流に見られるAとGに富んだ特徴的な配列である。*lac*オペロンは3個のタンパク質をコードするので，*lac*オペロンにはSD配列が3箇所に存在する。小サブユニットがmRNA上を移動し，開始コドンに出会うと，これと相補的な配列（CAU）をアンチコドンにもち，*N*-ホルミルメチオニンと結合したアミノアシルtRNA（*N*-ホルミルメチオニルtRNA）が結合する。続いて，大サブユニットが結合することで，タンパク質の生合成が開始される。

5.4.3 ◇ ポリペプチド鎖の伸長とその終結

最初のアミノアシルtRNAがmRNAの開始コドンであるAUGに結合した後，次のコドンへ，これと相補的なアンチコドンをもつアミノアシルtRNAが結合する（**図5.13**）。原核細胞では，このアミノアシルtRNAに伸長因子Tu（EF-Tu）とよばれるタンパク質とGTPが結合しているが，GTPがEF-TuのGTPアーゼ活性により加水分解されてGDPになると，EF-TuとGDPはリボソームから離れる。それから，最初のアミノアシルtRNAの3′末端のヒドロキシ基とアミノ酸のカルボキシ基の結合が切れ，2番目のアミノアシルtRNAのアミノ酸のアミノ基が最初のアミノアシルtRNAのアミノ酸のカルボキシ基に転移し，ペプチド結合が形成される。さらに，リボソームの位置がずれ，反応後のtRNAが放出されるとともに，その次のコドンにそれと相補的なアンチコドンをもつアミノアシルtRNAが結合する。これが繰り返されることにより，ペプ

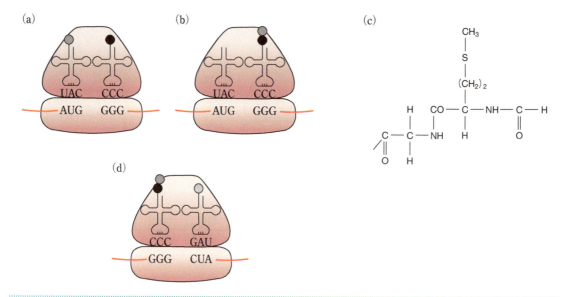

図5.13 タンパク質の生合成におけるポリペプチド鎖の伸長
(a) アンチコドンがCCC（開始コドンの次のコドンがGGGであった場合の相補的な配列）であり，アミノ酸がグリシンであるアミノアシルtRNAがリボソームに結合する。(b) N-ホルミルメチオニンのカルボキシ基とtRNAの3'末端の結合が開裂し，N-ホルミルメチオニンのカルボキシ基とアミノ酸がグリシンであるアミノアシルtRNAのグリシンのアミノ基のペプチド結合が形成される。(c) 上記(b)により生じた結合の分子構造。(d) アミノ酸がはずれたtRNAが放出される。アンチコドンがUAG（開始コドンの次の次のコドンがCUAであった場合の相補的な配列）であるアミノアシルtRNAがリボソームに結合する。以上の反応が繰り返されることによりポリペプチド鎖は伸長する。

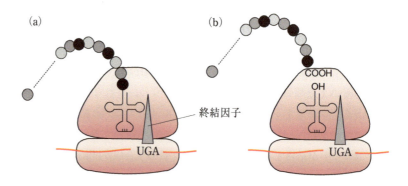

図5.14 タンパク質の生合成の終結
(a) 終止コドン（図ではUGA）に達すると，終結因子と呼ばれるタンパク質がリボソーム上に結合する。(b) アミノアシルtRNAのアミノ酸のカルボキシ基とtRNAの3'末端の結合が開裂し，アミノ酸のカルボキシ基に，アミノ基の代わりに水が付加する。その結果，ペプチド鎖の伸長は終結する。

チド鎖は伸長する。

　このようにして伸長が進んでいくが，UAG，UAAあるいはUGAというコドンが現れると，そのコドンに，これと相補的なアンチコドンをもつアミノアシルtRNAではなく，終結因子とよばれるタンパク質が結合する。これが結合すると，それまで伸長されたポリペプチド鎖が結合しているアミノアシルtRNAの3'末端のヒドロキシ基とアミノ酸のカルボキシ基の結合が切れ，次のアミノアシルtRNAのアミノ基の代わりに水が付加される（図5.14）。これにより，ポリペプチド鎖の伸長は終結する。

　真核細胞では，合成されたタンパク質はシグナル配列をもち，これに

それぞれのシグナル配列を特異的に認識する受容体が結合することにより目的の細胞器官へと運ばれる。さらに，このシグナル配列が指標となり，細胞膜に運ばれたり，分泌されたりする。シグナル配列をもたないタンパク質は細胞質中にとどまる。生合成されたばかりのタンパク質は20種類のアミノ酸残基だけを含むが，多くのタンパク質はその後共有結合による修飾を受ける。特に小胞体での2個のシステイン残基からのジスルフィド結合の形成や，アスパラギン残基やセリン残基への糖鎖の付加は代表的な翻訳後修飾である。これらの詳細は第6章で述べる。

5.5 ◆ タンパク質の分解

細胞内でのタンパク質の分解には**ユビキチン−プロテアソーム系**（ubiquitin-proteasome system）と**オートファジー系**（autophagy system）が存在する。

プロテアソームは分子量約200万のタンパク質からなる複合体で，真核細胞の細胞質と核の両方に存在する。コアにはタンパク質分解酵素が存在する。**図5.15**に示すように，分解されるタンパク質にはユビキチンとよばれる76アミノ酸残基からなるタンパク質が複数個付加する。分解されるタンパク質はそのポリユビキチンが目印となり，プロテアソームキャップに結合し，折りたたみを解かれ，コアへ移送される。一

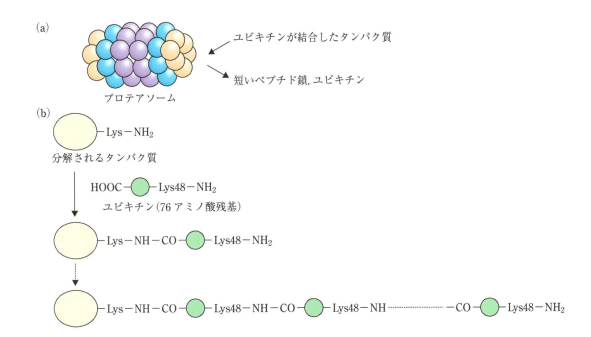

図5.15 ユビキチン−プロテアソーム系によるタンパク質の分解
(a)プロテアソームの構造。(b)分解されるタンパク質へのユビキチンの結合。分解されるタンパク質のリシン残基の側鎖のアミノ基にユビキチンのC末端のアミノ酸残基のカルボキシ基がアミド結合する。さらにユビキチンの48番目のリシン残基の側鎖のアミノ基に次のユビキチンのC末端のアミノ酸残基のカルボキシ基がアミド結合する。これが繰り返される。

Column

タンパク質の分解

　2016年に大隅良典博士がオートファジーの研究でノーベル生理学・医学賞に輝いたことは記憶に新しい。大隅博士は，それまで顕微鏡での観察が中心であったオートファジーの研究に分子生物学的手法を適用し，酵母を用いてオートファジーのメカニズムを明らかにした。大隅博士の後を世界中の多くの研究者が続き，多くの知見が得られた。今日，オートファジーは，生物の根源的なプロセスと位置づけられており，現在もさらにその研究が精力的に進められている。

方，ユビキチン分子はプロテアソームに取り込まれることなく，脱ユビキチン酵素によって切り離され，再利用される。

　オートファジーは自食作用ともよばれ，真核細胞に見られる機構である。脂質二重層に囲まれた器官が細胞質のタンパク質を取り囲んだ後，リソソームや液胞と融合する。タンパク質はそれらの内部に存在するタンパク質分解酵素により分解される。

第6章
タンパク質の構造形成と輸送

　リボソームで生合成された新生ポリペプチド鎖は，基本的には各々の一次構造に従って折りたたまれ（**フォールディング**：folding），さらに翻訳後修飾を受けることにより生物活性をもつ天然の構造（**天然構造**：native structure）にまで**成熟**（maturation）する。フォールディングはタンパク質の合成中または合成後に進行し，ポリペプチド鎖は水素結合，静電的相互作用，ファンデルワールス相互作用，疎水性相互作用によって，次第に高次構造を形成していく。なかには，プロセシングを受けてはじめて天然構造をとるものもある。本章では，まず，タンパク質の構造形成，機能，局在，安定性などに関わるタンパク質の翻訳後修飾について主なものを解説し，その後，タンパク質の輸送とフォールディングについても述べる（**図6.1**）。

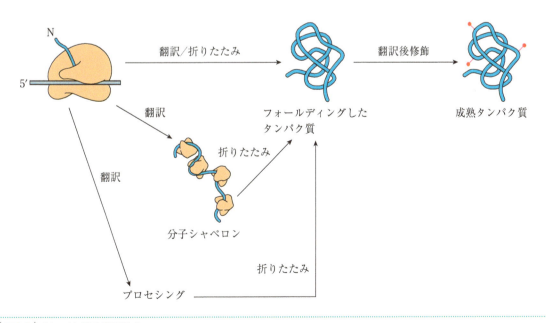

|図6.1| タンパク質の構造形成

6.1 ◆ タンパク質の翻訳後修飾 ：タンパク質の修飾と切断

　翻訳後修飾にはさまざまな種類があり，リン酸基のような官能基や糖鎖の付加だけでなく，プロテアーゼによる**プロセシング**（processing）や補因子をもつタンパク質への補因子の挿入なども含まれる（**表6.1**，**図6.2**）。さらに，翻訳後修飾には可逆的なものと不可逆的なものがあり，タンパク質の活性や局在，低分子リガンドや他のタンパク質，核酸，脂質，補因子などとの相互作用の制御，タンパク質の構造形成や分解にまで関わっている。翻訳後修飾によって限られた数の遺伝子から実に多様なタンパク質が生み出される。すなわち，ヒトの遺伝子数は20,000〜25,000であるが，翻訳後修飾を受けることでタンパク質の種類は100万種類をはるかに超えると推計されている。なお，翻訳後修飾の頻度については，タンパク質配列データベースであるSwiss-Prot[*1]の情報をもとにした推計がなされている（**表6.2**）。以下では，翻訳後修飾についてそれぞれ見ていく。

*1　スイス・バイオインフォマティクス研究所（SIB, Swiss Institute of Bioinformatics）と欧州バイオインフォマティクス研究所（EBI, European Bioinformatics Institute）が共同で開発・運営しているタンパク質のアミノ酸配列データベース。タンパク質の配列だけではなく，その機能やドメイン構造，翻訳後修飾などの情報も付した信頼性の高いデータベースである。

6.1.1 ◇ アミノ末端およびカルボキシ末端の修飾

　翻訳過程でポリペプチド鎖に最初に導入されるアミノ酸は，真正細菌ではN-ホルミルメチオニン，真核生物ではメチオニンであるが，ホルミル基やN末端残基（時にはN末端残基の次のアミノ酸残基ならびにC末端残基）は酵素により除去されてタンパク質が天然構造になることがある。また，真核生物のタンパク質のうち約半分のN末端アミノ酸残基のアミノ基はN-アセチル化される。

| 表6.1 | さまざまな**翻訳後修飾** |

種　類	具体例
低分子・官能基	アシル化，アセチル化，ホルミル化，アルキル化（メチル化，エチル化），アミド化，アルギニル化，ポリグルタミル化，ポリグリシル化，カルボキシ化，グルコシル化，ポリシアリル化，マロニル化，ヒドロキシ化，ヨード化，ADP-リボシル化，リン酸化，アデニル化，S-グルタチオン化，S-ニトロシル化，S-スルフェニル化，S-スルホニル化，スクシニル化，硫酸化
疎水性官能基	ミリストイル化，パルミトイル化，イソプレニル化，ファルネシル化，ゲラニルゲラニル化，GPI修飾
補因子など	リポイル化，フラビン付加，ピリドキサール5'-リン酸付加，ヘム付加，ホスホパンテテイニル化
タンパク質など	ユビキチン化，ISG化，SUMO化，Nedd化

ISG化（ISGylation）：インターフェロン刺激で誘導されるユビキチン様タンパク質として発見されたISG（interferon-stimulated gene 15より命名）による**翻訳後修飾**。ISG修飾ともいう。
SUMO化（SUMOylation）：ユビキチン様タンパク質であるSUMOタンパク質による**翻訳後修飾**。small ubiquitin-related（またはlike）modifierから命名された。SUMO修飾ともいう。
Nedd化（neddylation またはNEDDylation）：Nedd8と呼ばれるユビキチン様タンパク質による**翻訳後修飾**。

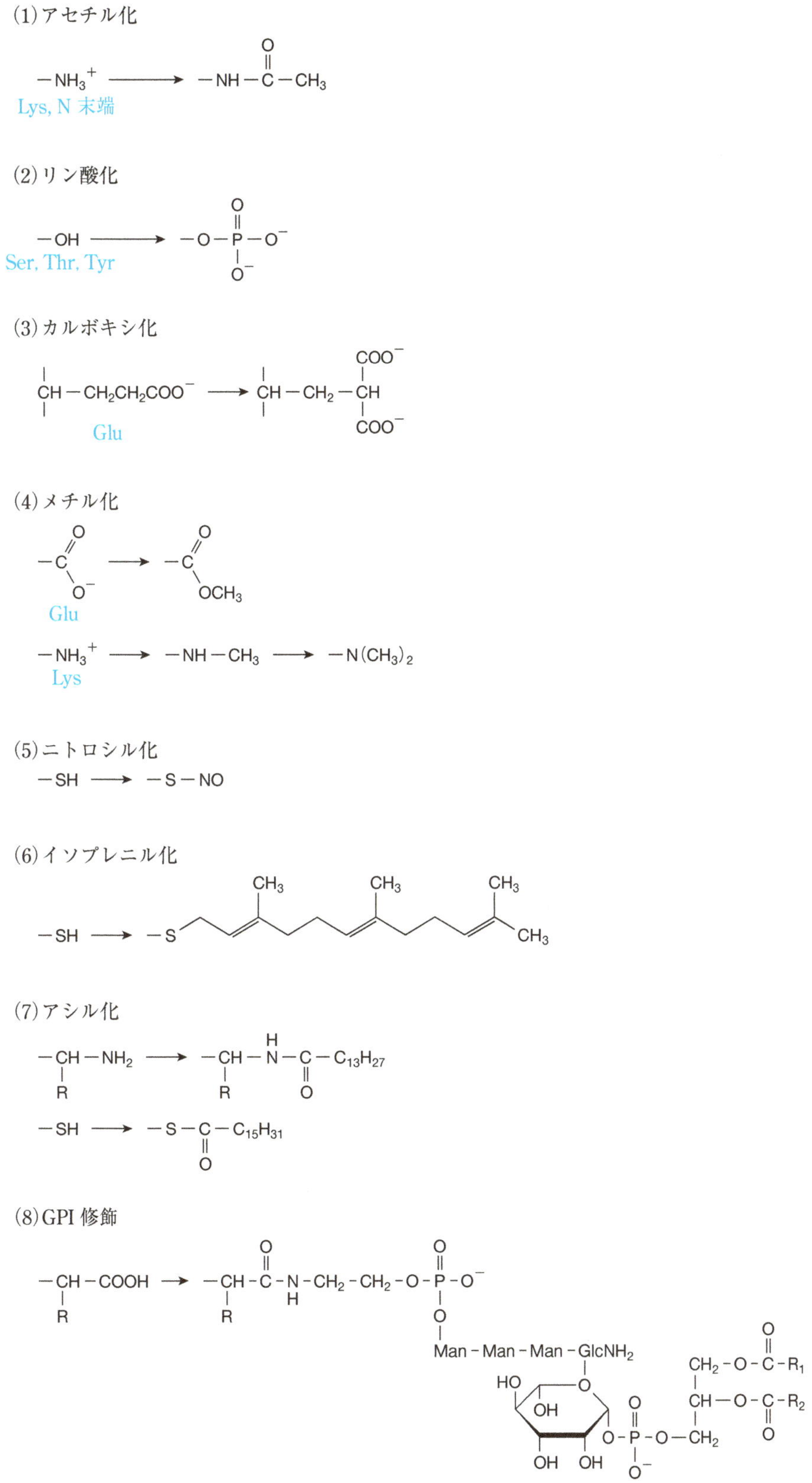

(1)アセチル化

$-NH_3^+ \longrightarrow -NH-\overset{\overset{\displaystyle O}{\|}}{C}-CH_3$

Lys, N 末端

(2)リン酸化

$-OH \longrightarrow -O-\overset{\overset{\displaystyle O}{\|}}{\underset{\underset{\displaystyle O^-}{|}}{P}}-O^-$

Ser, Thr, Tyr

(3)カルボキシ化

$\overset{|}{\underset{|}{C}}H-CH_2CH_2COO^- \longrightarrow \overset{|}{\underset{|}{C}}H-CH_2-\overset{\overset{\displaystyle COO^-}{|}}{\underset{\underset{\displaystyle COO^-}{|}}{C}}H$

Glu

(4)メチル化

$-\overset{\overset{\displaystyle O}{\|}}{C}-O^- \longrightarrow -\overset{\overset{\displaystyle O}{\|}}{C}-OCH_3$

Glu

$-NH_3^+ \longrightarrow -NH-CH_3 \longrightarrow -N(CH_3)_2$

Lys

(5)ニトロシル化

$-SH \longrightarrow -S-NO$

(6)イソプレニル化

$-SH \longrightarrow -S-CH_2-CH=\overset{\overset{\displaystyle CH_3}{|}}{C}-CH_2-CH_2-CH=\overset{\overset{\displaystyle CH_3}{|}}{C}-CH_2-CH_2-CH=\overset{\overset{\displaystyle CH_3}{|}}{C}-CH_3$

(7)アシル化

$-\overset{|}{\underset{\underset{\displaystyle R}{|}}{C}}H-NH_2 \longrightarrow -\overset{|}{\underset{\underset{\displaystyle R}{|}}{C}}H-\overset{\overset{\displaystyle H}{|}}{N}-\overset{\overset{\displaystyle C}{}}{\underset{\underset{\displaystyle O}{\|}}{}}-C_{13}H_{27}$

$-SH \longrightarrow -S-\overset{}{\underset{\underset{\displaystyle O}{\|}}{C}}-C_{15}H_{31}$

(8)GPI 修飾

$-\overset{|}{\underset{\underset{\displaystyle R}{|}}{C}}H-COOH \longrightarrow -\overset{|}{\underset{\underset{\displaystyle R}{|}}{C}}H-\overset{\overset{\displaystyle O}{\|}}{C}-\overset{\overset{\displaystyle H}{|}}{N}-CH_2-CH_2-O-\overset{\overset{\displaystyle O}{\|}}{\underset{\underset{\displaystyle O}{|}}{P}}-O^-$

Man-Man-Man-GlcNH₂

図6.2 代表的な翻訳後修飾の化学反応式

| 表6.2 | 頻繁に見出された翻訳後修飾 |

頻度	翻訳後修飾の種類
58,383	リン酸化
6,751	アシル化
5,526	N–結合型糖鎖付加
2,844	アミド化
1,619	ヒドロキシ化
1,523	メチル化
1,133	O–結合型糖鎖付加
878	ユビキチン化
826	ピロリドンのカルボキシ化
504	スルホン化
450	グルタミン酸のγ–カルボキシ化
413	SUMO化
305	パルミトイル化
178	ミリストイル化
152	ADP–リボシル化
147	C–結合型糖鎖付加
81	ファルネシル化

6.1.2◇リン酸化

タンパク質中の主にセリン，スレオニン，チロシンなどの側鎖のヒドロキシ基あるいはまれにヒスチジンのイミダゾール基やアスパラギン酸のカルボキシ基は，ATP依存的に酵素によりリン酸化されることがある。リン酸化によってタンパク質には負電荷が増えることになり，立体構造が変化してタンパク質が活性化されたり逆に不活性化されたりする。また，リン酸化により他のタンパク質との相互作用の変化なども生じる。生理学的には，リン酸化は，細胞周期，細胞増殖，アポトーシス，シグナル伝達経路を含む実に多くの過程において重要な役割を担っている。

6.1.3◇カルボキシ化

タンパク質中のグルタミン酸残基のカルボキシ基が付加したγ炭素へもう1つカルボキシ基が付加されることがある。このようなカルボキシ基付加はビタミンK依存性の酵素であるγ–グルタミルカルボキシラーゼによって触媒される。例えば，血液凝固タンパク質のプロトロンビンは，N末端領域の特定のグルタミン酸が修飾を受け，複数のγ–カルボキシグルタミン酸残基をもつ。このカルボキシ化によりカルシウムイオンが結合すると，プロトロンビンが活性化される。

6.1.4◇メチル化

メチル化はタンパク質中の主にリシン残基とアルギニン残基に起こる翻訳後修飾である。ヒストンは特定のリシン残基およびアルギニン残基

でメチル化を受け，クロマチンの構造に変化を及ぼす。ある種の筋肉タンパク質やシトクロムcでは，リシン残基のε-アミノ基がモノメチルリシンやジメチルリシン残基に修飾されているものがある。また，カルモジュリンは特定の位置にトリメチルリシン残基をもつ。そのほか，グルタミン酸残基のカルボキシ基がメチル化（メチルエステル化）されることもある。

6.1.5 ◇ ユビキチン化

真核細胞においては，分解されるべきタンパク質のリシン残基にユビキチンを共有結合させることにより標識し，これを26Sプロテアソームという巨大タンパク質複合体でATP依存的に分解する経路がある（ユビキチン-プロテアソーム系：5.5節参照）。ユビキチンは76アミノ酸残基からなるタンパク質であり，真核生物において広く高度に保存されている。ユビキチンの分解標的タンパク質に対する結合には，3つの酵素が関与する。まず，ユビキチンのC末端にあるグリシン残基のカルボキシ基とユビキチン活性化酵素E1のシステイン残基がATP依存的にチオエステル結合を形成する。次に，ユビキチンがユビキチン結合酵素E2のシステイン残基に転移され，新たなチオエステル結合を形成する。その後，ユビキチンリガーゼE3の触媒作用により，標的タンパク質のリシン残基のε-アミノ基にアミド結合を介してユビキチンが転移される。この一連のサイクルが繰り返されることにより，複数のユビキチンが連結したポリユビキチン化標的タンパク質となり，タンパク質分解へと導かれる（図6.3）。

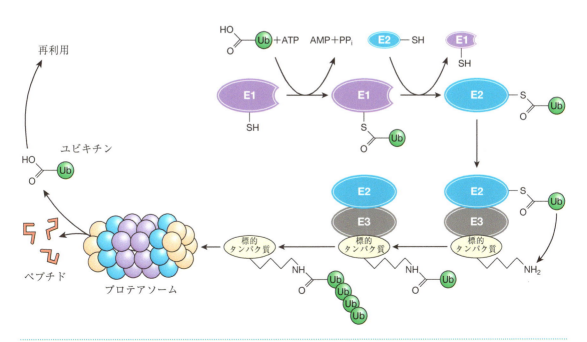

| 図6.3 | ユビキチン化によるタンパク質の分解

6.1.6 ◇ S-ニトロシル化

　タンパク質のシステイン残基のSH基がニトロシル化されてS-ニトロソチオール残基となることがある。ヒトの脳に存在するNMDA（N-メチル-D-アスパラギン酸）型グルタミン酸レセプターにおいて最初に見つかり，その後すべての生物種において普遍的なレドックスシグナル機構であることがわかってきた。異常な脱ニトロシル化やS-ニトロシル化は，脳卒中あるいはパーキンソン病やアルツハイマー病，筋萎縮性側索硬化症などの慢性変性疾患と関連する。さらに，発がんにおけるシグナル伝達にも関わる。

6.1.7 ◇ 脂質修飾

　脂質分子がタンパク質に付加することにより，細胞質タンパク質の細胞膜近傍への輸送，膜タンパク質の局所構造への輸送，タンパク質の構造安定化，脂質-タンパク質間相互作用などが制御される。このように脂質修飾を受けたタンパク質を脂質修飾タンパク質（lipid-linked protein）または脂質アンカータンパク質（lipid-anchored protein）とよぶ。脂質アンカータンパク質には主に次に示す3タイプがある。

A. イソプレニル化

　タンパク質のC末端付近のシステイン残基に炭素数5のイソプレン単位で構成されるイソプレニル基（図6.2参照）がチオエーテル結合することにより，細胞膜と相互作用することがある。修飾に用いられるイソプレニル基は，主にファルネシル基（炭素数15）やゲラニルゲラニル基（炭素数20）であり，修飾を受けるタンパク質のC末端に存在するCaaXボックス[*2]と呼ばれるアミノ酸配列モチーフのシステイン残基が修飾される。イソプレニル化タンパク質は，真核細胞の生育，分化，形態形成などに関与する。細胞のがん化に関わるタンパク質であるRasや核マトリックスタンパク質であるラミンなどもイソプレニル化される。

> ＊2　Cはシステイン残基，aは脂肪族アミノ酸，Xは任意のアミノ酸を指す。Xがアラニン，セリン，システイン，グルタミン，メチオニンの場合はファルネシル化される。Xがロイシン，イソロイシン，フェニルアラニンの場合はゲラニルゲラニル化される。

B. アシル化

　タンパク質のアシル化としてもっとも一般的なものは，N-ミリストイル化（炭素数14）とS-パルミトイル化（炭素数16）である。N-ミリストイル化では，タンパク質のN末端のグリシン残基のα-アミノ基にアミド結合を介してミリストイル基が付加される。N-ミリストイル化は不可逆的であり，シグナル伝達カスケードなどに関わる。一方，S-パルミトイル化では，タンパク質のシステイン残基にチオエステル結合を形成することによりパルミトイル基が付加される。S-パルミトイル化は可逆的であり，シグナル伝達やタンパク質の細胞内局在に関与する。

C. GPI修飾

グリコシルホスファチジルイノシトール（GPI）はホスファチジルイノシトール骨格にグルコサミンと3つのマンノースが直鎖状にグリコシド結合し，さらにその非還元末端のマンノース残基にホスホエタノールアミンがリン酸エステル結合した基本構造をもつ分子である（図6.2参照）。糖鎖部分のヒドロキシ基はさらに糖やホスホエタノールアミンなどで修飾を受ける。GPI修飾タンパク質では，タンパク質のC末端のカルボキシ基とGPI分子のホスホエタノールアミン部位のアミノ基がアミド結合を形成する。ホスファチジルイノシトール部分の脂肪鎖が細胞膜に挿入されることにより，GPI修飾タンパク質は膜につなぎ止められる。糖鎖部分と脂肪酸部分は多様であり，これによりGPI修飾タンパク質は発生，神経再生，免疫などさまざまな過程に関与する。

6.1.8◇糖鎖付加

糖鎖付加は細胞表層タンパク質や分泌タンパク質においてもっとも一般的な翻訳後修飾の1つである。アスパラギン酸残基やアルギニン残基，トリプトファン残基の窒素原子に糖鎖が付加されるN–結合型と，セリン残基，トレオニン残基，ヒドロキシリシン残基，ヒドロキシプロリン残基のヒドロキシ基に糖鎖が付加されるO–結合型が主な糖鎖付加である。また，マトリックス細胞タンパク質であるトロンボスポンジンなどでは，特定のトリプトファン残基側鎖の芳香環炭素にマンノースが結合したC–結合型糖鎖付加が見られる，糖鎖付加されたタンパク質は，免疫における分子認識や受容体への結合，炎症，病原体の感染などの重要な過程に関与する。

6.1.9◇補欠分子族付加

タンパク質への補欠分子族付加も翻訳後修飾とみなすことができる。ヘモグロビンやシトクロムなどのヘムタンパク質では，ヘムがシステイン残基やヒスチジン残基を介して結合する。フラビン（ビタミンB_2）酵素には，フラビンモノヌクレオチド（FMN）やフラビンアデニンジヌクレオチド（FAD）が非共有結合で保持されているものが多いが，なかにはシステイン残基との共有結合により付加されているものもある。アミノ酸代謝に関わる多くの酵素の活性中心のリシン残基には，ピリドキサール5′–リン酸がシッフ塩基を介して結合している。ピリドキサール5′–リン酸はビタミンB_6の補酵素型であり，アミノ酸のアミノ基転移，脱炭酸，側鎖の脱離や置換，ラセミ化などさまざまな反応に関与する。ピルビン酸カルボキシラーゼなどの活性中心のリシン残基は，ビオチンのカルボキシ基とアミド結合を形成している。クエン酸回路で働くピルビン酸デヒドロゲナーゼ複合体のC末端にあるリシン残基にはリポ酸がアミド結合を介して付加している。ヒトの視細胞において光受容に関与す

るロドプシンにおいては，レチノール（ビタミンA）がリシン残基に結合している。

　コエンザイムAの4′-ホスホパンテテイン部分のアシルキャリアータンパク質やポリペプチジルキャリアータンパク質などのセリン残基への付加は，脂肪酸合成系やポリケチド合成系，非リボソームペプチド合成系（微生物に見られるポリペプチド性の二次代謝産物の合成において，mRNAやリボソームに依存せずにポリペプチドを合成する系）などに関与している。鉄と無機硫黄原子からなる鉄硫黄クラスターは，電子伝達タンパク質のフェレドキシンなどに存在し，一般に，タンパク質のシステイン残基が鉄原子に配位結合している。

　一方，タンパク質を構成するアミノ酸から直接形成される補酵素（ビルトイン型補酵素）が見出されている。翻訳されたタンパク質から自己触媒的反応で形成されるビルトイン型補酵素として，ピルビン酸残基，トパキノン，リシルチロシルキノン，チロシルチオエーテル，3,5-ジヒドロ-5-メチリデン-4H-イミダゾール-4-オンがある。また，別の特異的な変換酵素（活性化因子）の作用によって形成されるビルトイン型補酵素には，ホルミルグリシン，トリプトファントリプトフィルキノン，システイントリプトフィルキノンがある。

　非共有結合型のFADやFMNのように，共有結合を介さずにタンパク質に結合し機能を付与する補欠分子族は他にもある。テトラヒドロ葉酸は，アミノ酸や核酸の代謝において1炭素基（炭素を1つ含むメチレン基，メチニル基，ホルムイミノ基のような基）供与体として機能する。メチル基転移酵素などがもつメチルコバラミンやアデノシルコバラミンは，ビタミンB_{12}の補酵素型であり，種々のメチル基転移酵素に見られる。チアミンピロリン酸はビタミンB_1の補酵素型であり，種々の脱炭酸酵素やトランスケトラーゼなどの反応に関与する。モリブデンを含むモリブデン補因子は，哺乳動物におけるプリン代謝や植物における硝酸同化から嫌気性細菌の嫌気呼吸に至る多種多様な代謝における酸化還元反応に関わる。窒素固定細菌の窒素固定を担うニトロゲナーゼもモリブデン酵素として知られる。脂溶性ビタミンであるビタミンKは，γ-グルタミルカルボキシラーゼの補因子であり，血液凝固に関連するタンパク質のグルタミン酸残基の翻訳後修飾（γ-カルボキシグルタミン酸残基の生成）に関与する。

6.1.10◇前駆体のプロセシングによる成熟

　翻訳段階で不活性型のプロタンパク質として生合成された後に，配列の一部が切除されたり（プロセシング），別の分子が結合したりすることによって，活性型に変換されることがある。酵素前駆体の場合は特に，チモーゲン，プロ酵素ともよばれる。インスリンは前駆体のプロインスリン（86アミノ酸残基）からC末端側のペプチド（Cペプチド）が切り出さ

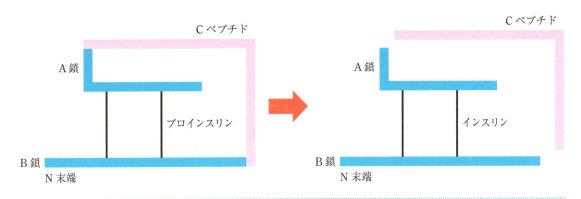

図6.4 プロインスリンの成熟

れ，A鎖とB鎖が2つのジスルフィド結合を介して結合して活性型となる（図6.4）。トリプシンは前駆体トリプシノーゲンに十二指腸粘膜から分泌されるエンテロペプチダーゼが作用することにより，15番目のリシン残基の後ろのペプチド結合が切断され，N末端側のペプチドが排除されて活性型となる。このように，前駆体のプロセシングによって活性化される酵素の例は多いが，これには次のような意義があると考えられている。

(1) 例えば出血時における血液凝固系酵素に見られるように，あらかじめ生合成しておいた不活性な酵素を活性化することで，遺伝子の転写と翻訳を介さずに，緊急時に対応することが可能となる。
(2) 血液凝固系やアポトーシスなどの経路では，活性化された酵素が次の段階の複数の酵素を活性化するというカスケード反応を形成することで，ある刺激に対する迅速な応答が可能である。
(3) プロテアーゼやリパーゼのような消化酵素の場合のように，不必要な場所やタイミングで活性化すると自己の組織に対しても有害となりうる酵素を，不活性型として安全に貯蔵しておき，必要なときに必要な場所で作用させることが可能となる。

6.1.11 ◇ シグナル配列の除去

ある種のタンパク質においては，N末端側の15～30残基が細胞内局在や細胞外への分泌を決定づけるシグナル配列として働く。このようなシグナル配列をもつ前駆体タンパク質はプリプロ（あるいはプレプロ）タンパク質とよばれる。シグナル配列は特異的なペプチダーゼによって細胞内への移行の過程で除去され，成熟タンパク質が生じる。6.3節でより詳しく解説する。

6.1.12 ◇ ジスルフィド結合の形成

リボソーム上で翻訳された新生ポリペプチドのうちあるものは，ジスルフィド結合の導入をともなう酸化的フォールディングを介して天然構

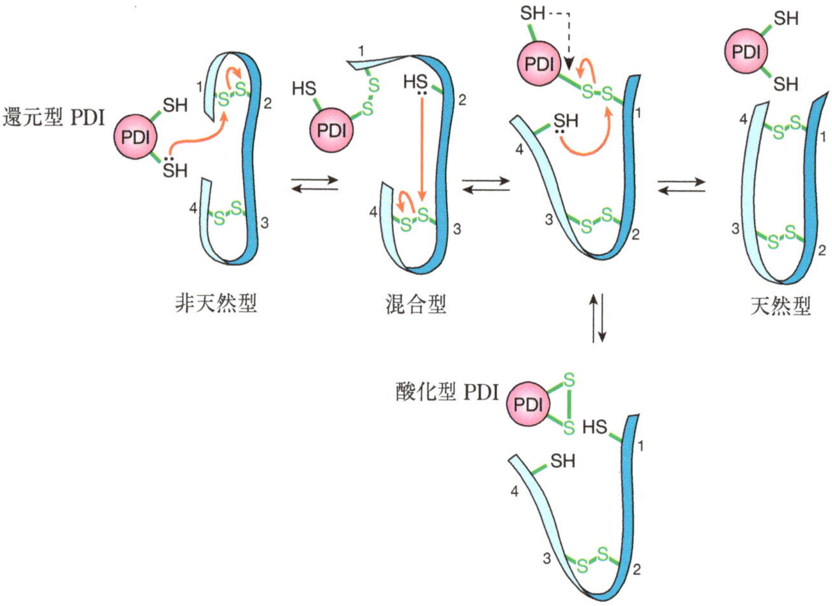

図6.5 │ PDIによるジスルフィド結合の変換反応

造を獲得する。タンパク質にジスルフィド結合を導入する酵素は，真核生物の小胞体あるいは細菌のペリプラズム空間に存在し，ポリペプチド鎖の折りたたみにともなう分子内あるいは分子間のジスルフィド結合の形成および開裂を触媒する（**図6.5**）。ジスルフィド結合は共有結合であるため，細胞外などの厳しい環境におけるタンパク質の立体構造維持に重要である。また，ジスルフィド結合の変換反応とは別に，正しくフォールディングできないタンパク質に対するシャペロン（次節参照）としての機能ももつ。

　真核生物の小胞体では，免疫グロブリンやインスリンなどの分泌タンパク質やある種の膜タンパク質が，ジスルフィドイソメラーゼ（protein disulfide isomerase, PDI）によりジスルフィドの結合をともなう酸化的フォールディングを受ける。基質タンパク質へのジスルフィド結合導入の際に，PDIの活性中心のシステイン残基が還元されるが，PDI特異的な酸化酵素により活性中心のシステイン残基は再酸化される。PDIは哺乳動物には約20種類も存在し，それぞれ異なる基質に対して作用することにより役割分担をしていると考えられている。

　大腸菌などのグラム陰性細菌においては，ペリプラズム空間でタンパク質に正しいジスルフィド結合を導入するために働くDsbA，DsbC，DsbC，DsbDが存在する。ジスルフィド結合導入因子DsbAは，ペリプラズム空間に存在する可溶性タンパク質であり，活性中心に存在する2つのシステイン残基からなるジスルフィド結合を用いて，基質タンパク質のシステイン残基を酸化してジスルフィド結合を導入する。これによりDsbAは還元されるが，内膜タンパク質であるDsbB（DsbAリサイク

リング因子)によって再酸化される。DsbCはジスルフィド結合異性化因子であり，DsbAによって導入されたジスルフィド結合が誤っている場合，DsbCはジスルフィド結合を掛け直して正しく修正する。膜タンパク質であるDsbDは，DscC還元因子であり，DsbCの活性中心を還元状態に保っている。DsbDの還元力は，細胞質内のチオレドキシンシステムを介してNADPHから供給される。

6.2 ◆ 分子シャペロンによるタンパク質のフォールディング

　分子シャペロン(molecular chaperone)は，他のタンパク質の折りたたみを補助する働きをもつタンパク質の総称である。超分子複合体の集合を補助するタンパク質もこれに含まれる。分子シャペロンは主に，折りたたまれていない新生ペプチドが機能をもたない形で凝集してしまうのを防ぐことにより，自発的な天然構造へのフォールディングを促す。したがって，最終的な構造は，各々のタンパク質のアミノ酸配列に依存して形成され，シャペロン分子はあくまでも天然構造が形成されやすい環境や機会を提供するのみである。ただし，自発的にフォールディングできないタンパク質を正しいフォールディングへと積極的に導く特殊な分子シャペロンも知られる。

　多くの分子シャペロンは**ヒートショックタンパク質**(heat shock protein)として知られているが，これは，熱によりタンパク質がミスフォールドする傾向があるので，そのようなミスフォールドを防ぐために分子シャペロンが高温で誘導されるためである。しかし，このような分子シャペロンは，ヒートショックのない通常の生理条件下においても重要な機能を果たしていることが多い。

　分子シャペロンは，その構造と機能の違いによっていくつかのグルー

Column

シャペロン

　シャペロンとは，人に付き添ってその世話をする介添人を意味する言葉であり，例えば，学校行事での教員や保護者といった引率者のような人のことを指す。また，中世の英国においては，未婚の若い女性が社交界に初めて参加する際に，社交の正しい礼儀作法を指導する役目を負った年上の女性家事使用人に対して使われていた。ここから転じて，他のタンパク質の正しいフォールディングを助けるタンパク質に分子シャペロンという名前が与えられた。

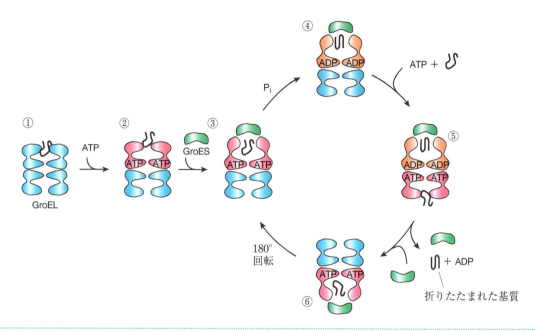

図6.6 分子シャペロンGroEL/GroESシステムによるフォールディング
①GroELが天然構造をとらないポリペプチド基質に結合する。②GroELにATPが結合する。③ATPが結合した側にGroESが結合し，GroELのコンフォメーション変化を引き起こす。ポリペプチド基質は内部に閉じ込められる。④ポリペプチド基質が折りたたまれ，ATPが加水分解される。⑤もう一方の側のGroELに新たなポリペプチド基質とATPが結合する。⑥GroESと折りたたまれた基質がGroELから解離する。GroESがもう一方の側のGroELに結合し，新たな基質が内部に閉じ込められる。

プに分類される。GroEL/GroESシステムやDnaK/DnaJ/GrpEシステムのように，ATP依存的にタンパク質のフォールディングを助けるものや，DnaJあるいはHsp33のように，フォールディング途中の中間体に結合することで，その凝集を防ぐものなどがある（図6.6）。

一般に，可溶性球状タンパク質では，疎水性アミノ酸残基がタンパク質分子の内部に集まり，親水性アミノ酸残基が分子表面に露出した形が天然構造である。しかし，合成されたばかりの新生ポリペプチド鎖において，疎水性アミノ酸残基が周囲の水溶媒に露出すると，天然構造とは異なる疎水性アミノ酸残基間で疎水性相互作用が働き，ミスフォールドしてしまうことがある。分子シャペロンは，新生ポリペプチド鎖の疎水性領域に結合して，正しい相互作用が行われるまでフォールディングしない状態を維持することにより，フォールディングを助ける。さらに，分子シャペロンはフォールディングの補助のみならず，タンパク質の品質管理に関わる複合体形成，輸送，リフォールディング（refolding，天然構造が壊れたタンパク質を再びフォールディングすること），脱凝集も担っている。

Column

タンパク質の構造形成の熱力学

　タンパク質は，活性をもつ天然状態(N)と特定の構造を失ってランダムな紐状となった変性状態(U)との間を行き来する可逆的反応の平衡状態にあると考えられる。天然状態の構造の安定性は熱力学第二法則($\Delta G = \Delta H - T\Delta S$)で記述される。ここで，ギブズ自由エネルギー変化$\Delta G$が負の値をとれば，天然状態が変性状態より安定であることを意味する。タンパク質の構造の安定化には，疎水性相互作用，水素結合，静電相互作用，溶媒中の水分子との水和，構造エントロピー，金属イオンとの結合など，多くの因子が関わるが，基本的に，タンパク質は自発的に，熱力学的にもっとも安定な構造をとる。リボソームで合成された直後の新生ポリペプチド鎖は変性状態と同様とみなされるので，新生タンパク質においても，そのタンパク質がとりうるさまざまな構造の中で熱力学的にもっとも安定な構造になるようにフォールディングされる。

6.3 ◆ シグナルペプチドによるタンパク質の輸送とフォールディング

　細胞質のリボソームで生合成されたタンパク質は，それぞれの役割に応じて，ゴルジ体，核，ミトコンドリア，葉緑体，ペルオキシソームなどのオルガネラの内部スペースや細胞内膜構造，細胞質膜などに輸送されたり，細胞外に分泌されたりすることがある。このような，タンパク質の輸送・局在化を**タンパク質ターゲティング**(protein targeting)または**タンパク質ソーティング**(protein sorting)とよぶ。タンパク質ターゲティングは，タンパク質分子に存在する3～60アミノ酸残基ほどのシグナルペプチド（シグナル配列，輸送シグナル，移行シグナル）によって指示される（**図6.7**）。ミトコンドリア，葉緑体および小胞体へ輸送されるタンパク質の場合，シグナル配列は新生ポリペプチド鎖のN末端に位置する。多くのタンパク質では，シグナルペプチドが輸送の過程で切断除去されて成熟タンパク質となる。

6.3.1 ◇ 小胞体移行シグナルペプチド

　一般に，リソソームタンパク質，膜タンパク質，細胞外分泌タンパク質は，小胞体内部への移行を指示するシグナル配列をN末端にもつ。このような小胞体移行シグナルペプチドは，13～36残基までの長さの異なるものが見つかっているが，共通の特徴として，10～15残基の疎水性アミノ酸残基の領域をもち，その疎水性領域より少しN末端側に正電

真核生物		
	小胞体への輸送	NH₂-Met-Met-Ser-Phe-Val-Ser-Leu-Leu-Leu-Val-Gly-Ile-Leu-Phe-Trp-Ala-Thr-Glu-Ala-Glu-Gln-Leu-Thr-Lys-Cys-Glu-Val-Phe-Gln-
	小胞体ルーメン内に保持	-Lys-Asp-Glu-Leu-COOH
	ミトコンドリアへの輸送	NH₂-Met-Leu-Ser-Leu-Arg-Gln-Ser-Ile-Arg-Phe-Phe-Lys-Pro-Ala-Thr-Arg-Thr-Leu-Cys-Ser-Ser-Arg-Tyr-Leu-Leu-
	核内への輸送	-Pro-Pro-Lys-Lys-Lys-Arg-Lys-Val-
	ペルオキシソームへの輸送	-Ser-Lys-Leu-
原核生物		
	内膜局在	NH₂-Met-Lys-Lys-Leu-Leu-Phe-Ala-Ile-Pro-Leu-Val-Pro-Phe-Tyr-Ser-His-Ser-
	ペリプラズム局在	NH₂-Met-Lys-Gln-Ser-Thr-Ile-Ala-Leu-Ala-Leu-Leu-Pro-Leu-Leu-Phe-Thr-Pro-Val-Thr-Lys-Ala-
	外膜局在	NH₂-Met-Lys-Lys-Thr-Ala-Ile-Ala-Ile-Ala-Val-Ala-Leu-Ala-Gly-Phe-Ala-Thr-Val-Ala-Gln-Ala-

図6.7 シグナル配列の例

シグナルとしての機能に関わるアミノ酸残基に色を付けて示している。塩基性アミノ酸残基を赤色，酸性アミノ酸残基を青色，連続する疎水性アミノ酸残基領域を緑色で示す。

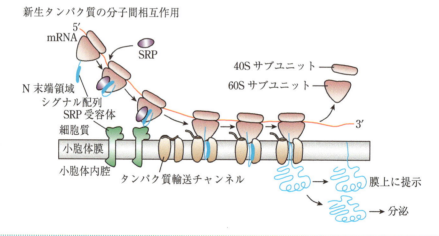

図6.8 小胞体へのペプチド輸送

荷をもつアミノ酸残基が1つ以上存在し，切断部位付近にはアラニンなどの比較的短い側鎖を有するアミノ酸残基が見られる。小胞体に付着しているリボソーム上でタンパク質の翻訳が開始され，シグナル配列部分が合成されると，**シグナル認識粒子**（signal recognition particle, SRP）がこのシグナル配列を認識して結合する。

新生ポリペプチド鎖が約70アミノ酸残基になりシグナル配列がリボソームから完全に露出すると，SRPはGTPと結合し，翻訳が一時的に停止する（図6.8）。このように新生ポリペプチド鎖とmRNAを結合したまま翻訳停止したリボソームは，結合したSRPによって小胞体のサイトゾル側表面に存在するGTP結合型SRP受容体へと導かれる。このようにして，新生ポリペプチド鎖は小胞体のペプチド転移複合体（**トランス**

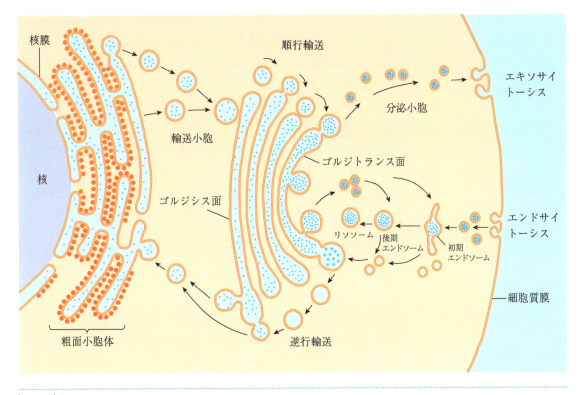

| 図6.9 | 輸送小胞

ロコン，translocon)へ運ばれ，粗面小胞体を形成する。SRPとSRP受容体におけるGTPの加水分解にともなって，SRPがリボソームおよびシグナル配列から解離し，シグナル配列が小胞体膜にある小孔を貫通して小胞体内に移動するとともにポリペプチド鎖の合成が再開される。トランスロコンはタンパク質全体の合成が終了するまで，新生ポリペプチド鎖を小胞体内腔へと送り込む。膜タンパク質はそのままの形で輸送されるが，分泌タンパク質などのシグナル配列は，小胞体内腔のシグナルペプチダーゼによって切除される。トランスロコンから解離したリボソームは再利用される。小胞体に送り込まれたタンパク質は，さらにゴルジ体に輸送されるが，そのC末端にリシン，アスパラギン酸，グルタミン酸，ロイシンの4アミノ酸残基(KDEL配列)を中心とする小胞体保留シグナルが存在する場合には，小胞体に送り返される。

新生ポリペプチド鎖は，小胞体内腔でさらに修飾を受ける。そして，シグナル配列が除去された後に折りたたまれてジスルフィド結合が形成される。また，多くのタンパク質は糖鎖付加を受けて糖タンパク質になるが，アスパラギン残基を介してオリゴ糖と結合する*N*-グリコシル化の最初の過程は，小胞体内腔に存在する糖転移酵素により触媒される。小胞体で適切に修飾されたタンパク質は，滑面小胞体の膜から生じた輸送小胞に乗ってゴルジ体へと移行する(**図6.9**)。ゴルジ体では，*O*-結合型糖鎖と*N*-結合型糖鎖のさらなる修飾が起こる。ゴルジ体ではタンパ

ク質の選別（ソーティング）が行われ，最終目的地へと送り込まれる。このソーティングの機構はまだよくわかっていないが，分泌顆粒，リソソームあるいは細胞膜にそれぞれ振り分けられる。リソソームへ輸送される加水分解酵素の場合，ある特定の部分（シグナルパッチ）がある種のホスホトランスフェラーゼにより認識され，N–結合型糖鎖中の特定のマンノース残基がリン酸化される。ゴルジ体膜上の受容体タンパク質が，このように生じたマンノース6–リン酸残基のシグナルを認識し，ソーティングされる加水分解酵素に結合する。その後，加水分解酵素と受容体の複合体を含む小胞がゴルジ体トランス側から出芽し，選別輸送小胞となる。受容体−加水分解酵素複合体の解離後に選別輸送小胞からリソソームへと移行する。

6.3.2◇ミトコンドリア，葉緑体，ペルオキシソームへの移行シグナルペプチド

ミトコンドリア，葉緑体，ペルオキシソームへタンパク質をターゲティングする場合にも，N末端のシグナル配列が重要な役割を担う。核内のDNAによってコードされるタンパク質のこれらのオルガネラへのターゲティングは，小胞への輸送の場合とは異なり，前駆体タンパク質が完全に合成され，リボソームから遊離した後に開始される。合成された新生ポリペプチド鎖は細胞質の分子シャペロンに結合し，標的となるオルガネラの外表面に存在する受容体まで運ばれる。そして，特殊な転送装置によりオルガネラの最終目的地へと輸送された後，シグナル配列が除去され成熟した天然構造をとる。ミトコンドリアのマトリックスへの輸送に関わるシグナルペプチドは，2～3個の疎水性アミノ酸残基と塩基性アミノ酸残基が交互に現れる配列からなる。また，ペルオキシソームへの輸送を担うシグナルペプチド（peroxisomal targeting signal, PTS）には2つのタイプがあり，PTS1はC末端の3アミノ酸残基からなり，PTS2は主にN末端に存在する9アミノ酸残基からなる。

6.3.3◇核移行シグナル

核と細胞質の間の情報伝達のためには，核膜孔を経由してタンパク質が移動する必要がある。例えば，リボソームタンパク質の前駆体は，核内に運び込まれ，核小体で60Sおよび40Sリボソームサブユニットへと組み上げられた後に，再びサイトゾルへと運び出される。また，RNAポリメラーゼ，DNAポリメラーゼ，ヒストンをはじめとする種々の核タンパク質（核酸と結合しているタンパク質）も，細胞質で合成されて核内に輸送される。このような核内へのタンパク質輸送には，輸送されるタンパク質の配列上に**核移行シグナル**（nuclear localization signal, NLS）が必要である。NLSは，他のシグナル配列とは異なり，核タンパク質のN末端ではなく，ポリペプチド鎖上のさまざまな位置に見られ，タンパ

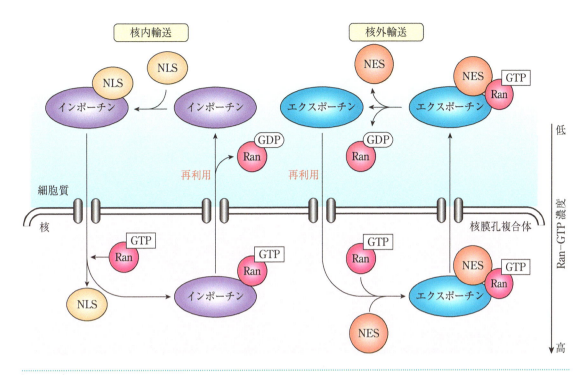

図6.10 核タンパク質のターゲティング，核内輸送，核外輸送
核内輸送では，核移行シグナルをもつタンパク質（NLSと表示）は，細胞質でインポーチンと結合し，核膜孔複合体を通って核内に運び込まれる。核内でGTP結合型（活性型）Ranが結合すると，インポーチンは輸送されたタンパク質と離れ，インポーチン－Ran複合体が細胞質に出ていく。GTPの加水分解により不活性型となったGDP結合型Ranがインポーチンから解離し，インポーチンは再利用される。
核外輸送では，核外移行シグナルをもつタンパク質（NESと表示）とGTP型Ranが核内でエクスポーチンと結合し，核膜孔複合体を通って細胞質へと運ばれる。細胞質でRanがGDP結合型になると，エクスポーチンは輸送されたタンパク質およびRanと解離し，再び核内に移行して再利用される。

ク質が目的地に運搬された後でも除去されない。NLSは多様であるが，一般に，アルギニンまたはリシンを含む塩基性アミノ酸残基がいくつか連続した4〜8アミノ酸残基からなる（図6.7）。さらに，核内の核小体へ局在化させる核小体局在シグナルや，逆に核内から核外への輸送を指示する核外移行シグナルも知られる。タンパク質の核内への輸送には，インポーチンα，インポーチンβ，Ranなどの多くのタンパク質が関わっている（図6.10）。

6.3.4 真正細菌におけるタンパク質ターゲティングに関わるシグナルペプチド

真正細菌において，内膜，外膜，ペリプラズム空間や細胞外にタンパク質を輸送する際には，多くの場合，タンパク質のN末端に存在する20〜40アミノ酸残基からなるシグナル配列が使われる。このシグナルペプチドは，カチオン性アミノ酸残基をもつN末端側領域，疎水性アミノ酸残基に富むαヘリックスを形成する疎水性領域，アラニンなどの比較的側鎖の小さなアミノ酸残基に富むC末端側領域の3つの領域から構成される。大腸菌のSec経路とよばれるターゲティングでは，翻訳後の新生ポリペプチド鎖に分子シャペロンSecBが結合し，構造形成して解

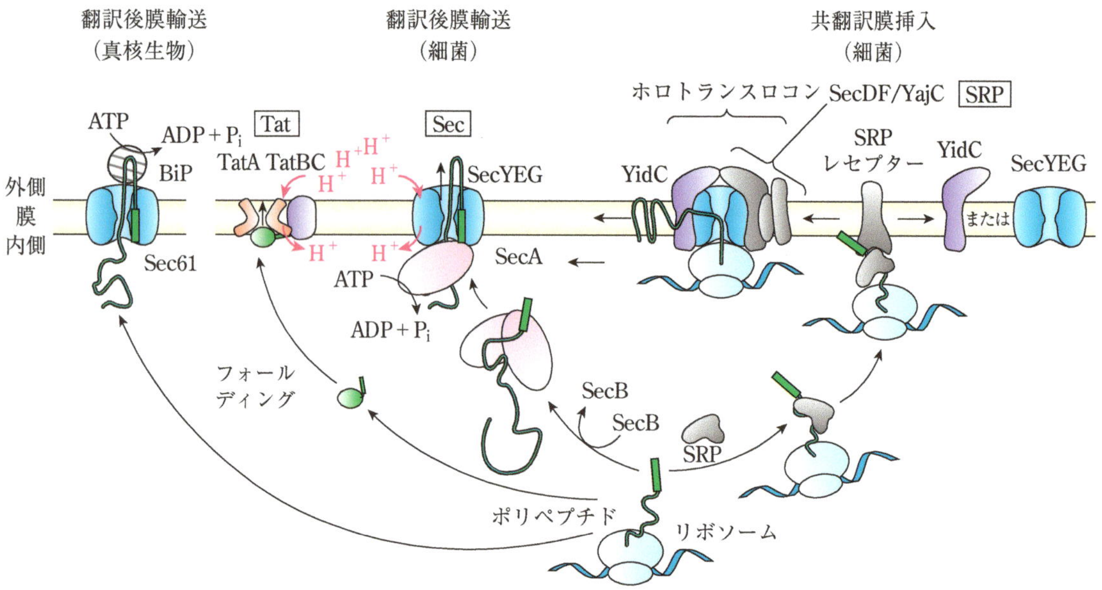

082 | 第6章 | タンパク質の構造形成と輸送

図6.11 | タンパク質輸送経路

真核生物において，タンパク質の翻訳後膜輸送はBiPとSec61を介して行われる。細菌における翻訳後膜輸送では，フォールディングされたタンパク質はTat経路を，フォールディングされていないタンパク質はSec経路を通る。一方，細菌におけるタンパク質の共翻訳的膜挿入では，SRP（シグナル認識粒子）を介する，真核生物の小胞体へのペプチド輸送に類似した経路がある。

離した後，細胞膜の内表面に存在するSecAへと渡される。その後，内膜中のSecYEG複合体に渡され，この複合体を通ってペリプラズム空間側へ，約20アミノ酸残基ごとに段階的に押し出される。これらの各過程は，SecAが触媒するATPの加水分解によって得られるエネルギーに依存している（**図6.11**）。

Sec経路以外にも，シグナル認識タンパク質と受容体タンパク質を用いる経路に依存するタンパク質ターゲティングがある。大腸菌では，モリブデン補因子，鉄硫黄クラスター，ニッケル鉄中心などの補因子を結合したペリプラズムタンパク質の細胞質膜透過は，Tatタンパク質が構成する細胞質膜の膜透過装置によって行われる（図6.11）。Sec経路とは大きく異なり，フォールディングしたタンパク質がそのままの状態で膜を透過し，ATPの加水分解ではなく，プロトン濃度勾配によるエネルギーを利用する。Tat輸送装置は1回膜貫通型膜タンパク質のTatAとTatB，ならびに6回膜貫通型膜タンパク質のTatCから構成される。葉緑体のチラコイドにも，TatA, TatB, TatCの類似タンパク質が存在し，酸素発生複合体を構成するタンパク質のチラコイド膜透過に関与する。Tat経路で輸送されるタンパク質にも，Sec経路で認識されるものと類似したシグナル配列が存在するが，Tat経路のシグナル配列は，N末端側領域と疎水性領域の境界領域にツインアルギニンモチーフとよばれる連続するアルギニン残基を有するのが特徴である。このため，twin-arginine translocation pathway（Tat経路）とよばれている。

病原細菌は，宿主に対して生理機能を撹乱させる分泌タンパク質（エフェクター）などを分泌あるいは注入して病原性を発揮することがある。グラム陰性および陽性細菌においては，I型〜VII型などとよばれる分泌装置が見つかっている。これらの分泌装置は，外毒素の分泌やグラム陰性菌の外膜を通しての分泌などに関与しており，また，べん毛や線毛の構築にも類似の装置が関わる。このような分泌タンパク質においても，特有なシグナル配列が用いられている。

第7章

酵素としてのタンパク質

　酵素は触媒活性を有するタンパク質の総称である。酵素はタンパク質であるので，タンパク質の一般的性質がそのまま酵素の一般的性質にあてはまる。例えば，酵素の分子量は1万から数十万，サブユニット数は1から数十と多岐にわたる。安定性も酵素により大きく異なる。生物の営む多様な反応（生命反応）は，酵素の作用により効率良く行われ，正確に制御されている。酵素はまた，産業面でも広く応用されている。これまでに多くの酵素が，機能改変あるいは特性解析のために，タンパク質工学の対象となってきた。本章では酵素の基本的な事項について概説する。

7.1 ◆ 酵素の分類

　酵素はいろいろな基準で分類される。基質の種類に基づくと，糖質関連酵素，タンパク質関連酵素，脂質関連酵素などに分類される。用途に基づくと，食品工業用酵素，医薬用酵素，分析用酵素などに分類される。由来する生物種に基づくと，動物酵素，植物酵素，微生物酵素などに分類される。しかし，学問的には，触媒する反応の違いにより，酸化還元酵素，転移酵素，加水分解酵素，付加脱離酵素（リアーゼ），異性化酵素，連結酵素（リガーゼ）の6種類に分類される。

　学術論文などでは，酵素を正確に分類するために，この6種類の分類に基づくEC（Enzyme Commission（酵素委員会）の略）で始まる4つの番号である**酵素番号**（EC number）が使われている（**表7.1**）。例えば，アルコールデヒドロゲナーゼ（アルコール脱水素酵素）はEC 1.1.1.1，EC

| 表7.1 | 酵素の分類

酵素番号の最初の番号	酵素の種類
1	酸化還元酵素（oxidoreductase）
2	転移酵素（transferase）
3	加水分解酵素（hydrolase）
4	付加脱離酵素（リアーゼ，lyase）
5	異性化酵素（isomerase）
6	連結酵素（リガーゼ，ligase）

1.1.1.2，EC 1.1.1.71 であり，最初の1は酸化還元酵素を，2番目の1は電子供与体の種類（この場合は$-CH_2OH$）を，3番目の1は電子受容体の種類（この場合はNADまたはNADP）を意味する。最後の1は，上記3個の数字が同じ酵素間での通し番号である。

　酸化還元反応では，基質は2つあり，一方の基質が酸化され，もう一方の基質が還元される。例としては，解糖系のグリセロアルデヒド3-リン酸デヒドロゲナーゼ（式(7.1)）と酸化的リン酸化の呼吸鎖のシトクロムオキシダーゼ（シトクロム酸化酵素）（式(7.2)）がある。前者では電子が水素原子をともなって移動するが，後者では電子が単独で移動する点が異なる。

$$
\begin{array}{c}
\text{O} \diagdown \!\!\!_{\text{C}} \diagup \text{H} \\
| \\
\text{CHOH} \\
| \\
\text{CH}_2\text{OPO}_3{}^{2-}
\end{array}
\; + \; \text{NAD}^+ \; + \; \text{H}_3\text{PO}_4
\; \rightleftharpoons \;
\begin{array}{c}
\text{O} \diagdown \!\!\!_{\text{C}} \diagup \text{OPO}_3{}^{2-} \\
| \\
\text{CHOH} \\
| \\
\text{CH}_2\text{OPO}_3{}^{2-}
\end{array}
\; + \; \text{NADH} \; + \; \text{H}^+
\tag{7.1}
$$

$$
\text{還元型シトクロム（Fe}^{2+}\text{）} \rightarrow \text{酸化型シトクロム（Fe}^{3+}\text{）} \tag{7.2}
$$

　転移反応では「ある化合物」に「ある官能基」が転移する。例として，解糖系のホスホグリセリン酸キナーゼがある（式(7.3)）。この反応では「ある化合物」がADPで，「ある官能基」がリン酸基である。転移酵素は転移する基によりさらに分類され，リン酸基ならばキナーゼであるが，メチル基ならばメチルトランスフェラーゼである。

$$
\begin{array}{c}
\text{O} \diagdown \!\!\!_{\text{C}} \diagup \text{OPO}_3{}^{2-} \\
| \\
\text{CHOH} \\
| \\
\text{CH}_2\text{OPO}_3{}^{2-}
\end{array}
\; + \; \text{ADP}
\; \rightleftharpoons \;
\begin{array}{c}
\text{COO}^- \\
| \\
\text{CHOH} \\
| \\
\text{CH}_2\text{OPO}_3{}^{2-}
\end{array}
\; + \; \text{ATP}
\tag{7.3}
$$

　加水分解反応は基質に水が作用し分解する反応である。しかし，上記の転移反応において，「ある化合物」が水である反応，すなわち転移反応の一形態ともいえる。産業でもっとも用いられる酵素は加水分解酵素である。代表例として，多糖を加水分解するアミラーゼ，タンパク質を加水分解するプロテアーゼ，脂質のエステル結合を加水分解するリパーゼがあげられる。

　リアーゼは，C–C結合，C–O結合などから「ある官能基」を脱離させ，二重結合を生成する反応を触媒する。例として，解糖系のエノラーゼがある（式(7.4)）。この場合，水の脱離により炭素－炭素二重結合が形成される。

$$
\begin{array}{c}
\text{COO}^- \\
| \\
\text{CHOPO}_3{}^{2-} \\
| \\
\text{CH}_2\text{OH}
\end{array}
\; \rightleftharpoons \;
\begin{array}{c}
\text{COO}^- \\
| \\
\text{C--OPO}_3{}^{2-} \\
\| \\
\text{CH}_2
\end{array}
\; + \; \text{H}_2\text{O}
\tag{7.4}
$$

　異性化酵素（イソメラーゼともよばれる）は，分子内の構造を変換させる反応を触媒する（式(7.5)）。例として，解糖系のホスホグリセリン酸

7.2 | 活性化エネルギーと遷移状態 | 087

> ## Column
>
> ### 酵素の分類
>
> 　日本農芸化学会大会のような大きな大会での酵素のセッションでは，発表演題は，脂質代謝関連酵素，アミノ酸代謝関連酵素，糖質代謝関連酵素，タンパク質・ペプチド代謝関連酵素，核酸代謝関連酵素というように，基質の種類によって分類されるケースが多い。デンプンからの果糖の製造では，加水分解酵素であるアミラーゼと異性化酵素
>
> であるグルコースイソメラーゼが使用される。高等植物の細胞壁に含まれているペクチン質を分解する酵素であるペクチナーゼは複数の酵素種の総称であり，加水分解酵素とリアーゼを含む。産業酵素の研究者にとっては，関連する発表演題を，部屋を移動しないで聴けるという点で，上記の分類が最適といえる。

ムターゼがある。この反応では構造異性体が生じるが，幾何異性体あるいは光学異性体が生じる反応も異性化反応に含まれる。

$$
\begin{array}{c}
\text{COO}^- \\
| \\
\text{CHOH} \\
| \\
\text{CH}_2\text{OPO}_3{}^{2-}
\end{array}
\quad \rightleftharpoons \quad
\begin{array}{c}
\text{COO}^- \\
| \\
\text{CHOPO}_3{}^{2-} \\
| \\
\text{CH}_2\text{OH}
\end{array}
\tag{7.5}
$$

　リガーゼは，ATPなどのヌクレオシド三リン酸の加水分解と共役して2個の分子を結合させる反応を触媒する。代表例として，ATPの加水分解と共役してアミノ酸とtRNAを結合させる反応を触媒するアミノアシルtRNA合成酵素がある。リガーゼは合成酵素と訳されることもあるが，〇〇合成酵素がリガーゼとは限らない。例えば，DNAポリメラーゼはDNA合成酵素ともよばれるが，転移酵素である。

7.2 ◆ 活性化エネルギーと遷移状態

　化合物Aと化合物Bから化合物Cと化合物Dが生成する通常の可逆的な化学反応の反応座標を考える（**図7.1**）。反応の際に超えなければならないエネルギー障壁を**活性化エネルギー**（activation energy）E_aという。AとBが衝突したときにE_aを上回るエネルギーをもっている場合のみ，この障壁を超えられる。もし，E_aが0なら，ΔGもほぼ0であり，瞬時に平衡に達する。逆にE_aが非常に大きいと，ΔGも非常に大きくなり，反応はほとんど起こらない。温度を上げると反応がより進むのは，E_aを上回るエネルギーをもつ分子が増えるからである。

　酵素による触媒作用は，E_aを下げることによる。ΔUを変化させることではないことに注意してほしい。図7.1における山の頂上は，化学結合の形成，崩壊が生じる不安定でエネルギーの高い状態である。この状態を**遷移状態**（transition state）とよぶ。酵素は遷移状態と強く結合することにより，これを安定化し，その結果E_aが低下する。

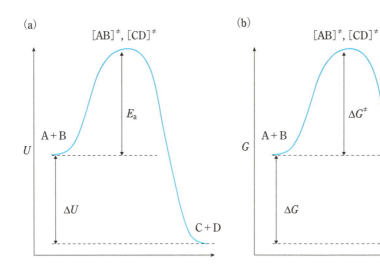

図7.1｜一般の化学反応の反応座標
[AB]$^{\neq}$および[CD]$^{\neq}$は遷移状態，Uは内部エネルギー，E_aは活性化エネルギー，Gはギブズ自由エネルギー，$\Delta G^{\neq}$は始めの状態と遷移状態のGの差を示す。

> ### Column
> ## 熱力学
>
> 　酵素を理解する上で熱力学は重要である。熱力学は，熱と仕事は交換しうるという原理にたって，化学変化にともなうエネルギー変化の様子を調べ，反応の進む方向を考える学問分野である。熱力学で用いられる熱力学量は，内部エネルギーU，エンタルピーH，ギブズ自由エネルギーG，エントロピーSである。U, H, Gの単位はいずれもJ/molである。一方，Sの単位はJ/(mol・K)である。Sに絶対温度Tを乗じたTSの単位はJ/molである。HとGの定義は以下のとおりである。ここで，Pは圧力，Vは体積である。
>
> $$H = U + PV$$
> $$G = H - TS$$
>
> 　Hの変化(ΔH)は定圧条件下で系が吸収した熱量変化(正が吸熱，負が発熱)に相当する。すなわち，ΔHは実験で測定できるという長所をもつ。ΔHとΔUは，気体では大きく異なるが，温度による体積変化が小さい液体や固体では近い値をとる。定温定圧条件下(いわゆる普通の反応条件)では，Gの変化(ΔG)は反応の起こりやすさの指標となり(Gがより大きく減少するほど，すなわちΔGがより低い負の値であるほど，反応は起こりやすい)，平衡定数Kと次式により関連づけられる。
>
> $$\Delta G = -RT \ln K$$
>
> 　ここで，$R (= 8.31$ J/(mol・K))は気体定数である。Sは乱雑さを意味するとされる。系全体のSは常に増加するというのが熱力学第二法則である。

7.3 ◆ 酵素反応速度論

　化学反応の反応速度の測定は，反応物あるいは生成物の濃度の時間変化を追跡することにより行われる。化合物Aと化合物Bから化合物Pと化合物Qが生成する下記の化学反応

$$a\mathrm{A} + b\mathrm{B} \longrightarrow p\mathrm{P} + q\mathrm{Q} \tag{7.6}$$

における反応速度v_0は下記の式で与えられる。

$$v_0 = k[\mathrm{A}]^a[\mathrm{B}]^b \tag{7.7}$$

ここで，kを**反応速度定数**（reaction rate constant），$a+b$を**反応次数**（reaction order）という。

　一定温度でv_0が1種類の反応物の濃度の1乗に比例する反応を一次反応（$a+b=1$）という。例えば，次式に示すような反応物Sから生成物Pが生成する反応である。

$$\mathrm{S} \longrightarrow \mathrm{P} \tag{7.8}$$

このとき，時間tにおけるv_0は時間tにおけるSの濃度[S]を用いて次式のように表される。

$$v_0 = -\frac{\mathrm{d}[\mathrm{S}]}{\mathrm{d}t} = k[\mathrm{S}] \tag{7.9}$$

この微分方程式を解くことにより，[S]は次式のように表される。

$$\ln[\mathrm{S}] = \ln[\mathrm{S}]_0 - kt \tag{7.10}$$

ここで，$[\mathrm{S}]_0$は$t=0$のときの[S]を表す。

　酵素と基質の反応に関しては，1850年にウィルヘルミー（Ludwig F. Wilhelmy）が酸（A）によるスクロース（S）のグルコースとフルクトース（P：生成物）への加水分解反応について，旋光計を用いて連続的に追跡し，反応速度v_0が[S]に比例する一次反応であることを見出した。さらに，この反応のkが[A]に比例することを見出し，以下の反応式で説明した。

$$\mathrm{A} + \mathrm{S} \xrightarrow{\ k\ } \mathrm{A} + \mathrm{P} \tag{7.11}$$

$$k \propto [\mathrm{A}] \quad （\propto は比例を表す記号） \tag{7.12}$$

　一方で，1902年にアンリ（Victor Henri）が基質スクロース（S）の酵素インベルターゼ（E）[*1]による加水分解反応を同様に追跡すると，基質濃度[S]の時間変化が一次反応に従わないことと，v_0が[S]に比例せず[S]に対して飽和型の曲線を描くことを見出した。ただし，この反応のkが酵素濃度[E]に比例することは，酸による加水分解反応と同様であった。

*1　スクラーゼの別称。反応により旋光度が変わるのでインベルターゼ（invertase）とよばれた。

この実験結果を説明するため，EとSから酵素－基質複合体(enzyme-substrate complex, ES)が形成され，ESから生成物Pが生じるという以下の反応機構が提案された。

$$\text{E} + \text{S} \underset{k_{-1}}{\overset{k_{+1}}{\rightleftarrows}} \text{ES} \xrightarrow{k_{+2}} \text{E} + \text{P} \tag{7.13}$$

この反応機構では，反応速度は式(7.14)で与えられる。

$$v_0 = \frac{\mathrm{d}P}{\mathrm{d}t} = k_{+2}[\text{ES}] \tag{7.14}$$

ここで，[ES]は反応開始時点では0であるが，それ以降は求められない。1925年にブリッグス(George E. Briggs)とハロディーン(John B. S. Haldane)は**定常状態近似**(steady-state approximation)，すなわち[ES]は一定であるとする次式の近似を提案した。

$$\frac{\mathrm{d}[\text{ES}]}{\mathrm{d}t} = k_{+1}[\text{E}][\text{S}] - (k_{-1} + k_{+2})[\text{E}][\text{S}] \tag{7.15}$$

ここで，[E]は遊離の酵素の濃度である。さらに酵素種の濃度について次の式が成り立つ。

$$[\text{E}]_0 = [\text{E}] + [\text{ES}] \tag{7.16}$$

ここで，[E]$_0$は酵素の初濃度である。反応速度は反応開始直後(ただし[ES]はすでに一定値に達している)を考えるので，基質濃度は一定とみなす。また，反応は酵素に対して基質大過剰の条件で行うので，式(7.17)が成り立つとする。

$$[\text{S}]_0 \approx [\text{S}] \tag{7.17}$$

ここで，[S]$_0$は基質の初濃度である。式(7.15)と式(7.16)の連立方程式を解くことにより，反応初速度について次の式が導かれる。

$$v_0 = \frac{k_{\mathrm{cat}}[\text{E}]_0[\text{S}]}{K_{\mathrm{m}} + [\text{S}]} \tag{7.18}$$

ただし，

$$k_{\mathrm{cat}} = k_{+2}, \quad K_{\mathrm{m}} = \frac{k_{-1} + k_{+2}}{k_{+1}}$$

である。この式を**ミカエリス－メンテンの式**(Michaelis–Menten equation)という。v_0を[S]に対してプロットした曲線は飽和曲線を描く(**図7.2**)。ミカエリス－メンテンの式は上述した理論的基盤があり，さらに実験結果をよく説明することから，今日でも，酵素反応の解析に広く用いられている。ここで，[S]がK_{m}に対して十分小さいとき，式(7.18)は式(7.19)で表される。

$$v_0 = \frac{k_{\mathrm{cat}}}{K_{\mathrm{m}}}[\text{E}]_0[\text{S}] \tag{7.19}$$

この式は，反応初速度が基質濃度に比例することと，そのときの速度定

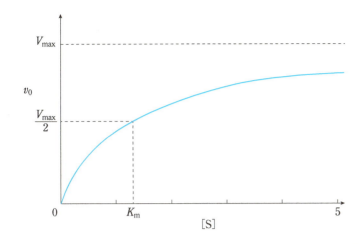

図7.2 ミカエリス—メンテンの式に従う基質濃度と反応初速度の関係を表す曲線
[S]は基質濃度，v_0は反応初速度，V_{max}は最大反応速度を示す。

数がk_{cat}/K_mであることを意味する。k_{cat}/K_mは特異性定数（specificity constant）とよばれる。また，[S]がK_mに対して十分大きいとき，式(7.18)は式(7.20)で表される。

$$v_0 = k_{cat}[E]_0 \tag{7.20}$$

これは，反応初速度が基質濃度に関係なく一定であることを意味する。このときのv_0を最大反応速度（V_{max}）とよぶ。図7.2からわかるように，V_{max}は近づくことはできても到達することはできない漸近線である。また，K_mは$v_0 = V_{max}/2$を与える[S]である。

AからPが生成する酵素反応の反応座標は**図7.3**に示すようになる。酵素反応の特徴，すなわちv_0が[S]に比例せず[S]に対して飽和型の曲線を描くことは，酵素反応の反応座標では，一般の化学反応のそれ（図7.1）と異なり，ESという窪みが存在することで説明できる。

精製された酵素を用いて反応初速度の基質濃度依存性を求めれば，ミカエリス—メンテンの式から，その酵素のその反応条件でのV_{max}，K_m，k_{cat}が求まる。タンパク質工学で酵素を改変して活性を上げた場合，K_mが低下したのかk_{cat}が増加したのかを知ることは重要である。酵素反応速度論がタンパク質工学で果たす役割は大きい。

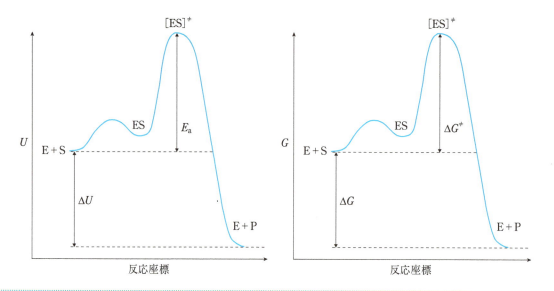

図7.3 酵素反応の反応座標
Eは酵素，Sは基質，Pは生成物，ESは酵素基質複合体，$[ES]^{\neq}$は遷移状態，E_aは活性化エネルギー，Gはギブズ自由エネルギー，$\Delta G^{\neq}$は最初の状態と遷移状態のGの差を示す。

> **Column**
>
> ## 酵素反応速度論
>
> ESが一定となるまでの状態は前定常状態とよばれている。前定常状態においても反応速度論は確立しているが，定常状態のそれと異なり複雑であり，ここでは省略する。酵素反応の速度を求めためには通常，セルとよばれる3 mLほどの長方形型の石英またはガラスの入れものに，あらかじめ用意した緩衝液，基質溶液，酵素溶液を加えて攪拌する。その後，すぐに光度計にセルを入れ，反応液に光を当て，その変化を追跡することで，生成物濃度の時間変化を知る。この場合，溶液を混合した時点で反応が始まり，光度計にセルを入れた時点で測定が始まる。熟練者の場合，その間，約15秒であるが，通常の酵素反応ではすでに定常状態に達している。前定常状態での酵素反応を追跡するためにはストップトフロー装置が使われる。この装置は，2つの溶液を急速に流してセルで混合させる。これにより，反応と測定を同時に開始でき，ミリ秒オーダーの変化を知ることができる。

7.4 ◆ 酵素反応の反応機構

　酵素において，触媒作用にかかわる領域を**活性部位**（active site）とよ
ぶ。活性部位には，基質との結合，および触媒反応の鍵となる複数のア
ミノ酸残基が存在する。活性部位は酵素分子の割れ目や裂け目に多い。
酵素の高い基質特異性は最初，鍵と鍵穴モデル（lock and key model：
Hermann E. Fischer，1894年）で説明された。鍵が基質，鍵穴が酵素の
活性部位である。これはわかりやすいモデルであるが，このモデルだけ
では説明できない現象もあった。**誘導適合モデル**（induced fit model：
Daniel E. Koshland，1958年）は鍵と鍵穴モデルが発展したもので，酵素
がこれらの基質によって（若干ではあるが）形を変えるという説である。
また，活性部位を構成するアミノ酸残基は，一次構造上では離れている
ことが多い。

　酵素反応の反応機構の解明とは，反応中に起きる「基質」と「活性部
位の重要な残基」の変化を詳述することである。反応機構を直接観測す
ることはできないため，反応速度論的解析，結晶構造解析，化学修飾に
よる解析などの結果から推察される。

　代表例として，**図7.4**にセリンプロテアーゼの反応機構を示す。セリ
ンプロテアーゼは活性部位にセリン残基，ヒスチジン残基およびアスパ
ラギン酸残基をもつ。まず，(1)活性部位に基質が取り込まれる。続いて，
(2)セリンの側鎖のヒドロキシ基がプロトンを奪われることにより生じ
た負電荷を帯びた酸素原子O^-が，基質のカルボニル基の炭素原子を求

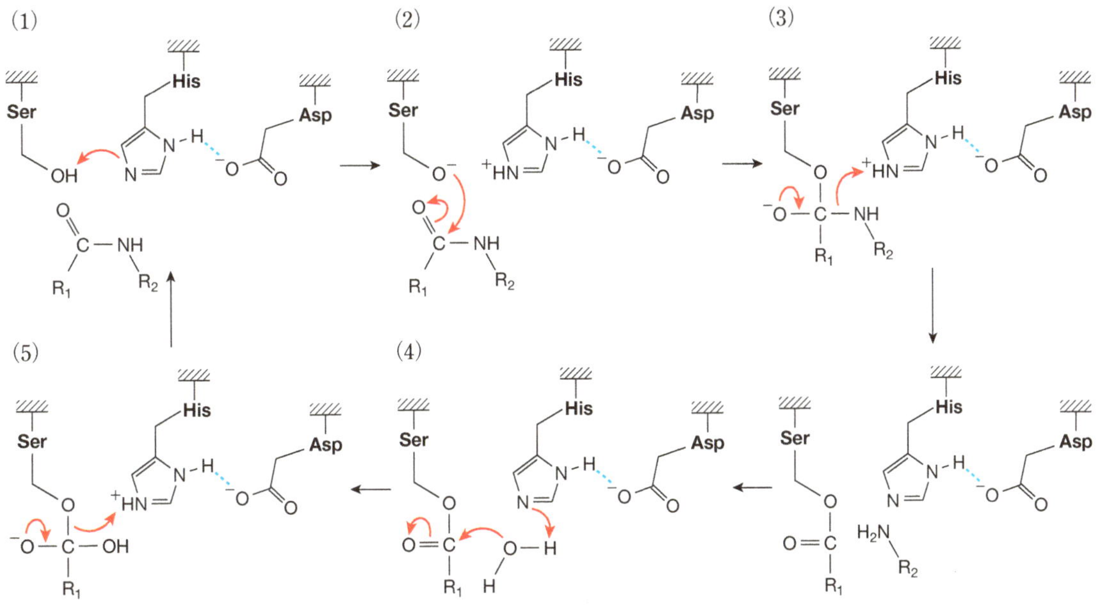

|図7.4|セリンプロテアーゼによる触媒反応の反応機構
R_1はN末端側のペプチド，R_2はC末端側のペプチドを示す。

核攻撃する。(3)基質のアミノ基がプロトン化され，アミノ成分が脱離する。(4)水がプロトンを奪われることにより生じたOH⁻イオンが基質のカルボニル基の炭素原子を求核攻撃する。最後に，(5)セリンの側鎖のO⁻にプロトンが結合し，カルボキシ成分が脱離する。それぞれの状態が図7.3のどこに当てはまるのか考えてみたい。(1)はES，(5)はE＋Pになる直前の状態(すなわちEP)に相当するといえる。ES‡はその間のどこかに存在すると考えられる。

7.5 ◆ 補酵素

一部の酵素は触媒反応に補因子(cofactor)とよばれる別の化学物質を必要とする。補因子はイオンと有機化合物である補酵素(coenzyme)に分類される。生物が栄養素としてミネラルを必要とするのは，ミネラル中のイオンが補因子であるからである。また，ビタミンの一部は補酵素として働く。補酵素とビタミンの関係を表7.2に示す。

ピリドキサール5′-リン酸(PLP)はビタミンB_6(ピリドキシン)が生体内での代謝により生じ，複数の酵素の補酵素として働く。遊離の酵素では，PLPのアルデヒド基が酵素のリシン残基のアミノ基とシッフ塩基を形成している。基質が活性部位に入ると，PLPのアルデヒド基は基質のアミノ基とシッフ塩基を形成し，触媒反応が開始される(図7.5)。例えば，酵素がアラニンラセマーゼで基質がL-アラニン(図のRがメチル基)の場合，生成物はD-アラニンであり，これは異性化反応である(図7.6)。

図7.7にはアスパラギン酸アミノトランスフェラーゼにおけるPLPの働きを示す。この反応では，PLPは酵素のリシン残基から離れ，アスパラギン酸と結合した後，アミノ基を受け取り，いったんピリドキサミン5′-リン酸(PMP)となる。その後，α-ケトグルタル酸と結合した後，アミノ基を受け渡し，PLPとなって再び酵素のリシン残基と結合する。これは転移反応である。このようにPLPが分類上異なる酵素に共通の補酵素として働くことは興味深い。

表7.2 補酵素とビタミンの関係

補酵素ではあるがビタミンではない	補酵素でもありビタミンでもある	ビタミンではあるが補酵素ではない
NAD$^+$/NADH ピロロキノリンキノン トパキノン	チアミン(ビタミンB_1) リボフラビン(ビタミンB_2) ピリドキシン(ビタミンB_6) コバラミン(ビタミンB_{12}) ビオチン(ビタミンH)	レチナール(ビタミンA) アスコルビン酸(ビタミンC) カルシフェロール(ビタミンD) トコフェロール(ビタミンE)

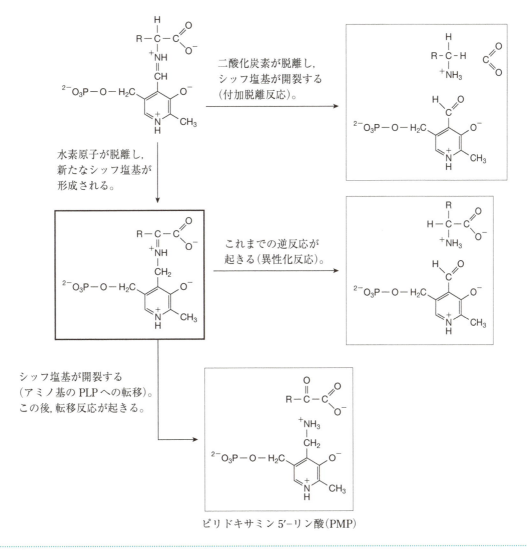

図7.5 (a) PLPの構造，(b) 酵素と共有結合したPLP，(c) 基質と共有結合したPLP

図7.6 PLPを補酵素とする付加脱離反応，異性化反応および転移反応

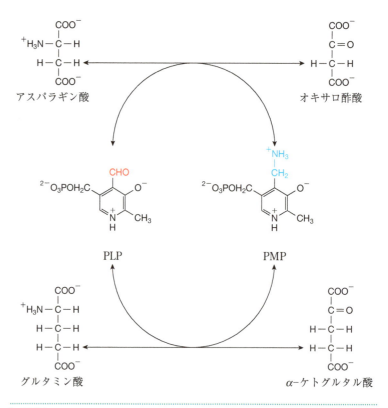

図7.7 PLPを補酵素とするアスパラギン酸アミノトランスフェラーゼによる転移反応

7.6 ◆ 酵素の阻害

　物質を加えることで酵素反応の速度を低下させることを反応阻害とよび，酵素反応の速度を低下させる物質を**反応阻害物質**あるいは**阻害剤**（inhibitor）とよぶ。阻害は，阻害物質が酵素にいったん結合すると離れない不可逆的な阻害と，阻害物質が酵素にいったん結合しても離れうる可逆的な阻害に大別される。

　不可逆的な阻害の例として，遺伝子工学の分野で誰もが使用するアンピシリンがある。細菌の細胞壁のペプチドグリカンでは2個のD-アラニン残基がつながっている部分があり，このペプチド結合が加水分解された後，D-アラニン残基のN末端に糖鎖が結合することで形成される（図7.8）。D-Dペプチダーゼはこの2段階のうち最初の反応を触媒する。アンピシリンはD-Dペプチダーゼの活性部位に取り込まれると（図7.9(a)），本来の基質の場合と同様に，D-Dペプチダーゼのセリン残基と共有結合を形成し，基質の取り込みを阻害する（図7.9(b)）。したがって，細菌は，アンピシリン存在下では生育しない。一方，アンピシリンはβ-ラクタマーゼの活性部位に取り込まれると（図7.9(a)），β-ラクタマーゼのセリン残基と共有結合を形成した（図7.9(b)）後，加水分解が起こり，

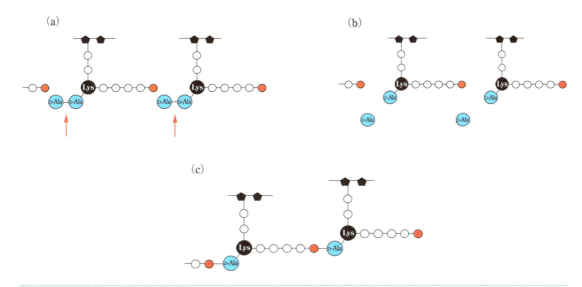

図7.8 D-Dペプチダーゼによるペプチドグリカン生成反応の模式図
D-Dペプチダーゼが矢印の結合を加水分解し(a), 末端のD-Alaが遊離する(b)。新たに生じたD-AlaのN末端に, 赤で示すアミノ酸残基が結合する(c)。

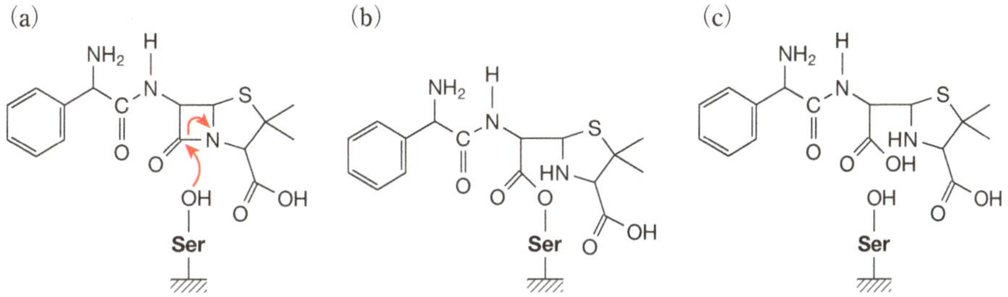

図7.9 D-Dペプチダーゼあるいはβ-ラクタマーゼによるアンピシリンの分解
アンピシリンがD-Dペプチダーゼあるいはβ-ラクタマーゼの活性部位に入る(a)。D-Dペプチダーゼによる分解では反応は(b)で止まる。β-ラクタマーゼによる分解では(c)まで進み, 生成物は酵素から離れる。

生じた生成物がβ-ラクタマーゼから離れる(図7.9(c))。この生成物はD-Dペプチダーゼを阻害しない。したがって, β-ラクタマーゼ遺伝子を有するプラスミドで形質転換された細菌は, アンピシリン存在下でも生育する。このしくみは大腸菌の形質転換の確認に利用されている(8.1.2項参照)。

可逆的阻害の典型的な例として, 競合阻害, 非競合阻害, 不競合阻害がある(図7.10)。競合阻害では, 基質と阻害物質が活性部位を奪いあう。この場合, 阻害物質は基質と構造が似ている場合が多い。非競合阻害と不競合阻害では, 阻害物質が活性部位から離れた場所で酵素に結合する。非競合阻害では, 阻害物質は, 遊離の酵素および基質と結合した酵素の両方に結合する。不競合阻害では, 阻害物質は後者にのみ結合する。いずれの場合も, 酵素, 基質, 阻害剤の3者複合体からは生成物は生成しない。

(a) 競合阻害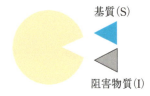

(b) 非競合阻害

(c) 不競合阻害

- SとIは活性部位を奪いあう。
- EIが存在する。
- ESIは存在しない。

- SとIは異なる部位に結合する。
- EIが存在する。
- ESIも存在する。

- SとIは異なる部位に結合する。
- EIが存在しない。
- ESIは存在する。

図7.10 | 酵素反応における3種類の阻害様式

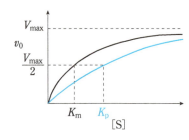
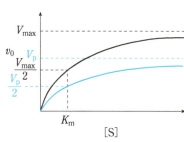
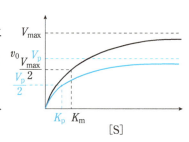

図7.11 | 阻害物質存在下でのミカエリス—メンテン曲線

酵素Eと阻害物質Iの結合の平衡状態において，下記の式で表される定数K_iを阻害定数あるいは阻害物質定数とよぶ。

$$K_i = \frac{[\text{E}][\text{I}]}{[\text{EI}]} \tag{7.21}$$

K_iが小さいほど阻害は強い。

図7.11に阻害物質存在下での基質濃度に対する反応初速度の曲線を示す。競合阻害ではK_mが増加し，非競合阻害ではV_{max}が減少する。不競合阻害ではK_mとV_{max}がともに減少する。競合阻害において阻害物質存在下でのK_mをK_p，非競合阻害において阻害物質存在下でのV_{max}をV_pとすると，K_pおよびV_pは次の式で表される。

$$K_p = K_m \left(1 + \frac{[\text{I}]}{K_i}\right) \tag{7.22}$$

$$V_p = \frac{V_{max}}{1 + \frac{[\text{I}]}{K_i}} \tag{7.23}$$

したがって，阻害物質存在下および非存在下のそれぞれにおいて，基質濃度を変化させて反応を行い，それぞれの反応初速度を測定すれば，その阻害物質の阻害様式を推定でき，さらにK_iが求められる。

7.7 ◆ 酵素活性の制御

7.7.1 ◇ 最適 pH

酵素反応の反応初速度をpHに対してプロットすると、ベル型の曲線を示すことが多い(図7.12(a))。式(7.19)が成立する条件では、反応初速度とk_{cat}/K_mは比例するので、k_{cat}/K_mがpHに対してベル型の曲線を示すことになる。酵素分子は多くの解離基をもつが、ここでは、図7.12(b)に示すような酵素の触媒活性に必要な解離基はXとYの2個だけであり、XがH$^+$を解離し、YがH$^+$と結合している酵素(EH)のみが活性を有すると仮定し、ベル型の曲線を示す理由を考える。Xのプロトン解離定数をK_{e1}、Yのプロトン解離定数をK_{e2}とすると、任意のpHにおけるE, EH, EH$_2$の割合を計算で求められる。さらに、連立方程式を解くと、k_{cat}/K_mがpHに対してベル型曲線を示すことを意味する下記の式が導かれる。

$$\frac{k_{cat}}{K_m} = \frac{(k_{cat}/K_m)_0}{(1+[H^+]/K_{e1}+K_{e2}/[H^+])} \quad (7.24)$$

ここで、$(k_{cat}/K_m)_0$はk_{cat}/K_mの最大値であり、pK_{e1}とpK_{e2}が十分離れている場合(例えばpK_{e1} = 4, pK_{e2} = 10)、ベル型曲線の頂上に相当する。各pHでの酵素反応の初速度を測定してk_{cat}/K_mを算出し、式(7.24)にあてはめれば、K_{e1}とK_{e2}が求められる。タンパク質のアミノ酸残基の側鎖はその種類により固有のpK_a値をとる。したがって、pK_{e1}とpK_{e2}の値からXとYの種類を推察できる(例えばpK_{e1}が4、pK_{e2}が10なら、Xはアスパラギン酸またはグルタミン酸、Yはリシン、システインあるいはチロシンと考えられる)。なお、活性のpH依存性を調べる場合、そのpHの範囲で酵素が変性していないことを確認しなければならない。

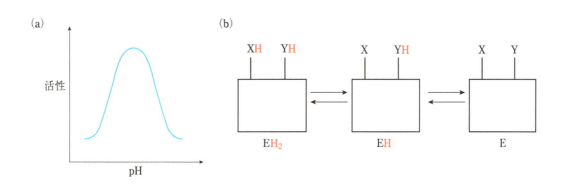

| 図7.12 | 酵素活性に対するpHの効果

(a) 酵素活性のpH依存性。(b) 酵素活性に必要な2個の解離基XとYにおけるH$^+$の結合および解離。pK_aはX<Yであり、XがH$^+$を解離し、YがH$^+$と結合しているフリーの酵素(EH)のみが活性を有すると考える。

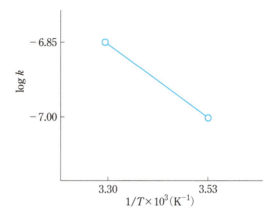

図7.13 酵素活性に対する温度の効果
ある反応の速度定数が，10℃では$1.0 \times 10^{-7}\ \text{s}^{-1}$，30℃では$1.4 \times 10^{-7}\ \text{s}^{-1}$であったとすると，式(7.25)より$E_a = 12.5\ \text{kJ/mol}$と求まる。

7.7.2 ◇ 最適温度

化学反応の反応速度は温度が上昇すると増加する。酵素反応も，酵素が熱失活しない限りはこれに従う。速度定数の温度変化は，次式で表される**アレニウスの式**（Arrhenius equation）に従う。

$$\ln k = -\frac{1}{T}\frac{E_a}{R} \tag{7.25}$$

ここで，Tは絶対温度である。この式からわかるように，異なる温度でkを求め，$\ln k$を$1/T$に対してプロットすると，傾きが$-E_a/R$である直線が得られ，E_aを求めることができる（図7.13）。前述したように，E_aは反応の際に越えなければならないエネルギー障壁である。式(7.25)は，図7.1あるいは図7.3において，温度を上げると，E_aは変わらないが，エネルギー障壁を超える分子が増え速度定数が増加する，すなわち活性化ギブス自由エネルギー$\Delta G^{\neq}$が減少することを意味する。

7.7.3 ◇ アロステリック酵素

アロステリック酵素とは，基質結合部位とは異なる部位に低分子が結合してその活性が変化する酵素である。当初は特殊な例と考えられていたが，その後，一般的であることが明らかになった。代表的なアロステリック酵素としてアスパラギン酸カルバモイルトランスフェラーゼ（ATCアーゼ）について説明する。ATCアーゼは，カルバモイルリン酸とアスパラギン酸からカルバモイルアスパラギン酸を生成する反応を触媒する酵素である（式(7.26)）。

$$
\begin{array}{c}
\overset{+}{\text{NH}_3} \\
| \\
\text{C=O} \\
| \\
\text{OPO}_3{}^{2-}
\end{array}
\;+\;
\begin{array}{c}
\overset{+}{\text{NH}_3} \\
| \\
\text{CHCOO}^- \\
| \\
\text{CH}_2\text{COO}^-
\end{array}
\;+\; \text{H}^+ \;\rightleftharpoons\;
\begin{array}{c}
\overset{+}{\text{NH}_3} \\
| \\
\text{C=O} \\
| \\
\text{NH} \\
| \\
\text{CHCOO}^- \\
| \\
\text{CH}_2\text{COO}^-
\end{array}
\;+\; \text{H}_3\text{PO}_4
$$

$$(7.26)$$

　細胞内ではカルバモイルアスパラギン酸が出発物質となり，一連の酵素反応によりUTPやCTPが生成する。ATCアーゼの反応はUTPやCTPにより阻害され，ATPにより活性化される。その結果，細胞内のプリンとピリミジン供給のバランスが保たれる。ここで，ATCアーゼの反応初速度をアスパラギン酸濃度に対してプロットすると，式(7.18)に従わず，シグモイド型の曲線を描く。UTPやCTPはシグモイド性を強くすることで阻害し，ATPは弱くすることで活性化する。ATCアーゼはアスパラギン酸が結合する触媒領域6個とATP, UTP, CTPが結合する調節領域6個からなる12量体である。カルバモイルリン酸存在下で1個の触媒領域にアスパラギン酸が結合すると，6個の触媒領域がいずれもアスパラギン酸と結合しやすい状態に変化する。この効果を**アロステリック効果**(allosteric effect)，このような効果を有する酵素をアロステリック酵素(allosteric enzyme)とよぶ。また，ATP, UTP, CTPを**エフェクター**(effector)とよぶ。アロステリック酵素の特徴は，四次構造をもつこと，反応部位の他にエフェクターが結合する部位(これをアロステリック部位とよぶ)をもつこと，基質に対する親和性が高い状態と低い状態の2つをとること，基質やエフェクターがこの2つの平衡状態を変化させること，その結果ミカエリス－メンテンの式(式(7.18))に従わないことである。

　しかし，アロステリック酵素の反応初速度は，適切なnを与えることで，(式(7.27))によく従う。このnを**ヒル係数**(Hill coefficient)とよぶ。ヒル係数が大きいほど協同性が強い。

$$
v_0 = \frac{k_{\text{cat}}\,[\text{E}]_0[\text{S}]^n}{K_{\text{m}}{}^n + [\text{S}]^n} \tag{7.27}
$$

7.8 ◆ 抗体酵素

7.8.1 ◇ 抗体酵素とは

抗体酵素（abzyme）とは触媒活性を有する抗体で，触媒抗体（catalytic antibody）や抗体触媒ともよばれる。抗体の性質は，抗原と特異的に結合することである。一方，酵素の性質は基質と特異的に結合し，基質の共有結合を組換え，生じた生成物を放出することである。ここで，酵素の触媒活性の本質が，図7.1あるいは図7.3の反応座標で示される不安定な遷移状態の分子と強く結合してこれを安定化させることにあると考える。すなわち，酵素と結合した基質が活性部位で構造が歪められて遷移状態をとったとき，酵素がその状態の分子と強く結合し安定化させることにより，反応が進行すると考える。すると，抗体についても（あるいは他の分子でも），遷移状態の分子と強く結合できれば，酵素と同様の触媒活性を有すると考えられる。この概念はポーリング（Linus C. Pauling）やジェンクス（William P. Jencks）により提唱された。

7.8.2 ◇ 抗体酵素の作製法

抗体酵素を作製する場合，免疫原が問題となる。遷移状態の分子は不安定であり，そもそも単離できない。そこで，遷移状態アナログを合成し，これを免疫する方法が考案された。例えば，エステルの加水分解反応の遷移状態は正四面型構造である（**図7.14**（a））。そこで，これのアナログとしてホスホン酸エステル（**図7.14**（b））がエステルの加水分解反応を触媒する抗体を作製するときの免疫原として用いられている。

抗体酵素を作製する場合のもう1つの問題点は，スクリーニングである。従来法のようなハイブリドーマが産生する抗体の性質を1クローンずつ調べていく方法では，目的の抗体を得ることが確率的に困難であると考えられた。これに対して，ラーナー（Richard A. Lerner）らは，免疫したマウスの抗体遺伝子の集団を取り出し，これをファージ表面に提示し，抗原との結合性を指標としてスクリーニングする方法（ファージ・ディスプレイ法）を考案した[2]。

ファージ・ディスプレイ法は抗体を対象としたタンパク質工学の草分け技術である。その後，本技術は大きく発展し，抗体酵素に限らずあらゆる抗体に適用されるようになった。今日，本技術で作製された多くの抗体が医薬，診断薬，分析試薬，研究用試薬として実用化されている。

[2] W. D. Huse *et al.*, *Science*, **246**, 1275（1989）

| 図7.14 | （a）酵素によるエステル加水分解反応の遷移状態の構造，（b）ホスホン酸エステルの構造

7.8.3 ◇ 抗体酵素の現状

遷移状態アナログを免疫する方法により，これまで多くの反応について抗体酵素が得られた。しかし，それらの k_{cat}/K_m（特異性定数とよばれ，基質濃度が低い条件での酵素反応の速度定数に相当する）は $10^2 \sim 10^4$ $M^{-1} s^{-1}$ であり，平均的な酵素反応のそれ（$10^5 M^{-1} s^{-1}$）よりも低く，実用上の問題点となっている。一方，我々の体内には天然の触媒抗体が存在し，感染防御や免疫に関与していることが明らかになっている[3]。

[3] A. Bowen *et al.*, *Infect. Immun.*, **85**, e00202（2017）

第8章

遺伝子工学

　タンパク質工学の大きな目的は，第1章で述べたように，(1)自然界に存在する稀少なタンパク質を遺伝子工学の手法を用いて大量に生産し，あるいは(2)自然界に存在するタンパク質を遺伝子工学の手法を用いて改変し，そのタンパク質の構造や機能を解析したり，物質生産に応用したりすることである。したがって，タンパク質工学と遺伝子工学は密接に関連している。本章では，タンパク質工学で必要な遺伝子工学の基本知識と技術について解説する。そして，次の第9章において，タンパクの発現について述べる。

8.1 ◆ 遺伝子工学の基礎

8.1.1 ◇ 制限酵素とリガーゼ
　制限酵素（restriction enzyme）は侵入してくる外来の遺伝子を分解して自らを防御するために細菌がもつ酵素であり，二本鎖DNAの特定の4〜8塩基対を認識し，ホスホジエステル結合を加水分解する。制限酵素は必須因子や切断様式の違いから4つのクラス（タイプI〜IV）に分類されるが，遺伝子工学に用いられる制限酵素は，認識部位と切断部位が同じであるタイプII制限酵素がもっとも多い。一般に制限酵素を生産する微生物は，その制限酵素と同一の認識配列をもつ修飾メチラーゼを生産し，これにより認識配列中のAまたはCをメチル化し，自己の制限酵素による分解を防いでいる。これまでに，さまざまな細菌から3,000種類以上のタイプII制限酵素が発見されている。制限酵素の名称は，その制限酵素を分離した細菌の属名の最初の文字に種名の最初の2文字を続け，これに同一属種の微生物の株を区別するローマ数字や番号を付けて表す。多くのタイプII制限酵素の認識と切断は，DNAの回文配列（パリンドローム）の部位で起こる（**図8.1**）。タイプII制限酵素には，切断後の二本鎖DNAが一本鎖の5′あるいは3′側に数塩基が突出した**付着末端**（cohesive end：粘着，突出末端ともいう）を生じるもの（BamHI（図8.1(a)）やPstI（図8.1(b)）など）と，二本鎖の塩基が同じ位置で切断され塩基の長さがそろった**平滑末端**（blunt end）を生じるもの（SmaI（図8.1(c)）など）がある。なお，DpnI（図8.1(d)）のように，メチル化されたDNA鎖を認識し切断するものもある。

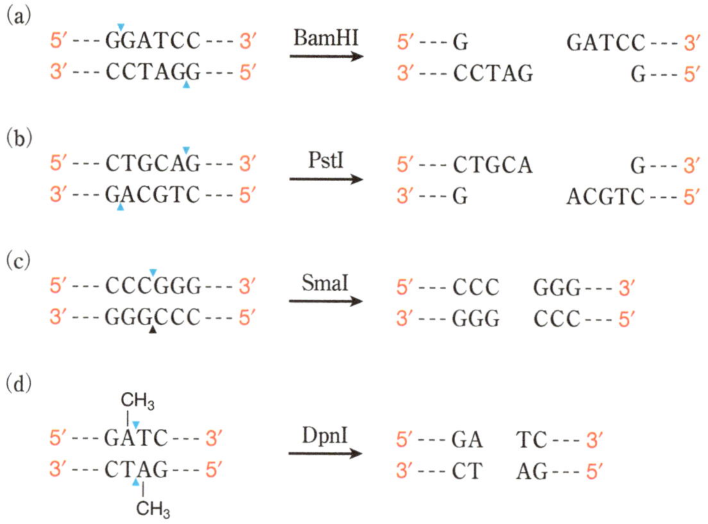

(a)

```
5′---GGATCC---3′      BamHI      5′---G          GATCC---3′
3′---CCTAGG---5′      ──────→    3′---CCTAG          G---5′
```

(b)

```
5′---CTGCAG---3′      PstI       5′---CTGCA          G---3′
3′---GACGTC---5′      ──────→    3′---G          ACGTC---5′
```

(c)

```
5′---CCCGGG---3′      SmaI       5′---CCC    GGG---3′
3′---GGGCCC---5′      ──────→    3′---GGG    CCC---5′
```

(d)

```
       CH₃
        |
5′---GATC---3′        DpnI       5′---GA    TC---3′
3′---CTAG---5′        ──────→    3′---CT    AG---5′
        |
       CH₃
```

図8.1 │ 代表的な制限酵素の認識配列と切断様式
(a) BamHI, (b) PstI, (c) SmaI, (d) DpnI

　付着末端どうしの接着においては，接着する二本鎖DNAを同一の制限酵素で切断する必要があるが，ホスホジエステル結合と突出した塩基間の水素結合が関与するため，接着の特異性と安定性にすぐれる。一方，平滑末端の接着においては，接着する二本鎖DNAを，平滑末端を生じる異なる制限酵素で処理して用いることができ，制限酵素の特異性は高くなるが，平滑末端の接着にはホスホジエステル結合のみが関与するため，接着の安定性は付着末端に比べて低く，接着断片が目的方向と逆向きに接着してしまうこともある。

　制限酵素で切断されたDNA断片の接着（ligation，**ライゲーション**）にはDNAリガーゼ（ligase）が用いられるが，特によく用いられるのはT4ファージ[*1]由来のT4 DNAリガーゼである。この酵素は，隣接したDNA鎖の5′-リン酸基と3′-OH基をホスホジエステル結合で連結する。この酵素は分子量約62,000の単量体タンパク質であり，補酵素として

*1　二本鎖DNAをもつT-偶数系ファージT1～T7の1つ。

Column

ファージ

　多くの細菌は，細胞内のDNA鎖の特定配列を認識し，ヌクレオチドを特異的にメチル化する修飾メチラーゼという酵素をもっている。修飾メチラーゼでメチル化されたDNA鎖は，細菌細胞内の制限酵素（制限エンドヌクレアーゼ）による加水分解を受けないが，ファージ（細菌に感染し増殖可能なウイルス，バクテリオファージ）などに由来する外来DNAはメチル化されておらず，細菌細胞内に導入されると制限酵素で加水分解される。その結果，修飾メチラーゼをもつ細菌はファージに感染しない。このような現象から，制限酵素の存在が明らかとなった。

ATPを必要とし，反応の中間体として酵素−ATP複合体が形成され，これがDNAに作用する。接着反応はMg^{2+}で活性化され，dATPや高濃度1価カチオン（Na^+, K^+）で阻害される。

8.1.2◇ ベクター

　ベクター（vector）は，目的のDNA断片を宿主（host：遺伝子を導入する細胞）中に運搬するために用いられる環状DNAである。ベクターは，プラスミドベクター（単にプラスミドともいう），ウイルスベクター，コスミドベクターに大別される。

A. プラスミドベクター

　プラスミド（plasmid）は，細菌や酵母の細胞中に存在する約1〜200 kbpの環状二本鎖DNAの総称であり，小型で自律的に複製することができる。一般に，プラスミドは宿主細胞の増殖やその他の機能に必須ではなく，機能が未知の潜在型プラスミド（cryptic plasmid）も多い。プラスミドは，複製起点（replication origin），分子量，コピー数（1細胞あたりに含まれるプラスミド数），接合性などの性質で分類される。遺伝子工学に用いられるプラスミドは，①目的のDNA断片を挿入する部位，②選択マーカーをコードする部位，③複製起点をコードする部位などがあらかじめ導入されている。目的のDNA断片を挿入する部位は，**マルチクローニングサイト**（multiple cloning site, MCS）とよばれ，複数の制限酵素で切断できるように設計されており，さまざまなDNA断片を挿入できる。選択マーカーは，目的のDNA断片が挿入されたプラスミドの選択や，プラスミドが導入された細胞の選択などの目的で用いられる遺伝子である。複製起点は生物種によって異なるため，目的に応じて宿主中で機能する複製起点と機能しない複製起点をもったプラスミドを選択して使用する。例えば，タンパク質を宿主内で発現するには宿主に合った複製起点を，染色体遺伝子を破壊するには宿主内でプラスミドの複製が起こらないよう宿主中では機能しない複製起点をもつプラスミドを使用する。また，複数の宿主でプラスミドを複製させる必要がある場合，複数の宿主中で機能する複数の複製起点を合わせもったプラスミド（シャトルベクター：複数の宿主間を移動できるベクターという意味）が用いられる。

　pUC18は，大腸菌を宿主とする汎用型プラスミドである[*2]（**図8.2**）。pUC18のマルチクローニングサイトはポリリンカーとよばれる部位に存在し，HindIII，BamHIのほか，13種類の制限酵素切断部位をもつ。このマルチクローニングサイトの下流には大腸菌の*β*−ガラクトシダーゼをコードする*lacZ*が，また上流には*lacZ*の転写を制御する*lacI*をコードする遺伝子がある。*β*−ガラクトシダーゼは，ラクトースをグルコースとガラクトースに分解する酵素である。したがって，pUC18で形質

＊2　pUCはplasmid-Universal Cloningの意味。

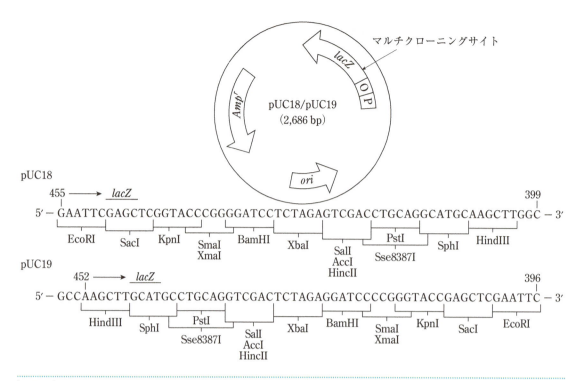

図8.2 汎用型プラスミドpUC18とpUC19の構造

転換された大腸菌は，β-ガラクトシダーゼの人工基質である5-ブロモ-4-クロロ-3-インドリル-β-D-ガラクトピラノシド（通称X-gal）を分解することができ，lacZ遺伝子の発現を誘導する物質であるイソプロピル-β-チオガラクトピラノシド（IPTG）とX-galを添加した培地（選択培地）で生育させると，X-galから生じた5-ブロモ-4-クロロ-3-インドールは酸化されて5,5′-ジブロモ-4,4′-ジクロロインディゴ（不溶性の青色色素）を生じ，コロニーが青色になる。一方，マルチクローニングサイトに目的のDNA断片が挿入されたpUC18で**形質転換**（trasnformation）された大腸菌は，挿入されたDNA断片がlacZを分断するためβ-ガラクトシダーゼが発現できなくなり，X-galを分解できず，コロニーは青色にならず白色のままである。このような形質転換体のコロニーの色の違いによって，目的DNA断片が挿入されたpUC18プラスミドで形質転換された大腸菌を選択することができる。lacZは，pUC18以外のプラスミドでも，形質転換体の選択マーカーとして広く利用されている。またpUC18プラスミドには，アンピシリン耐性遺伝子amp^r（大腸菌のβ-ラクタマーゼ遺伝子，アンピシリンを分解するβ-ラクタマーゼをコードする）があり，本プラスミドで形質転換した大腸菌を，アンピシリンを添加した選択培地で培養すると，本プラスミドが導入された大腸菌のみが生育することで，目的の形質転換体を選択できる（7.6節参照）。一般に，アンピシリン耐性遺伝子以外に遺伝子工学でよく用いられる薬剤耐性遺伝子には，クロラムフェニコール剤耐性遺伝子cm^r，エリスロマイシン

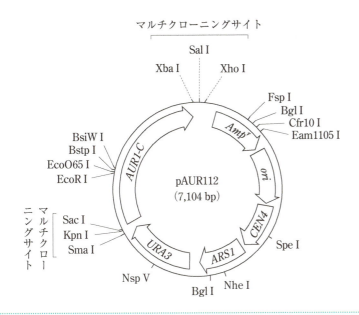

図8.3 酵母－大腸菌シャトルベクター pAUR112 の構造

剤耐性遺伝子 *em^r*、カナマイシン剤耐性遺伝子 *kan^r*、テトラサイクリン剤耐性遺伝子 *tet^r* などがある。したがって、pUC18 に目的遺伝子を挿入し、大腸菌を形質転換した後、X-gal、IPTG、アンピシリンを添加した選択培地で培養し生じた白色コロニーを選択すれば、目的のDNA断片が導入された pUC18 で形質転換された大腸菌を容易に取得できる。

　pAUR112 は、酵母 *Saccharomyces cerevisiae* を宿主とする酵母－大腸菌シャトルベクターである（図8.3）。pAUR112 のマルチクローニングサイトには、XhoI、SalI のほか、6種類の制限酵素切断部位がある。また大腸菌での選択マーカーとして *amp^r* を、酵母での選択マーカーとしてオーレオバシジンA耐性遺伝子 *aur1-c* および *ura3* をもっている。*ura3* はピリミジンリボヌクレオチド生合成系のオロチジン5′-リン酸デカルボキシラーゼ遺伝子をコードしており、pAUR112 で、*ura3* を欠損させた *S. cerevisiae* を形質転換し、ウラシルを除いた最少培地で培養すると、本プラスミドが導入された *S. cerevisiae* のみが生育することで、目的の形質転換体を選択できる（ポジティブセレクション）。またオロチジン5′-リン酸デカルボキシラーゼは、5-フルオロオロチン酸（5-FOA）を酵母に対する致死化合物である5-フルオロウラシルに変換する。したがって、pAUR112 で *S. cerevisiae* を形質転換し、ウラシル存在下で5-FOA添加培地と非添加培地で培養し、5-FOA非添加培地で生育し5-FOA添加培地で生育しない形質転換体を選択すれば、目的のDNA断片が導入された pAUR112 で形質転換された *S. cerevisiae* を容易に取得できる（ネガティブセレクション）。また pAUR112 は、大腸菌での複製起点として *ori* を、酵母での複製起点として *ars* をもっている。またセントロメア遺

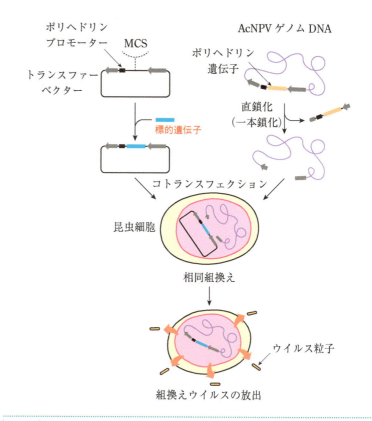

図8.4 昆虫細胞−バキュロウイルス発現系

伝子 *cen* は，本プラスミドの安定な自律複製に関与している。

B. ウイルスベクター

　ウイルスベクターは，動物細胞への遺伝子導入の有用なツールであり，物理的，化学的遺伝子導入法と比較して遺伝子導入効率が高く，長時間発現できるなどの利点をもつ。ウイルスベクターとして入手可能なものには，レトロウイルスベクター，アデノウイルスベクター，レンチウイルスベクター，バキュロウイルスベクターなどがある。ここでは，近年昆虫細胞を宿主としてタンパク質の大量発現に利用されているバキュロウイルスベクターについて紹介する。

　バキュロウイルス（baculovirus）は，昆虫を主な宿主として感染する核多角体病ウイルス（nucleopolyhedrovirus, NPV）であり，増殖過程で感染細胞の核内にポリヘドリン（polyhedrin，多角体）とよばれる結晶状態のタンパク質を形成する。このタンパク質は，バキュロウイルスの増殖や複製に関与しないが，細胞の約50％を占めるほど高発現する。したがって，バキュロウイルスのポリヘドリン遺伝子を発現する強力なプロモーターの下流に目的DNA断片を挿入した後，この組換えウイルスをベクターとして昆虫細胞に感染させることにより目的タンパク質をバキュロウイルス中に大量に発現させることができる（**図8.4**）。本宿主−ベクター

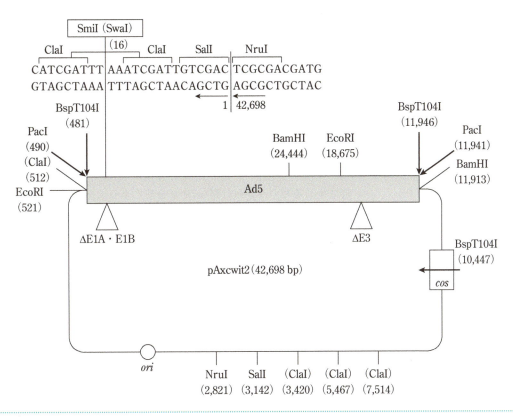

図 8.5 コスミドベクター pAxcwit2 の構造

系は，大腸菌や酵母で発現が困難な翻訳後修飾を必要とする真核生物由来のタンパク質の発現にも有効である。

C. コスミドベクター

λファージは大腸菌に感染するウイルスであり，λファージの二本鎖で直鎖状のゲノムDNAの両末端には，*cos*とよばれる突出した12塩基からなる一本鎖DNA部分がある。この両末端は相補的な配列をもち，DNAリガーゼによって連結することができる。コスミドベクターは，λファージの*cos*部位を含むDNA断片をプラスミドに組み込んだものである（図**8.5**）。コスミドベクターは，大腸菌内ではプラスミドベクターと同じように複製するが，λファージをヘルパーとして感染させるとそれが生産する頭部タンパク質，尾部タンパク質およびパッケージングに必要な因子の働きによって，ファージ粒子中に取り込まれる。このファージ粒子が他の大腸菌に感染すると，ゲノムDNAが再びプラスミド状になって複製し遺伝する。コスミドベクターは，取り扱いが容易なプラスミドベクターの長所と大きなDNA断片（約30〜40 kbp）を挿入できるウイルスベクターの長所をあわせもつ。このベクターには，比較的大きなDNA断片をライゲーションすることができ，二次代謝産物の生合成遺伝子群などの解析にも用いられる。

8.1.3 ◆ DNAポリメラーゼ

　DNAの複製酵素は，DNAを鋳型とすることからDNA依存DNAポリメラーゼともいえるが，単にDNAポリメラーゼとよばれることが多い。DNAポリメラーゼは，一本鎖DNA（ssDNA）を鋳型とし，デオキシヌクレオシド三リン酸（dNTP）を基質として相補鎖を合成する。この反応では，伸長中のDNA鎖の3′-OH基が次に結合するdNTPのα-リン酸基を求核攻撃しホスホジエステル結合を形成するため，DNA鎖は5′→3′方向に伸長する。このホスホジエステル結合形成反応は可逆であるが，同時に生じるピロリン酸（PPi）の加水分解により本反応は不可逆となる。DNAポリメラーゼは，次に結合するdNTPを，鋳型DNA鎖の塩基とワトソン-クリック塩基対を形成できるかどうかで識別する。DNAポリメラーゼの活性部位には，2個の金属イオン（通常はMg^{2+}）があり，Aの位置にある金属イオンは次に結合するdNTPのα-リン酸基を活性化し，Bの位置にある金属イオンは負電荷を静電的に安定化し，dNTPの三リン酸基の向きを決める（図8.6）。

　遺伝子工学に用いられるDNAポリメラーゼは，2つの型に分類される。1つは，高度好熱性細菌 *Thermus aquaticus* 由来のDNAポリメラーゼ（*Taq*ポリメラーゼ）に代表される細菌由来の酵素であり，family A（DNAポリメラーゼI，PolI型）に分類される。もう1つは，超好熱アーキア *Pyrococcus kodakaraensis* 由来DNAポリメラーゼ（KODポリメラーゼ）に代表される超好熱アーキア由来の酵素であり，family Bに分類される。family Aとfamily BのDNAポリメラーゼの大きな違いは，エキソヌクレアーゼ活性の有無である。エキソヌクレアーゼ活性には，3′→5′エキソヌクレアーゼ活性と5′→3′エキソヌクレアーゼ活性がある。5′→3′エキソヌクレアーゼ活性は，family A, family BいずれのDNAポリメラーゼにもあるが，3′→5′エキソヌクレアーゼ活性はfamily Bの

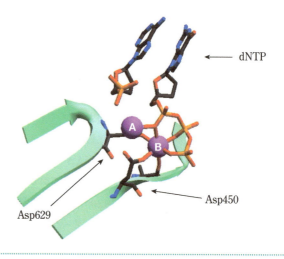

図8.6 | DNAポリメラーゼの活性部位における金属イオンの役割

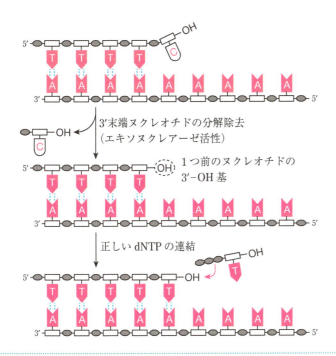

図8.7 DNAポリメラーゼIの3′→5′エキソヌクレアーゼ活性
[杉本直己 編著，生体分子化学―基礎から応用まで，講談社(2017)より改変]

DNAポリメラーゼのみに存在する。DNAポリメラーゼは，頻度は低いが伸長中のDNA鎖の3′末端に誤ったヌクレオチドを結合することがある。family BのDNAポリメラーゼは，伸長中のDNA鎖の3′末端に間違ったヌクレオチドを結合すると，ポリメラーゼ活性が阻害され，代わりに3′→5′エキソヌクレアーゼ活性によってミスマッチのヌクレオチドを切り離し，DNA合成を再開する(図8.7)。この校正(proof reading)機能により，family BのDNAポリメラーゼによるDNA複製の正確性は高い。一方，family AのDNAポリメラーゼには，校正機能はなく正確性は高くない。しかし，校正機能をもつfamily BのDNAポリメラーゼのDNA合成速度は，family Aに比べて一般に低い。したがって，使用目的に応じてfamily Aとfamily BのDNAポリメラーゼを選択する必要がある。

またDNAポリメラーゼには，ターミナルデオキシヌクレオチジルトランスフェラーゼ(TdT)活性，すなわち伸長中のDNA鎖の3′末端に鋳型鎖の塩基配列には無関係に余分なヌクレオチドを付加する活性がある。例えばfamily AのDNAポリメラーゼである*Taq*ポリメラーゼの場合，伸長中のDNA鎖の3′末端にアデニン(A)ヌクレオチドが1塩基付加されることが多い。一方，family BのDNAポリメラーゼであるKODポリメラーゼの場合，増幅されたDNA断片の3′末端には余分な塩基は付加されず，平滑末端となっている。これは，TdT活性は，family A, family Bいずれの DNA ポリメラーゼにもあるが，family B の DNA ポリメラーゼには校正機能があり，3′末端に付加された余分な塩基は除去され

るからである。family Aとfamily BのDNAポリメラーゼを使い分ける場合は，この点に注意が必要である。

8.2 ◆ 遺伝子の増幅と分析法

8.2.1 ◇ DNAの増幅：ポリメラーゼ連鎖反応（PCR）

　一般に，細胞からの抽出などにより取得したDNA断片の量が少ない場合，そのまま制限酵素やリガーゼで処理をして前節で述べた遺伝子工学的な実験に利用することは困難である。そこで特定のDNAを増量するために，**ポリメラーゼ連鎖反応**（polymerase chain reaction, **PCR**）が用いられる。PCR法は，1987年にマリス（Kary B. Mullis）が考案した方法であり，PCR法の開発により1993年にノーベル化学賞を受賞している。PCRでは，増幅したいDNA（テンプレートDNA），テンプレートの両端の塩基配列に相補的な1対の合成オリゴヌクレオチド（プライマー），耐熱性のDNAポリメラーゼ，dNTP（dATP, dTTP, dGTP, dCTP）混合物を緩衝液中に懸濁し，その溶液の温度を3段階に変化させながら反応させる。温度変化は，サーマルサイクラーとよばれる装置で行う。温度変化の第一段階（94〜96℃）で二本鎖のテンプレートDNAを熱変性して一本鎖とし，第二段階（55〜60℃）でプライマーを一本鎖DNAの3′末端にそれぞれアニーリング（相補的な2本の一本鎖DNAがワトソン−クリック型の塩基対を形成し二本鎖DNAを形成すること）により結合させ，第三段階（72〜74℃）でプライマーからテンプレートDNAを鋳型としてそれぞれの相補DNA鎖を伸長させる（**図8.8**）。これが1サイクルであり，テンプレートDNAが2倍に増幅される。したがって，理論的にはnサイクルのPCRでテンプレートDNAは，2^n倍に増幅される。例えば，PCRを20サイクル行うと，テンプレートDNAは2^{20}倍（約100万倍）に増幅される。PCR法は約6 kbpまでのDNA断片の増幅に用いることができる。一般的なPCRのサイクルは以下のとおりである。

⓪1回目の変性	94℃，2分
①変性	94℃，30秒
②アニーリング	ターゲットが6 kb以下の場合：
	プライマーのT_m−5℃，30秒
	ターゲットが6 kb以上の場合：
	68℃，1分/kb
③伸長	ターゲットが1 kb以下の場合：
	72℃，1分
	ターゲットが1〜6 kbの場合：
	72℃，1分/kb

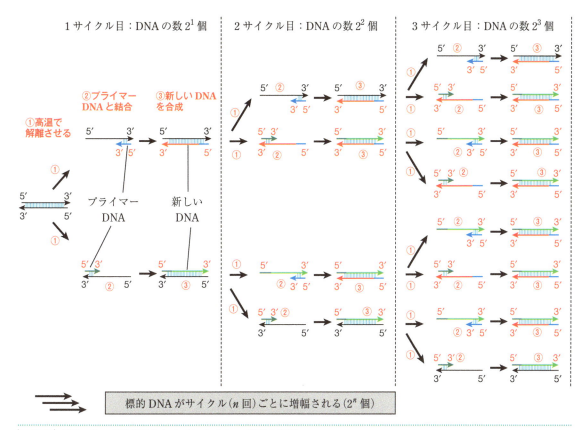

図8.8 ポリメラーゼ連鎖反応(PCR)によるDNA増幅の原理
[杉本直己 編著, 生体分子化学—基礎から応用まで, 講談社(2017)より改変]

ターゲットが6 kb以上の場合：
68℃, 1分/kb

このようにPCR法を用いれば簡単にDNAを増幅できるが、さまざまな条件設定が必要である。ここでは、*Taq*ポリメラーゼを例に概説する。

(1) DNAポリメラーゼの濃度

*Taq*ポリメラーゼは反応液100 μLあたり1〜2.5 U[*3]（Uは酵素単位）使用する。濃度が高すぎると非特異的なPCR産物が生じる場合があり、濃度が低すぎるとDNAの増幅が不十分となる。

(2) dNTP濃度

dNTP濃度は20〜200 μmol/Lとする。各dNTP濃度が等しくないと誤ったヌクレオチドを取り込み、エラーの原因となる。精度はdNTP濃度が低いほど高くなる。

(3) Mg^{2+}濃度

総dNTP濃度より0.5〜2.5 mmol/L高い濃度が用いられる。

*3 U（unit, ユニット）：酵素の活性を定量的に取り扱うための単位。一般に一定の反応条件下で単位時間あたりに生成する生成物または分解する基質の物質量と定義。制限酵素の場合、各制限酵素の推奨バッファー中、最適反応温度で基質DNA 1 μgを分解する酵素活性を1 Uとしている。

⑷ プライマー

長さは18～28ヌクレオチド，G＋C含量は50～60％，T_m値が60～65℃になるように設計する。各プライマーはそれぞれ0.1～0.5 μmol/Lで使用する。変性温度が高く，時間が長いほど特異性や増幅効率は高くなるが，Taqポリメラーゼの活性低下を早めるので，94～96℃，15～30秒間という条件が用いられる。

⑸ アニーリング温度

プライマーのT_m値より約5℃低い温度，55～60℃が用いられる。1対のプライマーのT_m値は同程度（差が5～10℃）であることが望ましい。0.2 μmol/Lのプライマーは数秒でテンプレートDNAにアニーリングする。

⑹ 伸長反応の温度

72℃が用いられる。合成速度は，35～100ヌクレオチド／秒である。

⑺ サイクル数

多いほど増幅率は高くなるが，非特異的PCR産物が増加する。40サイクルを超えないことが望ましい。

⑻ 緩衝液

10～50 mmol/L Tris–HCl（pH 8.3～8.8 at 20℃）が用いられる。

8.2.2 ◇ DNAの分析：アガロースゲル電気泳動

核酸の分離精製，分析には，主にゲル電気泳動が用いられる（タンパク質のゲル電気泳動については第3章を参照）。対象とするDNA分子の大きさに応じて，電気泳動の支持体としてポリアクリルアミド（数千bp以下）やアガロース（数千bp～1×10^5 bp）のゲルが使い分けられる。分子の大きさが1×10^5 bp以上のDNAの場合，キャンター（Charles Cantor）とスミス（Cassandra Smith）が開発したパルスフィールド電気泳動（PFGE）が用いられる。PFGEでは，1×10^7 bp（分子量：6.6×10^9）までの大きさのDNAを分離できる。

アガロースは，D-ガラクトースと3,6-アンヒドロ-L-ガラクトースが1：1のモル比からなる糖で，水に懸濁し低温度の熱をかけて溶解した後に冷却すると，架橋構造を生じ，ある一定の網目構造をもつゲルになる。アガロースゲルには，融点，ゲル強度，電気浸透度などの違うさまざまな製品が販売されており，使用目的や分離するDNA断片の大きさに合わせて選択する必要がある。DNA断片を切り出して精製する場合（ゲル抽出），低融点アガロースを使用する。アガロースゲル電気泳動には，アガロースゲルを緩衝液（TBE緩衝液（＜ 1,000 bp）やTAE緩衝液

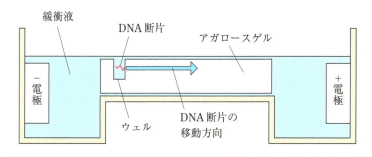

| 図8.9 | サブマリン電気泳動装置によるDNAの電気泳動の模式図

小さいDNAほどまた同じ大きさのDNAでも閉環しているDNAの方が速く移動する。

| 図8.10 | DNAの染色に用いられるインターカレーターの分子構造

（> 15,000 bp））に沈め核酸を水平方向に泳動するサブマリン電気泳動装置（海中の潜水艦（サブマリン）に緩衝液中のゲルを例えている）が用いられる（図8.9）。分析目的などで迅速に結果を得たい場合，ゲルサイズの小さい泳動装置を使用する。また分取目的などで高い分離能を得たい場合，ゲルサイズの大きい泳動装置を使用する。DNA分子量のマーカーとしては，λファージ由来のDNA（λDNA）やプラスミドDNAを制限酵素で処理したマーカー，100 Base Pair Ladderマーカーのように100 bp単位でバンドを検出できるマーカーなどが市販されており，分離するDNA断片の大きさや使用するアガロースゲルの濃度に応じて選択する。試料またはマーカーを，ローディングバッファー[*4]と混合した後，アガロースゲルのウェルに添加し，電極間の距離にあわせた電圧をかけ泳動する（5～10 V/cm）泳動後のゲル中のDNA断片の検出には，臭化エチジウム（EtBr：オレンジ色蛍光），アクリジンオレンジ（緑色蛍光）などのカチオン性芳香族平面分子で染色する（図8.10）。これらの色素は二本鎖DNAの間に挿入（インターカレート）され，UV照射すると強い蛍光を発する。EtBr染色では，50 ngという微量のDNAが検出できる。泳動前にEtBrを混ぜてアガロースゲルを作製し検出する方法と，泳動後にアガロースゲルをEtBr溶液に浸漬し検出する方法があるが，EtBrなどのインターカレーターを混ぜたゲルの場合，バックグラウンドが高くなり検出感度が低くなることがある。また，EtBrと同等の検出感度をもち，取り扱いや廃液の処理が容易な各種蛍光染色試薬も市販されている。

*4 DNAサンプルに比重をつけるためのグリセロールや泳動先端を確認するためのブロモフェノールブルー（BPB）などの色素を含む溶液。

8.2.3 ◇ DNAの塩基配列の決定：DNAシーケンサー

　DNA断片のベクターへのライゲーションの成否の確認や，DNAポリメラーゼで増幅したDNA断片の変異の有無を確認するには，DNAシーケンサーが用いられる。DNAシーケンサーは，1975年にサンガー（Frederick Sanger）が開発したジデオキシ法（サンガー法，鎖終結法）に基づいてDNAの塩基配列を決定する装置である。1986年にApplied Biosystems社（ABI社）から発売された370A Analyzerが最初の市販装置である。**図8.11**に示すように，本装置には配列を決定したいDNAをテンプレートとし，プライマーおよび，dNTP，DNAポリメラーゼにそれぞれ少量の2′,3′-ジデオキシヌクレオシド三リン（ddNTP：ddATP, ddTTP, ddGTP, ddCTP）を加えた4種類の溶液を基質としてPCRを行ったものを試料として用いる。DNAポリメラーゼで伸長中のDNA鎖へdNTPの代わりにddNTPが誤って取り込まれると，ddNTPには3′末端にOH基がないため次のdNTPとホスホジエステル結合が形成されず，DNA鎖の伸長はddNTPが取り込まれた位置でそれぞれ終了する。得られた4種類の反応液をサンプルとし，ポリアクリルアミドゲル電気泳動を用いて同一ゲル上で泳動すると，それぞれの反応液に加えたddNTPを末端と

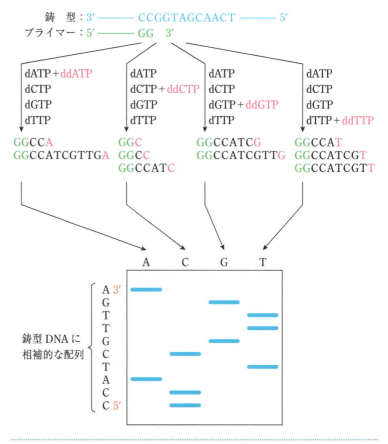

図8.11 ジデオキシ法によるDNAの塩基配列決定の原理

するDNA断片がヌクレオチドの長さに応じて分離される。一番短いDNA断片から一番長いDNA断片に向けて（ゲルの下方から上方へ）各DNA断片に取り込まれたddNTPの塩基を読み取ることによって，テンプレートDNAの塩基配列を決定することができる。各DNA断片に取り込まれたddNTPは，4種類のddNTPをそれぞれ別の蛍光物質で標識しておき，泳動後のゲルをキセノンレーザーでスキャンすることによって検出する。このようなDNAシーケンサーは，DNA蛍光シーケンサー（第一世代のDNAシーケンサー）とよばれ，それまで用いられていた^{32}Pで標識されたddNTPを用いるサンガー法やマキサム―ギルバート法*5に比べ安全で操作が簡便なことから，遺伝子工学の進展に大きく貢献したが，現在ではキャピラリー式蛍光DNAシーケンサー（第二世代のDNAシーケンサー）に取って代わられている。

　第二世代のDNAシーケンサー（キャピラリー DNAシーケンサー）は，1995年にABI社により販売された310 DNA analyzerが最初である。第二世代のDNAシーケンサーと第一世代のDNAシーケンサーでは，ポリアクリルアミド電気泳動の方法と各DNA断片に取り込まれた蛍光標識したddNTPの検出方法が大きく異なる（図8.12）。第一世代のDNAシーケンサーでは，平板のポリアクリルアミドゲルを用いて電気泳動を行っていたが，サンプル調製が煩雑であり，ゲルの作製にも経験や時間を要し，効率が良いとはいえなかった。そこで第二世代のDNAシーケンサーでは，平板の代わりに内部にゲルが装置によって自動的に充填された細いガラス管（キャピラリー）を用い，これに4種類の蛍光物質で標識したddNTPを取り込ませたDNA断片を同一キャピラリー中で泳動し，キャピラリーの下端で通過するすべてのDNA断片の発する蛍光を，連続的にキセノンレーザーを照射して検出する。したがって，第一世代の

*5　^{32}Pで標識された一本鎖DNAを塩基特異的な化学反応で分解する方法。

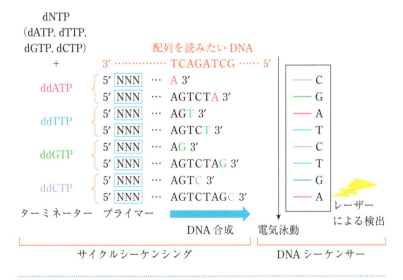

図8.12 キャピラリー DNAシーケンサーによるDNAの塩基配列決定の原理

> **Column**

次世代DNAシーケンス技術

　2005年には454 Life Sciences(ロッシュ)社が、また2006年にはイルミナ社が相次いで次世代DNAシーケンサー(Next Generation Sequencer, NGS)を発売した。次世代DNAシーケンサーは、ビーズやフローセル上でDNAを増幅し、同時に多数のDNA断片にレーザー光を照射し、発せられる蛍光を同時に検出することができる(図)。454 Life Sciences社が最初に発売した次世代DNAシーケンサーでは、1ラン、1日あたり20 Mbの出力であったが、近年発売されたIon Torrent Proton Sequencer(サーモフィッシャーサイエンティフィック社)やHiSeq 2500 Sequencer(イルミナ社)で

(1) ライブラリーの調製

ゲノムDNAなどサンプルDNAを数百bpに断片化し、2種類のアダプターをライゲーションする。

(2) クローンの増幅

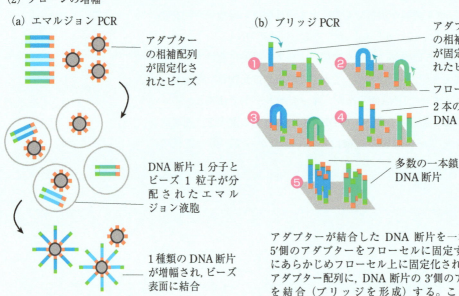

(a) エマルジョンPCR

アダプターが結合したDNA断片とアダプターの相補配列が固定化されたビーズを混合後、エマルジョンPCRを行う。DNA断片1分子とビーズ1粒子が分配されたエマルジョン液胞中で、1種類のDNA断片が増幅され、ビーズ表面に結合する。

(b) ブリッジPCR

アダプターが結合したDNA断片を一本鎖にし、5′側のアダプターをフローセルに固定する。さらにあらかじめフローセル上に固定化された5′側のアダプター配列に、DNA断片の3′側のアダプターを結合(ブリッジを形成)する。この状態でDNAポリメラーゼによってDNAの伸長反応を行い変性すると、2本の一本鎖DNA断片が得られる。さらにブリッジ形成、伸長、変性を繰り返すことにより、多数の一本鎖DNA断片を局所的に固定することができる。

| 図 | 次世代DNAシーケンサーによるDNAの塩基配列決定の原理

ロッシュ社の装置では(1) → (2a) → (3a)、イルミナ社の装置では(1) → (2b) → (3b)という流れで解析が行われている。

> **Column**
>
> は，1ラン，1日あたり50～120 Gbの出力が可能となっている。次世代シーケンサーを用いることによって細菌ゲノムを容易に解読でき，その遺伝情報をもとにタンパク質のクローニングを容易に行えるようになった。
>
> (3) 環状アレイシーケンシング
>
> (a) パイロシーケンシング
>
>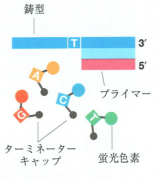
>
> 一本鎖鋳型DNAにプライマーをアニーリング後，DNAポリメラーゼ存在下，dNTPを1種類ずつ添加する。
>
> 鋳型DNAの塩基(T)と相補するdNTP(A)が取り込まれPP$_i$(ピロリン酸)が等モル遊離する。
>
> 遊離したPP$_i$と基質として添加したアデノシン5′-ホスホスルフェート(APS)がスルフリラーゼによってATPに変換する。
>
> 生成したATPを基質としてルシフェラーゼがルシフェリンを生成する。
>
> ルシフェリン由来の蛍光を測定する。
> ATPと未反応のdNTPは，アピラーゼによって分解される。この過程の繰り返しによって，相補的なDNA鎖形成にともなって生じる蛍光強度によって塩基配列が決定される。
>
> (b) 合成によるシーケンシング
>
>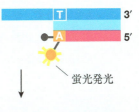
>
> 一本鎖鋳型DNAにプライマーをアニーリング後，それぞれ特有の発光波長をもつ蛍光分子を結合させたdNTP(ターミネーターキャップ付き)を4種類同時に添加する。
>
>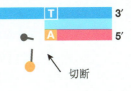
>
> 鋳型DNAの塩基(T)と相補するdNTP(A)が取り込まれ，Aに特有の波長の蛍光が検出される。
>
> 蛍光分子とターミネーターキャップが切断され洗い流される。
> この過程の繰り返しによって，相補的なDNA鎖形成にともなって生じる蛍光の種類によって塩基配列が決定される。
>
> 図 次世代DNAシーケンサーによるDNAの塩基配列決定の原理（つづき）

DNAシーケンサーと異なり，第二世代のDNAシーケンサーでは，泳動に使用するゲルをマニュアルで作製する必要はなく，1サンプルにつきPCR反応は1つでよい。また現在では，装置に装填できるキャピラリーの本数も，4, 16, 48, 96本と用途や予算に合わせて選択することができ，ハイスループットなDNAの塩基配列の解析が可能となっている。さらに，受託解析によるDNAの塩基配列の解析も広く普及しており，装置を所有していなくても迅速で安価にDNAの塩基配列を解析できるようになった。2003年，ヒトゲノムプロジェクトによりABI社3700 DNA analyzerを用いて，ヒトの全ゲノム配列が解読された。ヒトゲノムの解読には，約15年，約30億ドルの長い時間と費用がかかったが，よりハイスループットでコストパフォーマンスにすぐれた次世代DNAシーケンス技術の開発が加速することとなった。

8.3 ◆ 遺伝子クローニング

8.3.1 ◇ 目的遺伝子の調製

　遺伝子クローニング(gene cloning)とは，ある特定の遺伝子を同一または異なる細胞に導入して安定に増幅することをいう。遺伝子クローニングの対象となる遺伝子の調製には主に，(1)対象となる遺伝子を含むゲノムを生物から抽出し，これを鋳型としてPCRで対象となる遺伝子を増幅する方法，(2)対象となる遺伝子を化学合成する方法の2つが用いられる。

A. PCRによる対象遺伝子の増幅

　対象遺伝子の調製には，主にフェノール・クロロホルム抽出(通称フェノクロ法，PCI法)や市販の固相抽出キット(QIAamp DNA Mini Kit(Qiagen社)ほか)が用いられる。フェノール・クロロホルム抽出は，調製できる遺伝子量が多いが，操作が煩雑でクロロホルム(指定毒物)の取り扱いや廃液の問題がある。一方，市販の固相抽出キットは，調製できる遺伝子量は少なくコストは高いが，操作が簡便でクロロホルムを使用しないため取り扱いや廃液の問題がない。目的や条件に応じていずれかの方法が選択される。

①目的タンパク質をコードする遺伝子の配列が明らかな場合
　遺伝子クローニングの対象となる遺伝子(目的遺伝子：インサート)の5′および3′末端に，使用する発現ベクターのマルチクローニングサイト内の挿入したい位置の制限酵素サイトと同じ塩基配列をもつようにPCRプライマーを設計し，調製したゲノムを鋳型としてPCRを行う。プライマーを設計するツールがいくつかweb上に公開されているが，そのうちマサチューセッツ工科大学で開発されたPrimer3がよく使用され

ている[6]。一般に，PCR用プライマーは，目的の配列と相補的な最低15個（望ましくは18〜25個）のヌクレオチドからなり，GC含量約50%で3'末端にはGまたはCをもち，T_m値が60℃前後であることが望ましい。また効率的な消化が行われるように制限酵素認識部位の5'末端側に3〜10個（制限酵素により異なる）の「スペーサー」ヌクレオチドをもっている必要がある。このスペーサーヌクレオチドは，5'末端をAまたはTとし，同時に使用するPCRプライマーの3'末端と相補的にならないように設計すると良好な結果が得られることが多い。PCRによるインサートの調製では，突然変異が誘発される可能性がある。このリスクを軽減するには，校正機能をもつDNAポリメラーゼを用いる，目的DNA濃度を高める，プライマーの濃度を高める，PCRのサイクル数を減らすなどの方法をとると良い。得られたPCR産物はアガロースゲル電気泳動後，ゲルから切り出し，市販の固相抽出スピンカラム（NucleoSpin® Gel and PCR Clean-up（タカラバイオ株式会社）他）を用いて精製し，A_{260}とA_{280}を微量測定用吸光度計（NanoDrop One（サーモフィッシャーサイエンティフィック社），BioSpec-nano（島津製作所）など）で測定し，純度と濃度を確認する。

②目的タンパク質をコードする遺伝子の配列が明らかではない場合

　目的タンパク質を生産する生物のゲノムが未解読の場合，目的タンパク質のN末端側の配列や部分的な一次構造の情報を調べ，それをもとにBLAST（Basic Local Alignment Search Too）検索（相同性検索）を行い[7]，目的タンパク質と複数のタンパク質の一次構造を相同的な領域を重ねて並べ（アラインメント），これらの保存領域に基づいてPCRプライマーを設計しPCRを行う。PCR産物は上記①と同様の方法で精製し，純度と濃度を確認後，DNAシーケンサーで塩基配列を決定しこれに基づいて決定したタンパク質の一次構造を目的タンパク質のN末端配列や部分的な一次構造と比較し，目的遺伝子が得られたかどうかを確認する。この操作を，目的タンパク質をコードする遺伝子が得られるまで，PCRプライマーを試行錯誤により変更しながら繰り返し行う。得られた遺伝子が目的タンパク質をコードする遺伝子の全長ではない場合，Takara LAPCR™ *in vitro* Cloningキット（タカラバイオ株式会社）などを用いたゲノムウォーキングPCRで目的遺伝子の全長を取得する（**図8.13**）。また取得した全長の遺伝子配列から，逆にタンパク質の一次構造を決定することもできる。

B. 化学合成による対象遺伝子の調製

　ポストゲノム時代の現在は，膨大な遺伝情報をデータベースから容易に得ることができるため，生物そのものの入手が困難であっても，生物のもつ遺伝子がコードするタンパク質を発現し機能を解析することもよ

[6] http://frodo.wi.mit.edu/primer3/

[7] https://blast.ncbi.nlm.nih.gov/Blast.cgi

Column

ゲノムウォーキングPCR

目的タンパク質をコードする遺伝子の一部の配列情報のみを取得した場合，全長の配列を取得する方法の1つにゲノムウォーキングPCRがある（図8.13）。まず対象遺伝子を含むゲノムDNAを制限酵素で消化し，同じ制限酵素サイトをもつキット付属のカセットとライゲーションする。そしてカセットにアニーリングするプライマー（C1）と既知配列に基づいて設計したプライマー（S1）を用いてPCRを行い，得られたPCR産物の未知領域の遺伝子配列を決定する。もし対象遺伝子のサイズが大きく全遺伝子配列が読めないとき，プライマー（C1）と（S1）より内側にアニーリングするプライマー（C2）と（S2）を用いてPCRを行い，得られたPCR産物の未知領域の遺伝子配列を決定する。

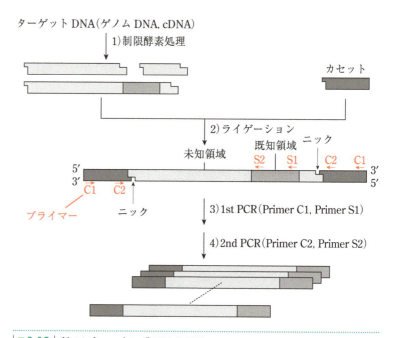

図8.13　ゲノムウォーキングPCRの原理
カセットの5′末端にはリン酸基が付加していないのでターゲットDNAの3′末端とカセットの5′末端との間に「ニック」（切れ目）が生じる。その結果，1st PCRではPrimer C1からの合成はこの部分で止まり，非特異的な増幅は起こらない。

く行われる。このような遺伝情報に基づく遺伝子の調製には，①化学合成法，②ギブソン・アセンブリー法が主に用いられる。

①化学合成法

アミノ酸配列がすでに決定されており，分子量があまり大きくないタンパク質では，アミノ酸配列から遺伝子の塩基配列を設計し，自動DNA合成機を用いていくつかの断片に分割した遺伝子を結合して化学合成で全長がつくられることがある。自動DNA合成機によるDNAの化

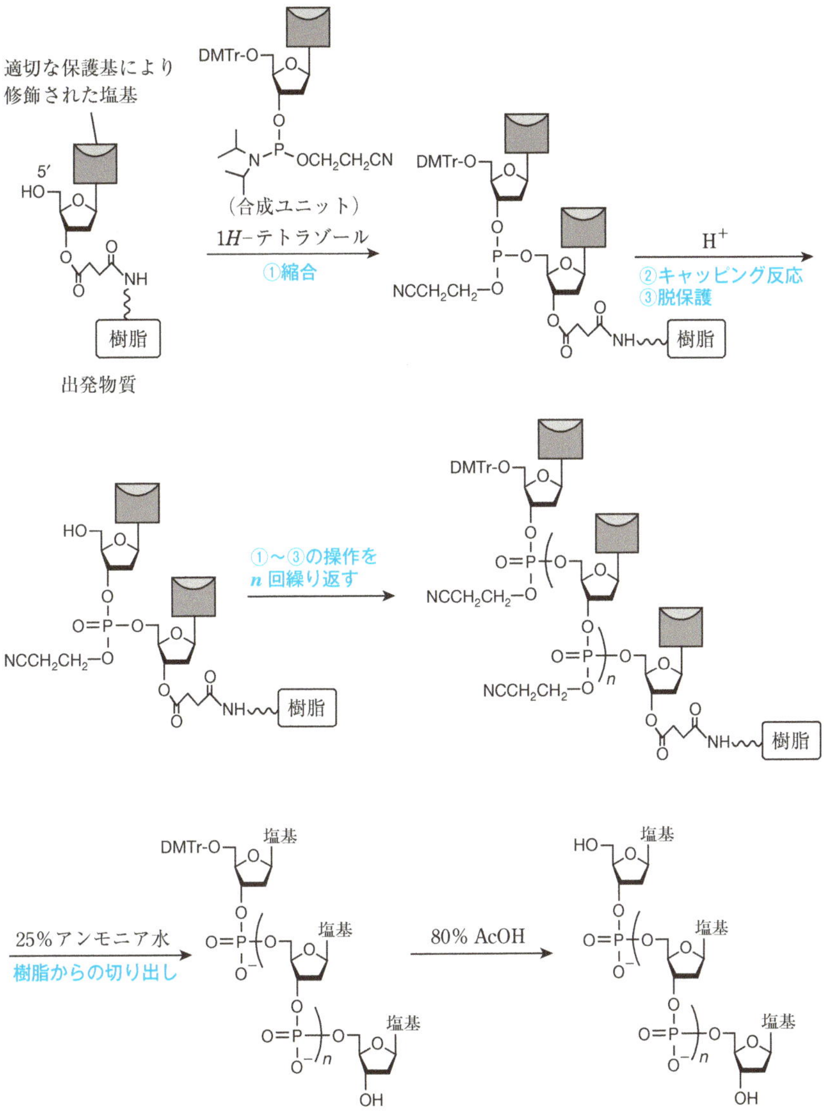

8.3 | 遺伝子クローニング | 125

図8.14 | ホスホロアミダイト法によるDNAの合成

学合成には，主にホスホロアミダイト法が用いられている。ホスホロア
ミダイト法では次の4つのステップにより担体上で3′末端から5′末端方
向にDNAの合成が行われる（図8.14）。

ステップ1：5′-トリチル基の除去
　3′末端側のヌクレオチドを結合した固相担体の5′位の保護基である
ジメトキシトリチル（DMTr）基を脱保護剤によって除去する。

ステップ2：塩基の結合
　リボースの3′位のヒドロキシ基がリン酸シアノエチルアミダイト誘
導体である2番目のヌクレオチドを，脱トリチル化された1番目のヌク

レオチドの5′位のヒドロキシ基に塩基触媒を用いて結合させる。

ステップ3：キャッピング

　未反応の5′位のヒドロキシ基をアセチル化し，次のサイクルに関与しないようにする。

ステップ4：酸化

　2つのヌクレオチド間の結合を，ヨードを用いて酸化して3価の亜リン酸エステルから5価のリン酸エステルに変換させる。

　1塩基ごとにステップ1からステップ4を繰り返すことでDNAを合成することができる。化学合成されたDNAの精製方法には，合成終了後，(1)5′末端のジメトキシトリチル基を除去後，固相担体から切り出し塩基部分の脱保護を行う脱塩精製や，(2)5′末端のジメトキシトリチル基は保持したまま固相担体から切り出し塩基部分の脱保護を行う逆相カラム精製がある。近年安価に長鎖DNAの受託合成が可能になってきていることから，化学合成による遺伝子の合成は対象遺伝子を含む生物材料やゲノムの入手が困難な場合だけでなく，対象遺伝子と宿主細胞のコドン使用頻度が合わない場合に汎用されるようになってきている。

②ギブソン・アセンブリー法

　古典的なDNAリガーゼと制限酵素を用いる方法に代わって，複数のDNA断片を1つにつなげる方法として，近年ギブソン・アセンブリー法が用いられる。ギブソン・アセンブリー法は，2009年，J. Craig Venter Instituteのギブソン（Daniel G. Gibson）らによって開発された方法であり，DNA断片のサイズや末端形状にかかわらず，複数のDNA断片をつなぎ合せることができ，古典的な方法に比べて操作回数が少なく短時間で完結し，しかも制限酵素切断部位由来の余計な配列が付加しないという特長をもつ。隣り合うDNA断片の末端部分に約15塩基の共通配列を用意し，50℃で3種類の酵素（T5エキソヌクレアーゼ，耐熱性DNAポリメラーゼ，*Taq*リガーゼ）を同時に15〜60分間作用させることで，一段階で複数のDNA断片を末端の配列どうしでつなぎ合わせることができる（**図8.15**）。ギブソン・アセンブリー法を用いれば，複数のDNA断片の一括クローニングや長鎖DNA（数百kbp）の合成，ディレクショナルクローニング（定方向クローニング）も容易にできる。

8.3.2◇発現ベクターの選択と構築

　8.1.1項で調製した遺伝子を宿主中で発現させるには，8.1.2項で述べたベクターに挿入する必要がある。ここではタンパク質工学で汎用されている大腸菌タンパク質発現系[*8]について，国内外で広く使用されて

＊8　外来遺伝子にコードされているタンパク質を宿主内で生産させるシステム。

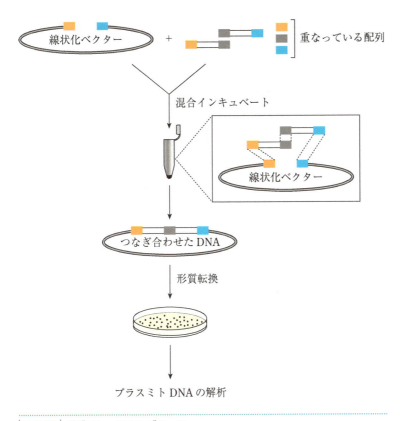

| 図8.15 | ギブソン・アセンブリー法

いるpET発現ベクター(メルク社)での例を中心に解説する。pET発現ベクターは、T7ファージプロモーターを利用した高効率発現ベクターである。pET発現ベクターのT7ファージプロモーターの下流にクローニングされた目的遺伝子を大腸菌内で転写させるには、大腸菌には本来存在しないT7RNAポリメラーゼが必要であるため、λファージを用いてT7 RNAポリメラーゼ遺伝子を溶原化した大腸菌DE3株を宿主として用いる必要がある(図8.16)。

A. pETベクターの種類と選択

pETベクターの種類(pET-に続く番号)は、(1)T7プロモーターのタイプ、(2)薬剤耐性遺伝子の種類、(3)標識タグ配列の種類、(4)プロテアーゼ切断配列の種類の組み合わせによって決められている(表8.1)。以下でそれぞれについて述べる。

(1) T7プロモーターのタイプ

pETベクターには、野生型のT7プロモーターをもつものと*lacO*を融合した*T7 lac*をもつものがある。*T7 lac*では、T7ファージプロモーターの下流に*lac*オペレーターを配している。さらに同一ベクター上にLacIリプレッサーをコードする遺伝子(*lacI*)を連結し、LacIリプレッサーを

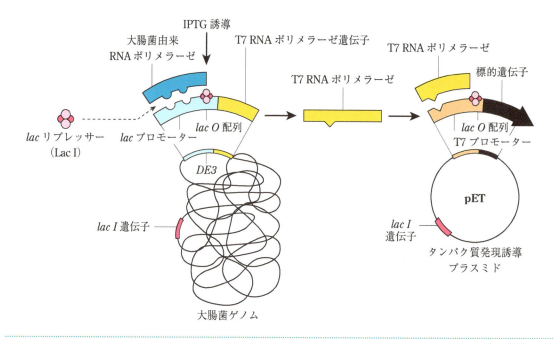

図8.16 汎用大腸菌タンパク質発現系であるpET発現システム

表8.1 pETベクターのクローニングと発現に用いられる宿主とその遺伝子型

宿主	アンピシリン耐性遺伝子	T7プロモーター	T7 lac プロモーター	Hisタグ	トロンビン切断部位
pET11	○	−	○	−	−
pET14	○	○	−	N末端	○
pET17	○	○	−	−	−
pET19	○	−	○	N末端	−
pET21	○	−	○	C末端	−

過剰生産させることによってT7ファージRNAポリメラーゼによる目的遺伝子の転写を抑制するように設計されている。目的遺伝子の発現はIPTGの添加によって誘導することができる。

(2) 薬剤耐性遺伝子の種類

pETベクターには，アンピシリン(amp^r)，カナマイシン(kan^r)，クロラムフェニコール(chl^r)の3種類の薬剤耐性遺伝子がある。

(3) 標識タグ配列の種類

pETベクターでは，13種類の標識タグが利用可能である（表8.1）。特にHisタグ（第9章参照）を用いれば，宿主由来のタンパク質から発現タンパク質を容易にNi-キレートカラムクロマトグラフィーで精製できるため，タンパク質の迅速な機能解析に汎用されている。pETベクターで

8.3 | 遺伝子クローニング | **129**

> **Column**
>
> ## インバースPCR
>
> プラスミドなど環状二本鎖DNAの既知領域に基づき外向けにプライマーを設計しPCRを行うことを，通常のPCRのプライマーと向きが逆（英語でinverse）になることからインバースPCRという。プラスミドに挿入されているタンパク質をコードする遺伝子のうち，欠失させたい部分を除いてプライマーを設計しインバースPCRを行い，PCR産物の5′末端をT4 Polynucleotide kinase
>
> などの酵素を用いてリン酸化後，リガーゼでライゲーションし大腸菌に形質転換すれば，欠失変異型タンパク質の発現系を構築することができる。この際，インサートの3′末端とベクターの5′末端の間にはニックが入るが，これは形質転換後大腸菌内で修復されホスホジエステル結合が形成される。

は，pET14などN末端側にHisタグを付加するもの，pET21などC末端側にHisタグを付加するもの，pET12など標識タグを付加しないものを，目的にあわせて選択できる。

⑷ プロテアーゼ切断配列の種類

pETベクターでは，発現タンパク質に付加した標識タグのいくつかは，Enterokinase, HRV3C, Thrombin, Factor Xaなどのプロテアーゼで切断できる。

B. 発現ベクターの構築

目的遺伝子を発現ベクターに組み込むには，まず使用するベクターのマルチクローニングサイトを，目的遺伝子の5′および3′末端に付加した制限酵素切断部位と同じ制限酵素で切断する必要がある。制限酵素はさまざまなメーカーから販売されており，各メーカーが推奨するバッファーとインキュベーション条件を用いて反応させる。制限酵素の切断効率は制限酵素ごとに異なり，特に2つの切断部位が近接している場合はこの傾向が強く現れる。また，制限酵素にはそれぞれのバッファーへの適合性がある[*9]。一部の制限酵素には，塩基配列特異性があまり高くなくスター活性[*10]を示す場合があるので，注意が必要である。また，ベクターの制限酵素切断部位のセルフライゲーションに起因する非組換え体によるバックグラウンドを低減するために，制限酵素による消化後にはアルカリホスファターゼ（エビまたは仔牛由来，分子生物学グレード）で脱リン酸化する。脱リン酸化後，アガロースゲル電気泳動で精製することにより，ニック（切れ目）の入ったプラスミドやスーパーコイル状（環状のプラスミドがねじれた状態）のプラスミドが除去される。

インサートは，8.1.1項で述べた方法によって調製したDNA断片を制限酵素で消化した後，アガロースゲル電気泳動で精製することにより容

*9 同一バッファーに適合する2種類の制限酵素は，各々の切断部位が10 bp以上離れていれば，同時に使用することができる。しかし，各々の切断部位が10 bp未満しか離れていない場合，バッファーの適合性が異なる場合，一方の制限酵素の切断活性が他方に比べて著しく低い場合には，別々に制限酵素処理を行う必要がある。この場合，まずもっとも切断効率の低い制限酵素で反応させ，反応液の一部をアガロース電気泳動で分析し消化を確認した後，2番目の酵素を添加し反応させる。

*10 制限酵素が本来の認識配列以外のDNAの塩基配列を切断する活性。

易に調製できる。

　脱リン酸化されたプラスミドにインサートをライゲーションする場合，インサートの5′末端はリン酸化されている必要がある。インサートが制限酵素で切り出された二本鎖DNAの場合，5′末端にはリン酸基が付加しているのでそのまま脱リン酸化されたプラスミドにライゲーションできるが，インサートが化学合成されたDNAや5′末端がリン酸化されていないプライマーで増幅されたPCR産物の場合，5′末端がリン酸化されていないためホスホジエステル結合を形成することができず，そのまま脱リン酸化されたプラスミドにライゲーションすることはできない。この場合，5′末端がリン酸化されたPCRプライマーを用いてPCRを行うか，5′末端がリン酸化されていないPCR産物の5′末端をT4 Polynucleotide kinaseなどの酵素を用いてリン酸化する必要があるので，この点注意が必要である。

8.3.3◇宿主の選択

　ライゲーション反応液中に構築された発現ベクターにより形質転換をする宿主の選択は，(1)クローニングと発現を分離する場合，(2)クローニングと発現を同時に行う場合で異なる。

A. クローニングと発現を分離する場合

　NovaBlueなど，大腸菌内でDNAの相同組換えに関与するrecA遺伝子を欠損させた大腸菌かT7 RNAポリメラーゼ遺伝子を欠損させたrecA⁻の大腸菌を宿主として用いる必要がある。これらの宿主を用いると，構築されたプラスミドDNAの塩基配列の決定に適したモノマープラスミドが高収率で得られる。塩基配列の確認後，構築されたプラスミドで形質転換したクローン株を培養し，プラスミド抽出を行い，次のB.に示す方法で発現用宿主を形質転換する。

B. サブクローニングを行わずにクローニングと発現を同時に行う場合

(1) 標準的な発現

　BL21(大腸菌DE3株)が用いられる。

(2) 発現タンパク質が不溶化する場合(1)

　Origami 2，Rosetta-gami 2，Rosetta-gami Bは，trxBおよびgor522変異により，ジスルフィド結合の形成能が高く，分子内にジスルフィド結合がありジスルフィド結合形成効率が低い発現タンパク質に対してフォールディング効率の改善が期待できる。

(3) 発現タンパク質が不溶化する場合(2)

　TurnerやRosetta-gamiBは，ラクトース透過酵素lacYに変異が入って

いるため，IPTG依存的にタンパク質の発現量が変化する。したがって，タンパク質の分子量が大きすぎるためにフォールディング効率が落ちている場合に有効である。

(4) 細胞毒性が高い場合

pLysSをもつ株は，T7RNAポリメラーゼ阻害剤であるT7リゾチームを常に微量生産するため，T7プロモーター依存的な基底発現（バックグラウンド）が低く抑制される。

(5) 完全長のタンパク質が得られない場合

Rosetta（DE3），Rosetta 2（DE3），Rosetta-gami 2（DE3），Rosetta-gami B（DE3），RosettaBlue（DE3）は，大腸菌ではほとんど使用されないレアコドンに対するtRNAの発現量を高く保つことができ，レアコドンを含むインサートの発現に有効である。

(6) 発現用プラスミドが不安定な場合

*recA*を欠損しているBLR（DE3），HMS174（DE3），NovaBlue（DE3）は，インサートが反復配列をもつためにプラスミドが不安定化し，タンパク質発現量が不安定な場合の発現に有効である。

(7) ^{35}S-Met により標識タンパク質を発現する場合

B834（DE3），B834（DE3）pLysSは，メチオニン要求株であり，^{35}S-Metが確実にタンパク質に取り込まれる。

8.3.4◇遺伝子導入法

プラスミドで大腸菌を形質転換する方法には，(1)化学的方法と(2)エレクトロポレーション法がある。

A. 化学的方法

Ca^{2+}を含む溶液中で大腸菌をインキュベートすると，Ca^{2+}によって大腸菌細胞膜に細孔が生じ，またDNAの負電荷が中和され，その結果DNAが大腸菌細胞膜に結合しやすくなる。このような処理をされた大腸菌細胞は，**コンピテントセル**（Competent cells）とよばれる。そして，42℃でのヒートショックによりDNAの膜透過を促進させることができる。化学的方法により，1970年代から現在まで，さまざまなプラスミドで異なる大腸菌株を形質転換し，その効率を最適化することが試みられてきた。主な改良点は，形質転換に用いる緩衝液や2価金属イオンの種類，還元剤や有機溶媒による菌体の処理，大腸菌の集菌の時期，大腸菌の培養温度，ヒートショックの温度などである。その結果，化学的手法による形質転換効率は最大10^9形質転換体/μg-環状プラスミドまで

高まっている。化学的手法において形質転換効率に影響を与える主な因子は，①形質転換に用いる緩衝液の試薬の純度，②大腸菌細胞の生育の状態，③使用するガラス器具やプラスチック器具の清浄度である。

(1) 形質転換に用いる緩衝液の試薬の純度

大腸菌の培養に用いる培地や試薬(DMSO，ジチオスレイトール(DTT)，グリセロール，α-スルホ脂肪酸メチルエステル塩(MES))は，保存中に劣化するため，可能であればコンピテントセルの調製の度に調製することが望ましい。また，特に水とDMSOは最高純度のものを使用する必要がある。

(2) 大腸菌細胞の生育の状態

理由は解明されていないが，最大の形質転換効率は，グリセロールストックから保存菌を直接植菌した培養液から調製したコンピテントセルを用いた場合に達成される。決して，継代植継いだ菌や，4℃や室温で保存していた菌を用いてはならない(8.3.6項参照)。

(3) 使用するガラス器具やプラスチック器具の清浄度

微量の界面活性剤や化学薬品が形質転換効率を大きく減少させるので，ガラス器具は，コンピテントセル調製専用のものを用意する。使用前には洗浄し，超純水(Milli-Q他)を容器に満たしてオートクレーブする。使用するまでその状態のまま保管し，使用直前に水を捨てる。多くの滅菌用チューブやフィルターには，界面活性剤が付着しており，これが形質転換効率を著しく下げることがある。したがって，可能であれば，使い捨てのチューブやフラスコを，コンピテントセル用の試薬の調製や培養に用いた方がよい[11]。

B. エレクトロポレーション法

エレクトロポレーション法(電気穿孔法)は，電極を挿入した専用の器具(キュベット)に，形質転換するDNAと宿主大腸菌懸濁液を入れ，電流を流すことより大腸菌細胞膜に瞬間的なくぼみをつくり，その後一時的に形成される疎水性細孔のうち，大きな疎水性細孔のいくつかが，親水性細孔に変換されることを利用してDNAを導入する方法である。DNAがこれらの親水性細孔を通過する理由については，2つの仮説がある。第一の仮説は，DNAは細胞膜の構成要素とあまり相互作用することなく大きな安定な細孔を通過するというものである。第二の仮説は，DNAは細胞膜の脂質と複合体を形成することで取り込まれるというものである。この仮説では，電流によりDNAが通過できるほどの大きな細胞膜の細孔は形成されないと考えられている。代わりに電流は細胞膜の構造変化をもたらし，その結果，DNAの転座(translocation)をもたら

*11　Hanahan法では，タンパク質工学の宿主として汎用される大腸菌K-12株由来のDH1，DH5，MM294，JM108.109，DH5α，DH10B，TOP10，Mach1を用いると高い形質転換効率のコンピテントセルを調製することができる。また本法は，形質転換効率はやや劣るが，大腸菌B株由来のBL3にも適用可能である。しかし，他の大腸菌株では，うまく機能しない場合がある。

すと考えられている。両仮説のいずれにおいても電流が切れると細孔は
ただちに閉じ，DNAは細胞内にとどまると考えられている。

　エレクトロポレーション法による形質転換は，ジュール熱による大腸
菌細胞の損傷を最小限に抑えるため，一般に0℃で行われる。エレクト
ロポレーション法において形質転換効率に影響を与える主な因子は培地
由来の塩類であり，形質転換する大腸菌細胞を十分に洗浄することが重
要である。エレクトロポレーション法は元々真核細胞へのDNAの導入
法として開発され，その後大腸菌へのプラスミド導入に適用されるよう
になった。エレクトロポレーション法による形質転換効率は，電場の強
さ，電気パルスの長さ，DNA濃度，使用する緩衝液の組成などを最適
化することにより，1 µgのDNAあたり10^{10}形質転換体を超える。また
サイズが2.6〜85 kbのプラスミドを，1 µgのDNAあたり$6×10^{10}$から
$1×10^7$形質転換体の効率で形質転換することができる。これは，化学的
方法より約10〜20倍効率が高い。エレクトロポレーション法は，タン
パク質工学で用いられる大腸菌一般に対して適用可能である。

　エレクトロポレーション法は，化学的方法に比べて迅速であるが，化
学的方法では，特別な装置や器具（キュベット）を必要とせずランニング
コストが低い。高い形質転換効率を必要とする実験，例えばライブラリー
の構築などでは，エレクトロポレーション法を使用することが望ましい
が，サブクローニング（クローニングの過程で行う予備的なクローニン
グ操作）などのルーチンワークでは，化学的方法で十分であり，目的に
応じて両者を選択することが重要である。大腸菌の形質転換効率は，大
腸菌の遺伝子型に大きく依存することが近年の研究によって明らかとな
り，形質転換効率を高めるさまざまな変異を導入した大腸菌が開発・販
売されている。

8.3.5◇形質転換体の選択法

　前項の方法で調製された形質転換体の選択は，一般に8.1.2項で述べ
た選択マーカーによって行われる。しかし，目的プラスミドが正しく挿
入されていない菌のコロニーが出現することがある。一般に，目的プラ
スミドが得られたかどうかを確認するには，プレート上に出現したコロ
ニーを採取し，液体培養した後，得られた菌体からプラスミドを抽出し，
制限酵素で切断して生じたDNA断片の大きさが目的プラスミドの理論
値に一致するかどうかをアガロースゲル電気泳動によって確認するが，
作業が煩雑な上，何らかの理由で形質転換の効率やその前のインサート
の挿入効率が悪く目的のプラスミドが得られにくい場合もある。このよ
うな場合，コロニーPCRが用いられる。PCRについては，8.2.1項で述
べたとおりであるが，コロニーPCRでは，形質転換されて生じた1コ
ロニーを鋳型として用いる。平滑末端クローニングやTAクローニン
グ[12]では，挿入されたDNA断片は二分の一の確率で両方向に挿入され

＊12　DNAポリメラーゼのTdT活性
によってPCR産物の3′末端に付加し
たAと，3′末端にデオキシリボチミジ
ン（dT）を付加したT–ベクターを用い
て行うクローニング。

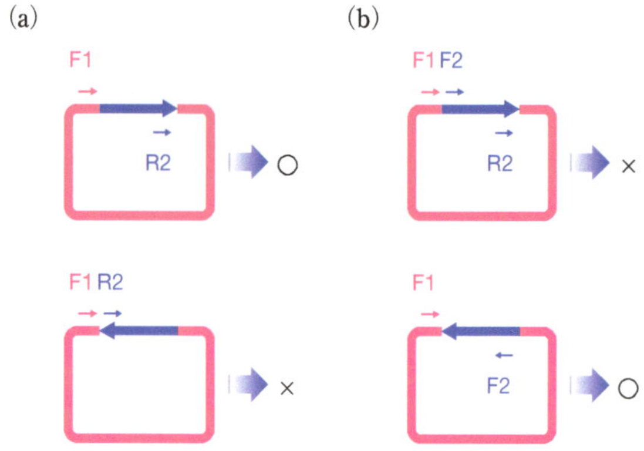

図8.17 コロニー PCR によるインサートの挿入方向の確認方法

ていると考えられるが，**図8.17**に示すように，ベクターとインサート
上にそれぞれ設計したプライマーを用いてPCRをすることにより，簡
便にインサートの挿入を確認することができる。目的プラスミドを保持
していると考えられる形質転換体を選択した後，それぞれ少量培養し，
プラスミドを精製して塩基配列の解析を行う。プラスミドの抽出には，
染色体DNAを選択的にアルカリ条件下で変性させるアルカリ抽出法[13]
や市販のプラスミド抽出キットが用いられる。

*13 分子量の大きい染色体DNA
は，選択的にアルカリ条件下で変性し，
分子量が小さくしかも超らせん構造を
とる閉環状のプラスミド（cccDNA
（covalently closed circular DNA）また
はsc（super coil））は変性しにくい性質
を利用した方法。

8.3.6◇形質転換体の保存方法

得られた目的プラスミドを保持している形質転換体の保存には，保存
期間に応じて主に，(1)短期保存方法と(2)長期保存方法が用いられる。

A. 短期保存方法

得られた形質転換体を引き続き実験に用いる場合など，形質転換体短
期間(2, 3週間)の保存は，寒天平板培地上に保存する形質転換体のコ
ロニーを出現させた後,寒天平板の蓋をしっかりパラフィルムで密封し,
転倒した状態で4℃の冷蔵庫内で行うことができる。

B. 長期保存方法

得られた形質転換体をすぐに使用しない場合や遺伝子資源として保存
したい場合など，形質転換体の長期間(2,3年間)の保存は，寒天平板培
地上に形質転換体のコロニーを出現させた後，そのうちよく分離した1
コロニーを液体培養し，その培養液に終濃度が8～15(v/v)％になるよ
うに滅菌グリセロールを添加し，クライオチューブに入れ−80℃のフ
リーザー内で行うことができる。

8.4 ◆ 遺伝子への変異導入法

　タンパク質工学の大きな目的の1つは，第1章でも述べたように，自然界に存在するタンパク質の機能改変である。タンパク質の機能を改変するには，タンパク質を構成するアミノ酸残基を改変する必要がある。これには，(1)部位特異的変異導入法と(2)ランダム変異導入法がある。

8.4.1 ◇ 部位特異的変異導入法

　部位特異的変異導入法では，目的タンパク質の一次構造上の任意のアミノ酸残基を，置換，挿入，欠失させることができる。部位特異的変異導入法にはさまざまな方法があるが，ここでは，タンパク質工学で汎用されている(1) Overlapped extension法，(2) QuikChange法について解説する。

A. Overlapped extension法

　図8.18に示すようにOverlapped extension法では，まず変異導入部位に重なる(overlapped)ように鋳型二本鎖DNAに対して2本のPCRプライマー(変異導入用プライマー)を設計し，各変異導入用プライマーと対

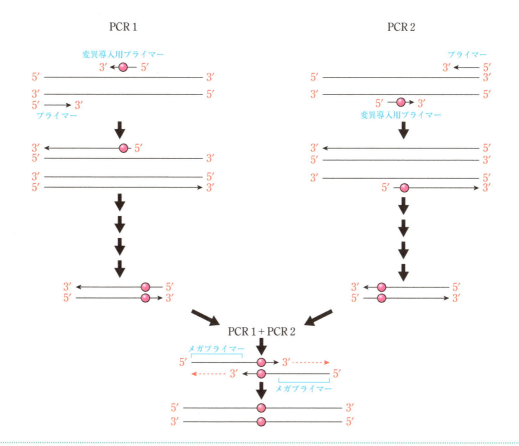

| 図8.18 | **Overlapped extension法による部位特異的変異導入**

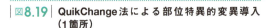
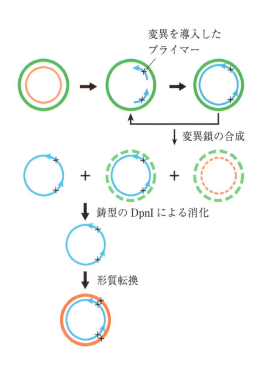

| 図8.19 | QuikChange法による部位特異的変異導入（1箇所） |

プライマーには置換，挿入，欠損などの変異（×印で表す）が組み込まれている。このプライマーを用いてキット付属の酵素による伸長反応を行うことで変異鎖を合成する。その後，メチル化あるいはヘミメチル化された二本鎖DNAをDpn Iにより消化し，宿主に形質転換することによりニックを修復する。

| 図8.20 | QuikChange法による部位特異的変異導入（複数箇所） |

プライマーには目的の変異が組み込まれている。このプライマーを，二本鎖鋳型DNAを用いて伸長させ，キット付属の酵素によりニックを修復することで変異鎖を合成する。その後，メチル化あるいはヘミメチル化された二本鎖DNAをDpn Iにより消化することで得られた変異を含む一本鎖環状プラスミドをキット付属の宿主に形質転換することで相補鎖を合成し，二本鎖DNAを得る。

応する鋳型DNAの3'末端側の十数塩基と相補的なPCRプライマーでそれぞれPCRを行う。それぞれのPCR産物をアガロースゲル電気泳動で精製後混合し，再びPCRを行う。この際PCRプライマーは添加しない。PCRプライマーの役割をするのは，2つのPCR産物が形成する二本鎖DNAのうち，相補鎖のないDNA鎖部分であり，これをメガプライマーとよぶ。得られたPCR産物では，最初に変異導入用プライマーに導入した塩基のみが変異し，その他の塩基は鋳型DNAから変化しない。得られたPCR産物をアガロースゲル電気泳動で精製し，発現ベクターに挿入すれば，目的の変異が導入されたタンパク質を発現することができる。Overlapped extension法は，一般に1箇所の置換変異を目的DNA鎖に導入する場合に有効な手法であり，PCR後の各段階で変異が導入されたDNAの精製を行うため，初心者でも確実な変異導入が可能である。

B. QuikChange法

QuikChange法では，図8.19に示すようにまず変異を導入したプライマーを設計し目的遺伝子が導入されたプラスミドDNA（発現ベクター）を鋳型としてPCRを行う。得られたPCR産物には，鋳型プラスミド

DNAと変異が導入されたプラスミドDNAが混在しているが，鋳型プラスミドDNAは，宿主細胞内で増幅されており，この際にメチル化されているが，変異が導入されたプラスミドDNAは，合成プライマーとPCRで増幅されたDNAで構成されており，メチル化されていない。この構造の違いを利用して，得られたPCR産物を制限酵素DpnIで処理すると，鋳型DNAは消化され，変異が導入されたプラスミドだけが残る（8.1.1項参照）。DpnIで処理した後の反応物を発現用宿主に形質転換すれば，変異タンパク質を発現することができる。QuikChange法は，Overlapped extension法と異なり，置換だけでなく，挿入や欠失などの変異も導入することができる。また，複数の部位特異的な変異導入（最大5箇所程度まで）を同時に行うことができる（図**8.20**）。しかし，変異導入の評価が最終産物で行われるため，DpnI処理やPCRなど途中の実験操作が不十分なまま，DNAシーケンスをしたために変異が導入されていない鋳型プラスミドDNAが誤って取得されることも多い。

8.4.2◇ランダム変異導入法

　ランダム変異導入法では，目的タンパク質の一次構造上の特定のアミノ酸残基ではなく，あらゆるアミノ酸残基をランダムに置換することができる。8.1.3項で述べたように，family AのDNAポリメラーゼには校正機能はなく正確性は高くない。ランダム変異導入法ではこのDNAポリメラーゼの性質を利用し，遺伝子増幅のためのPCRをエラーが起きやすい実験条件で行い，ランダムに目的遺伝子中に変異を導入する。このように，PCRを用いてランダムに変異を導入する方法を，**エラープローンPCR**（error-prone PCR）法とよぶ。エラープローンPCR法では，一般にfamily AのDNAポリメラーゼである*Taq*ポリメラーゼが用いられ，PCR時のMg^{2+}の濃度を下げる，Mg^{2+}の代わりにMn^{2+}を添加する，4種類のdNTP濃度を不均衡にするなどして，PCR時のDNAポリメラーゼのエラーの頻度を増加させる（8.1.3項参照）。このような条件下でPCRを行うと，PCR産物の収量が低下したり突然変異に偏りが生じる場合がある。*Taq*ポリメラーゼによるエラープローンPCR条件下では，G/CよりもA/Tに突然変異が生じる割合が約4倍高くなる。このような突然変異の偏りにより，得られたライブラリーが縮小することを回避するため，突然変異の偏りを最小限に抑えながらも有用な突然変異導入率が得られるようなDNAポリメラーゼがさまざまなメーカーで開発・販売されている。

第9章

遺伝子発現と
タンパク質精製

　ある目的遺伝子を宿主内で発現させてタンパク質を生産させるために
は，遺伝子の転写と翻訳の最適化が重要である。さらに，目的タンパク
質の安定性やその後の精製過程も考慮する必要がある。また，翻訳後修
飾が必要なタンパク質の場合，宿主内で不活性型のタンパク質として生
産される場合もある。したがって，タンパク質の性質や使用目的に応じ
てさまざまな考慮が必要である。本章では外来タンパク質を効率良く取
得するための各種方法について解説する。

9.1 ◆ 原核細胞におけるタンパク質の発現

　大腸菌をはじめとする原核細胞を用いた外来タンパク質の発現系は，
長い歴史をもち操作が簡便であることから，一般に広く利用されている。
特に，大腸菌を宿主とした発現系では，細胞内のコピー数やプロモーター
の強さなどさまざまな改変が加えられた発現用ベクターが入手でき，宿
主株も多くの種類がそろっている。また，タンパク質の細胞外への分泌
生産に適した発現系として，枯草菌や放線菌を用いた方法も開発されて
いる。ここでは，大腸菌を用いた発現系を基本として説明する。

9.1.1 ◇ 転写効率の向上

　目的の外来遺伝子を高発現させるための戦略として，転写効率の向上
があげられる。転写は，遺伝子のオープンリーディングフレーム
（ORF）[*1]上流に存在するプロモーターに，RNAポリメラーゼが結合す
ることによって開始する。プロモーターはその塩基配列の違いによりさ
まざまな強さの転写活性をもつものが存在するが，数多くのプロモー
ターの塩基配列比較から，保存されている典型的な配列（コンセンサス
配列）が見出されている。そのうち，転写開始点から35塩基上流（−35
領域）と10塩基上流（−10領域）の2つの領域は特に高度に保存されてい
る（**図9.1**）。各々のコンセンサス配列（−35領域：5′−TTGACA−3′，−10
領域：5′−TATAAT−3′）との相同性が，プロモーターの転写活性の強弱
に関係している。

　一方，プロモーターの下流のオペレーター領域に転写制御因子（リプ
レッサー）が結合することにより，プロモーターからの転写が抑制され

*1　タンパク質をコードする開始コ
ドンから終止コドンまでの間の読み
枠。

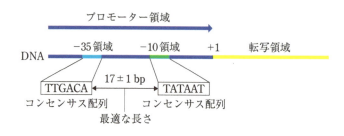

| 図9.1 | 典型的なプロモーターの構造 |

表9.1 | リプレッサータンパク質が結合するオペレーター領域の塩基配列

リプレッサータンパク質	制御を受ける遺伝子	塩基配列
LacI	*lac* オペロン	5′-AATTGTGAGCGGATAACAATT-3′
TrpR	*trp* オペロン	5′-ATCGAACTAGTTAACTAGTACGCA-3′
	trpR	5′-ATCGTACTCTTTAGCGAGTACAAC-3′
λcI, Cro	λpL, λpR	5′-TATCACCGCGGTGATA-3′
LexA	*recA* 遺伝子	5′-TACTGTATGAGCATACAGTA-3′
	lexA 遺伝子	5′-TGCTGTATATACTCACAGCA-3′
TetR (Tn 10)	*tetA* 遺伝子	5′-ACTCTATCATTGATAGAGT-3′
	tetR 遺伝子	5′-TCCCTATCAGTGATAGAGA-3′
GalR	*gal* オペロン	5′-AATTCTTGTGTAAACGATTCCACTAATT-3′

ることがある。この場合，リプレッサーの特異的リガンド（誘導剤）の添加などによってリプレッサータンパク質が不活性化されると，プロモーターからの転写が誘導される。典型的なオペレーターは，逆向き反復配列を含む20塩基程度の長さである（**表9.1**）。

外来タンパク質の生産を目的とする場合，目的タンパク質の遺伝子を強力かつ調節可能なプロモーターの制御下におくことによって，その発現を増強することが可能である。一般に広く利用されている大腸菌を宿主とした発現系における，このようなプロモーターの例を**表9.2**に示す。

T7ファージに由来するT7プロモーターを利用した高効率発現系の場合，大腸菌が元来もつRNAポリメラーゼはT7プロモーターに結合することができない。そこで，同じくT7ファージに由来するT7 RNAポリメラーゼ遺伝子が組み込まれたバクテリオファージλDE3を染色体上に溶原化させた特殊な大腸菌宿主を使う必要がある（図8.16参照）。大腸菌染色体上のT7 RNAポリメラーゼ遺伝子は，*lac*プロモーター/*lac*オペレーターの制御下に置き，誘導剤であるIPTGによる発現誘導が可能である。プラスミド上の目的タンパク質遺伝子とT7プロモーターの間に

9.1 | 原核細胞におけるタンパク質の発現 | 141

表9.2 | 大腸菌発現系におけるプロモーターの例

プロモーター	由　来	発現調節	
		on	off
lac	大腸菌 *lac* オペロン	—	培地にIPTGを添加
trp	大腸菌 *trp* オペロン	—	培地にインドールアクリル酸を添加
λpL, λpR	λファージの左向きおよび右向き初期プロモーター	30℃以下で培養	cl_{857}宿主を用いて37℃以上で培養
phoA	大腸菌アルカリホスファターゼオペロン	リン酸含有培地で培養	培地からリン酸を除去
recA	大腸菌 *recA* 遺伝子	—	培地にマイトマイシンCを添加
tet	トランスポゾンTn10テトラサイクリン耐性遺伝子	—	培地にテトラサイクリンを添加

も *lac* オペレーターが置かれている。同一プラスミド上には，*lac* オペレーターに結合するLacIリプレッサーの遺伝子（*lacI*ᐟ）も挿入されており，宿主大腸菌の染色体上の *lacI* に加えてLacIリプレッサーを過剰生産することにより，T7 RNAポリメラーゼ遺伝子の発現を抑制するとともに，目的遺伝子の発現を強く抑制することができる。これは，宿主大腸菌に有害なタンパク質を生産させる場合などにおいて，宿主の生育を阻害することなく培養できるので都合がよい。ITPGを添加すると，IPTGのLacIリプレッサーへの結合により，LacIリプレッサーが *lac* オペレーターから解離して発現抑制が解除される。すると，T7 RNAポリメラーゼ遺伝子が発現誘導され，生産されたT7 RNAポリメラーゼがT7プロモーターからの目的タンパク質遺伝子の転写を盛んに行うことで，目的タンパク質の過剰生産が引き起こされる。

　また，転写の終結も遺伝子発現の効率化において重要な要因となる。転写の終結は，遺伝子下流のターミネーター領域で起こる。目的外来遺伝子のすぐ下流に強力なターミネーターを挿入すれば，無駄な転写の延長を抑制することができ，外来遺伝子に隣接する他の遺伝子への悪影響を防ぐことができる。

Column

人工遺伝子合成

　ある遺伝子の異種発現系を構築する場合，以前は当該生物から得られるゲノムDNAやcDNAから，PCRなどによって目的遺伝子のクローニングを行うのが一般的であった。しかし，最近では，最先端の合成技術により，塩基配列情報に基づいて人工的に合成された二本鎖DNA（人工遺伝子）が比較的容易に手に入るようになっている。これにより，材料入手が難しい生物種の遺伝子のクローニングも可能になる。また，目的のタンパク質のアミノ酸配列が変わらないように，塩基配列を変えることも自由にできるので，異種発現系における宿主のコドン頻度に合わせた使用コドンの最適化なども容易である。いくつかの企業が人工遺伝子合成の受託サービスを提供している。

9.1.2 ◇ 翻訳効率の向上

転写されたmRNAが宿主内で翻訳されるためには，リボソームが翻訳開始のためのmRNA上のシグナル（リボソーム結合配列）を認識しなければならない。一般に，リボソーム結合配列は原核細胞と真核細胞とで異なっているため，真核細胞由来の遺伝子を原核宿主で発現させる場合には，その構造遺伝子の上流に宿主に適したリボソーム結合配列を置く必要がある。大腸菌のリボソーム結合配列であるシャイン-ダルガーノ配列（SD配列，5.4.2項参照）は，翻訳開始コドンの3〜11塩基上流に位置している。この領域は，大腸菌30SリボソームサブユニットにふくまれるS rRNAの3′末端に存在する配列（5′-ACCUCCU-3′）に相補的である（図9.2）。つまり，mRNA上のSD配列が16S rRNAの3′末端配列と相補的塩基対を形成することによりmRNAがリボソームと結合して翻訳開始に導かれる。種々の遺伝子のSD配列において，16S rRNAとの相補配列の長さは2〜8塩基とまちまちである（表9.3）。また，SD配列と翻訳開始コドンとの間の距離が7〜9塩基のときに一般に翻訳効率が高いことが知られるが，厳密にはそれぞれの遺伝子により最適距離は異なるので，外来遺伝子の発現を目的とする場合は，その都度最適化することが望ましい。

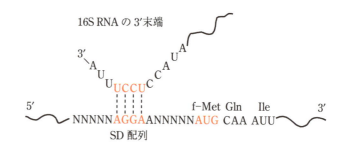

図9.2 大腸菌における翻訳開始部位の構造

表9.3 大腸菌におけるSD配列の例

遺伝子／コードされるタンパク質	SD配列
E. coli trpA	5′-AGCACGAGGGGAAAUCUGAUGGAACGCUAC-3′
E. coli araB	5′-UUUGGAUGGAGUGAAACGAUGGCGAUUGCA-3′
E. coli thrA	5′-GGUAACCAGGUAACAACCAUGCGAGUGUUG-3′
E. coli lacI	5′-CAAUUCAGGGUGGUGAAUGUGAAACCAGUA-3′
φX174ファージ・Aタンパク質	5′-AAUCUUGGAGGCUUUUUUAUGGUUCGUUCU-3′
Qβファージ・レプリカーゼ	5′-UAACUAAGGAUGAAAUGCAUGUCUAAGACA-3′
R17ファージ・Aタンパク質	5′-UCCUAGGAGGUUUGACCUAUGCGAGCUUUU-3′
λファージ cro	5′-AUGUACUAAGGAGGUUGUAUGGAACAACGC-3′

黄色は16S rRNAと，緑は開始tRNAと塩基対を形成する配列。

9.1 | 原核細胞におけるタンパク質の発現 | 143

コドン使用頻度を考慮することによっても，翻訳効率を向上させることが可能である。メチオニンとトリプトファン以外のアミノ酸は2種類以上のコドンをもつが，各生物が実際に用いているコドンには偏りがあることが知られる。典型的な例として，プロリンのコドンとして主に用いられているのは，大腸菌ではCCG，枯草菌ではCCU，酵母ではCCAといった具合である（**表9.4**）。したがって，異種生物の外来遺伝子を発現させる場合，その遺伝子のコドンを宿主のコドン使用頻度に合わせるように変換すると翻訳効率が上昇することがある。また，使用頻度の低いコドンに対応するtRNAの量は使用頻度の高いコドンに対応するtRNAの量よりも一般に少ないため，使用頻度の低いコドンに対応するtRNA遺伝子を宿主内で目的外来遺伝子と共発現させることによっても翻訳効率が改善できることがある。

9.1.3 ◇ 融合タンパク質としての発現

発現ベクターの中には，特別なペプチド配列を目的外来タンパク質のN末端あるいはC末端に連結させた融合タンパク質として発現させるように設計されたものも多くある。融合させるペプチドは，アフィニティー

| 表9.4 | **コドン使用頻度の比較**

アミノ酸	最適コドン（使用頻度%）		
	大腸菌	**枯草菌**	**酵母**
Ala	GCU (51)	GCU (74)	GUC (73)
Arg	CGU (75)	CGU (74)	AGA (91)
Asn	AAC (99)	AAC (77)	AAC (97)
Asp	GAC (75)	GAC (74)	GAC (70)
Cys	UGC (70), UGU (30)	UGC (100)	UGC (90)
Gln	CAG (94)	CAA (86)	CAA (100)
Glu	CAA (82)	GAA (70), GAG (30)	GAA (97)
Gly	GGU (57), GGC (42)	GGA (42), GGU (35)	GGU (94)
His	CAC (78)	CAU (100)	CAC (95)
Ile	AUC (84)	AUC (65), AUU (30)	AUC (70)
Leu	CUG (92)	UUA (45), CUU (36)	UUG (87)
Lys	AAA (82)	AAA (92)	AAG (90)
Met	AUG (100)	AUG (100)	AUG (100)
Phe	UUC (83)	UUC (65), UUU (35)	UUC (86)
Pro	CCG (85)	CCU (57)	CCA (93)
Ser	UCU (47), UCC (35)	UCU (58)	UCU (53), UCC (44)
Thr	ACC (48), ACU (47)	ACU (55), ACA (35)	ACC (59), ACU (40)
Trp	UGG (100)	UGG (100)	UGG (100)
Tyr	UAC (82)	UAC (75)	UAC (98)
Val	GUU (60)	GUU (47), GUA (35)	GUU (51), GUA (47)

特定の遺伝子において用いられているコドンの使用頻度を表す。
［掘越弘毅，金澤 浩，工学のための遺伝子工学，講談社(1992)，p.163を改変］

| 表9.5 | 融合させるタンパク質・ペプチドタグの例 |

融合タンパク質・ペプチド	結合対象	使用目的
ヒスチジンタグ	Ni^{2+}キレート担体	精製，検出
チオレドキシン		溶解性向上
グルタチオン S-トランスフェラーゼ	グルタチオン	溶解性向上，精製
マルトース結合タンパク質	アミロース	精製
カルモジュリン結合タンパク質	カルモジュリン	精製
プロテインA	IgG	精製
mycタグ	特異的モノクローナル抗体	検出，精製
HAタグ	特異的モノクローナル抗体	検出，精製
FLAGタグ	特異的モノクローナル抗体	検出，精製
Sタグ	リボヌクレアーゼSタンパク質	精製，検出

精製（9.3節参照）や抗体での検出などを目的としたタグ配列の場合や，宿主内の細胞膜やペリプラズム空間に発現させることを目的としたシグナルペプチドの場合などがある。また，目的タンパク質が封入体になりやすい場合などに，細胞内の還元環境を変化させることで発現量や可溶性を向上させることが期待できるチオレドキシンやグルタチオン S-トランスフェラーゼなどと融合させる場合もある（**表9.5**）。

タグ配列として頻用されているヒスチジンタグ（His-tag）は，6〜10残基程度の連続したヒスチジン残基からなる短いペプチドであり，ニッケルなどの金属イオンを固定させた担体カラムを用いたアフィニティークロマトグラフィーにより，比較的容易に純度の高いタンパク質を精製することができる。ほかにも，短いペプチドで構成されるタグ配列として，mycタグ，HAタグ，FLAGタグ，Sタグ，T7タグなどがある。これらは基本的に，抗原抗体反応を利用したタグでエピトープタグとよばれる。

9.1.4◇分子シャペロンとの共発現

大腸菌で外来タンパク質を過剰生産した際に，誤って折りたたまれた不活性タンパク質の凝集体（封入体，inclusion body）が形成されることがある。封入体を活性タンパク質として再生するためには，変性剤による可溶化とリフォールディングといった操作が必要となり，成功しないこともしばしばある。一方，細胞内でタンパク質のフォールディングを介助する分子シャペロンの遺伝子を外来タンパク質遺伝子と大腸菌細胞内で共発現させることにより，封入体の形成を防いで活性タンパク質を得る方法がある。このような目的のために，*groES-groEL*，*dnaK-dnaJ-grpE*，*tig* などの分子シャペロンの遺伝子が種々の組み合わせでプラスミド上にコードされたシャペロンプラスミドセットが構築されたプラスミドが市販されている（**表9.6**）。このシャペロンプラスミドには，pACYCの複製起点およびクロラムフェニコール耐性遺伝子が挿

表9.6 シャペロンプラスミド

プラスミド	シャペロン	プロモーター	誘導剤	薬剤マーカー
pG-KJE8	dnaK-dnaJ-grpE groES-groEL	araB Pzt1	L-アラビノース テトラサイクリン	クロラムフェニコール
pGro7	groES-groEL	araB	L-アラビノース	クロラムフェニコール
pKJE7	dnaK-dnaJ-grpE	araB	L-アラビノース	クロラムフェニコール
pG-Tf2	groES-groEL-tig	Pzt1	テトラサイクリン	クロラムフェニコール
pTf16	tig	araB	L-アラビノース	クロラムフェニコール

入されている。したがって，汎用されているColEIタイプの複製起点[*2]とアンピシリン耐性遺伝子をマーカーとしてもつ大腸菌発現系と共存させることが可能である。

[*2] pET系ベクターなどに使われている複製起点であり，pACYCの複製起点とは異なるため，和合性があり，同じ大腸菌宿主細胞内で安定に維持されることが可能である。

9.2 ◆ 真核細胞におけるタンパク質の発現

真核細胞における外来遺伝子発現において，翻訳効率を高めるために考慮すべきmRNA上の因子として，(1)開始コドン前後のコザック配列[*3]，(2)ポリA鎖または3′非翻訳領域，(3)5′キャップ構造，(4)5′非翻訳領域への配列内リボソーム進入部位(internal ribosome entry site, IRES)配列の付加などがあげられる(図9.3)。

[*3] 真核生物のmRNAの開始コドン付近に共通して見られる配列であり，脊椎動物の場合は，gccRccAUGGと表される。大文字は共通性が高く，小文字は共通性が低い。Rはプリン塩基を示す。

9.2.1 ◇ 酵母におけるタンパク質の発現

出芽酵母(Saccharomyces cerevisiae)は真核生物のモデル生物であり，遺伝学的蓄積が多く，古くからツールとしても使用されており，また最初に全ゲノムが解読された真核生物でもある。こうしたことから，いろいろなキットが市販されており，大量培養も容易である。さらに，全遺伝子のうち非必須遺伝子を1つずつ破壊した破壊株ライブラリーなども利用可能である。酵母は真核生物であるので，細胞内には核，小胞体，ゴルジ体，ミトコンドリア，液胞などの細胞小器官をもち，細胞膜の外側に堅固な細胞壁をもつ。また，小胞体，ゴルジ体，分泌小胞を介した分泌経路をもち，その過程で糖鎖などによる修飾が行われること，さら

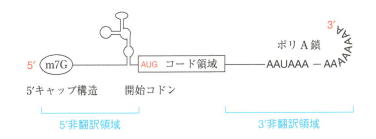

図9.3 真核細胞における翻訳に関わるmRNA上の因子

第9章 遺伝子発現とタンパク質精製

表9.7 酵母発現系で利用されるプロモーター

プロモーター		発現の強さ	制 御
恒常的に発現するプロモーター	PGK	+++	グルコースによって促進
	GAP	+++	グルコースによって促進
	ADH1	+	グルコースによって促進
	ADH2	+	グルコースによって抑制
発現を調節できるプロモーター	GAL1-GAL10	++	ガラクトースによって誘導
	PHO5	+	低リン酸条件で誘導／無機リン酸によって抑制
	CUP1	+	Cu^{2+}によって誘導

に，分泌過程でフォールディングしないタンパク質は品質管理機構により分解されてしまうことなど，動物細胞と類似した点が多いことから，真核細胞由来の外来タンパク質生産の宿主として有用である。ただし，糖鎖付加やリン酸化などの翻訳後修飾は起こるが，付加される糖鎖の構造は動物細胞で付加される構造とは異なることが多い。この翻訳後修飾の差異が，外来タンパク質のフォールディング，構造，機能，安定性などに影響を与えて，活性をもつ外来タンパク質が得られないことも当然ある。そのような場合は，動物細胞や昆虫細胞の発現系を試すことになる。

　酵母における外来遺伝子の発現では，糖代謝系遺伝子であるグリセルアルデヒド3-リン酸デヒドロゲナーゼ遺伝子(GAP)やホスホグリセリン酸キナーゼ遺伝子(PGK)，アルコールデヒドロゲナーゼ遺伝子(ADH)などのプロモーターがよく用いられている(表9.7)。これらは構成的発現プロモーターであるため，酵母細胞に毒性を示す外来タンパク質を発現するのには適さない。そこで，発現調節が可能なプロモーターとして，ガラクトース代謝系遺伝子(GAL1-GAL10)，抑制性酸性ホスファターゼ遺伝子(PHO5)やメタロチオネイン遺伝子(CUP1)のプロモーターなどがある。

　酵母発現系で一般的に用いられるプラスミドベクターは，酵母の2μプラスミドの複製起点(ori)と大腸菌プラスミドのoriの両方をもつシャトルベクターである(表9.8)。2μプラスミドのoriを含むプラスミドはコピー数が高く(1細胞あたり50〜100コピー)，大量発現に適しているが，栄養豊富な完全培地で培養するとプラスミドが脱落しやすいため，栄養要求性などの選択圧を培養時にかけておく必要がある。一方，酵母染色体の維持に必要な，酵母の複製起点ARS，セントロメア，テロメアなどの配列を含むベクターは，巨大DNA断片のクローニングに用いられる場合がある。YIpベクターは複製起点をもたないため，相同組換えによって酵母染色体DNAへ挿入して機能させる。

　酵母によるタンパク質の発現系には，生産された外来タンパク質を細胞内に蓄積させる細胞内発現系と細胞外に分泌させる分泌発現系があ

表9.8 酵母発現系用ベクターの特徴

ベクター	複製開始点	安定性	コピー数
YIp	なし（染色体へ組み込み）	安定	(1)
YEp	2μDNA[*1]	安定／不安定[*2]	50〜100
YRp	ARS（酵母で自律複製する配列）	不安定	5〜10
YCp	2μDNA，ARSおよびセントロメア	安定	1
YAC	ARS，CENおよびテロメア	安定	2

[*1] 酵母由来のプラスミド2μDNA，[*2] 2μDNAを保持している宿主内では安定，2μDNAを保持していない宿主内では不安定。

る。細胞外分泌系の場合，特に，メタノール資化性酵母 *Pichia pastoris*（以下ピキア）を用いた分泌生産系が知られる。ピキアは高いタンパク質分泌生産能力をもち，産業用酵素を生産する宿主として古くから用いられてきた。大腸菌と比較して，タンパク質の折りたたみやジスルフィド結合の形成が正しく行われやすく，種々の翻訳後修飾も起こる。さらに，培地が比較的安価なため，工業化のためのスケールアップも容易であることから，医療用タンパク質生産用の宿主としても利用されている。

9.2.2 ◇ 動物細胞におけるタンパク質の発現

動物細胞の発現系は，動物由来タンパク質の本来の翻訳後修飾やフォールディングが期待できる点で，大腸菌や酵母の発現系と大きく異なっている。動物細胞の発現には，タンパク質を一時的に発現させる簡便な一過性発現法と，目的遺伝子を恒常的に発現する株化細胞を樹立する安定形質発現法がある。

動物細胞の遺伝子は，イントロンとエクソンを含む構造遺伝子に加えて，プロモーター，エンハンサー，RNAスプライシングシグナル，ポリA付加シグナルなどから構成される。発現させたい目的遺伝子が動物細胞の染色体由来である場合は，そのままベクターに組み込んで宿主細胞に導入すれば遺伝子が発現するが，目的遺伝子がcDNAや原核細胞由来の場合は，プロモーター，エンハンサー，RNAスプライシングシグナル，ポリA付加シグナルなどを含むベクターに挿入する必要がある（図9.4）。

外来遺伝子の転写効率を高めるために，動物あるいはウイルス由来の強力なプロモーターが開発されている。例としてサイトメガロウイルス

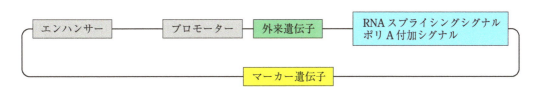

図9.4 典型的な動物細胞発現用ベクターの構造

（CMV）プロモーター，アデノウイルス主要後期（AdML）プロモーター，ラウス肉腫ウイルス長鎖末端反復配列（RSV-LTR）プロモーター，SRαプロモーター，CAGプロモーター，EF1αプロモーター，SV40プロモーターなどがあげられる。また，誘導剤の添加により誘導発現が可能なプロモーターとして，メタロチオネイン遺伝子プロモーター，マウス乳腺がんウイルス長鎖末端反復配列（MMTV–LTR）プロモーター，ヒートショックタンパク質プロモーターなどがある。これらに加えて，大腸菌の*lac*プロモーターを利用した系やテトラサイクリン応答性転写活性化因子を利用した系，昆虫の脱皮ホルモン（エクジソン）による誘導を利用した系などの発現誘導系も開発されている。しかし，各プロモーターの発現制御の強さは宿主細胞との相性に依存するので，使用する細胞に適したプロモーターを選択する必要がある。

　動物細胞の発現系は，適切な立体構造や翻訳後修飾を必要とするようなタンパク質の生産に利用されている。しかし，他のタンパク質発現系と比べて，一般に生産性は低いため，タンパク質の高い生産性が要求される場合には，多コピーに増幅した目的遺伝子を宿主動物細胞の染色体上に導入する遺伝子増幅法が用いられる。

　ジヒドロ葉酸レダクターゼ（DHFR）法はバイオ医薬品の生産現場で頻繁に用いられている遺伝子増幅法の1つである。宿主として，必須遺伝子であるDHFR遺伝子を欠損したチャイニーズハムスター卵巣由来細胞株（CHO細胞）を用い，目的外来遺伝子の発現ベクターとDHFR遺伝子の発現ベクターを共導入する。同時にトランスフェクションした目的外来遺伝子とDHFR遺伝子はゲノム上の近傍に挿入された場合は目的外来タンパク質が安定して発現されることが多いため，得られた遺伝子導入細胞株を，DHFRの拮抗阻害剤であるメトトレキセート（MTX）で処理すると，DHFR遺伝子を増幅してMTXによる阻害に対抗する量のDHFRを発現できた細胞だけが選択される。このとき，ゲノム上でDHFR遺伝子の近傍に存在する目的外来遺伝子の発現も増幅される。そこで，MTXの濃度を段階的に上昇させて，生き残った細胞を選抜することで，100倍程度まで目的外来遺伝子の発現が増幅された高発現細胞株を得ることができる。

　IR/MAR遺伝子増幅法は，がん細胞株で見られる遺伝子増幅メカニズムの研究過程で，広島大学の清水典明らによって発見された方法である。従来法の欠点である作業量の多さ，導入できる細胞の種類の制限，タンパク質を得るまでの作業期間の長さなどの欠点を解決することが期待される。哺乳動物の複製開始領域（initiation region, IR）と核マトリックス結合領域（matrix attachment region, MAR）とよばれる特殊な配列をもつプラスミドが細胞内で効率良く遺伝子増幅を起こすことを利用し，IR/MAR配列と目的外来遺伝子の発現ベクターを培養細胞に共導入することにより，目的外来遺伝子を効率良く増幅させる方法である。目的外来

遺伝子はdouble minutes（DMs）[*4]様の構造やhomogeneously staining region（HSR）[*5]を形成して，ゲノム上で多コピーとなり，その結果，従来の安定発現株を得る方法と同じ作業期間で，数十倍から100倍の目的外来タンパク質を生産する高発現株が得られる。この方法は，原理的にはどの哺乳動物培養細胞にも適用できる。

9.2.3◇ 昆虫細胞におけるタンパク質の発現

昆虫細胞とそれに感染するバキュロウイルスを用いたタンパク質発現系では，生産された外来タンパク質は高等動物細胞で見られる翻訳後修飾を受ける。したがって，高等動物由来のタンパク質遺伝子を本来の活性をもつ形で発現できる。バキュロウイルス科に属する核多角体病ウイルス（NPV）は，感染細胞の核内にポリヘドリンというタンパク質の封入体（多角体）を大量に作る。多角体の産生量は感染細胞の全タンパク質の50％にも及ぶことがある。多角体は内部に多数のウイルス粒子を含んでおり，宿主細胞外に出た場合でも，紫外線などによるウイルスの不活化を防いでいる。しかし，多角体はウイルスの増殖そのものには必要ではないため，多角体遺伝子の代わりに目的の外来遺伝子を発現させても感染増殖に支障はない。そこで，強力な多角体遺伝子プロモーターあるいはP10プロモーターを利用した昆虫細胞発現系が開発されている（図8.4参照）。ベクターとして夜蛾科のバキュロウイルス*Autographa californica* NPV（AcNPV）を，感染細胞として同じく夜蛾科の卵*Spodoptera frugiperda*の幼虫由来のSf9またはSf21を用いたシステムであるが，日本で開発されたカイコ（*Bombix mori*）の核多角体病ウイルスBmNPVを使用した系もある。宿主としては，上記の他にも発現量の多いHigh Five細胞やカイコ個体そのものが用いられることもある。

9.3◆ 発現タンパク質の精製

さまざまな組換えタンパク質発現系で目的とするタンパク質の生産が達成された場合，さらなる解析や応用を行うために，目的タンパク質を精製することがある。タンパク質の精製全般については第3章に記してあるので，ここでは特に，大腸菌発現系を用いて発現させた融合タンパク質の精製と封入体タンパク質の精製について説明する。

9.3.1◇ 融合タンパク質のアフィニティークロマトグラフィーによる精製

純度の高い組換えタンパク質をある程度の量得たい場合に，アフィニティークロマトグラフィーが使えると，精製が容易になりたいへん便利である。このような用途で使われる融合ペプチドとして，ヒスチジンタグ（His-tag）が汎用されている。Hisタグ付加タンパク質の精製は，ニッ

[*4] 腫瘍細胞で特に観察される染色体異常の1つ。染色体外のDNA断片であり，セントロメアやテロメアをもたない，数百万塩基対の環状DNAからなる。腫瘍細胞で増幅した遺伝子から作られる。

[*5] ギムザ染色法（Gバンド法）による染色で均一に染色される領域。通常見られる染色体の長軸沿いの濃淡の横じま（バンド）が現れない。腫瘍細胞で増幅した遺伝子が局在することがある。

ケル，コバルト，銅などのカチオンをアガロースなどの樹脂(resin)担体に固定化させたカラムを用いたアフィニティークロマトグラフィー(固定化金属アフィニティークロマトグラフィー)により行われる。

例えば，金属としてニッケルを固定したレジンを使うカラムクロマトグラフィーは，Ni^{2+}キレートカラムクロマトグラフィーなどとよばれる。Hisタグ付加タンパク質を発現させた大腸菌を回収後に，超音波破砕処理などによって菌体の細胞壁を壊して無細胞粗抽出液を得る。これを適当なバッファーであらかじめ平衡化しておいた固定化金属アフィニティーカラムに供し，同バッファーで非吸着タンパク質を十分洗浄する。次に，イミダゾールの濃度を50～500 mMの範囲で段階的に増加させた溶液を用いて溶出を行う。タンパク質に付加したHisタグのヒスチジン残基は，担体に固定化された金属イオンに配位結合してキレートを形成する。イミダゾールはキレートを形成しているHisタグと置き換わるため，目的のHisタグ付加タンパク質はイミダゾールによって溶出されるしくみである。イミダゾールを使った溶出方法のほかにも，pHを低下させてヒスチジン残基をプロトン化させることにより，金属イオンに配位結合できなくなるようにしてHisタグ付加タンパク質を溶出させる方法や，エチレンジアミン四酢酸のような強力なキレート分子を添加して担体に固定されている金属イオンもろともHisタグ付加タンパク質を溶出させる方法もある。何らかの理由で精製タンパク質からHisタグを除きたい場合は，発現ベクター構築の際に，Hisタグと目的タンパク質のアミノ酸配列の間に特異的なプロテアーゼ認識配列を挿入しておくことで，目的タンパク質の精製後にタグを除去することができる。Hisタグは目的タンパク質を尿素や塩酸グアニジンなどで変性させた条件下でも使用可能であるため，例えば，大腸菌発現系で封入体を生じたタンパク質の精製にも使える。また，Hisタグに対する抗体によりウエスタンブロット法などで検出することもできるので，免疫沈降法などの精製以外の実験にも使える。その一方で，Hisタグ付加によって目的タンパク質が凝集して不溶化しやすくなることがある。

融合タンパク質としてグルタチオン S-トランスフェラーゼ(GST)を用いた発現系では，Hisタグ融合発現系と比較して一般に発現量が多く可溶性タンパク質に回収されやすい，アフィニティークロマトグラフィーによって高純度の精製タンパク質が得られるなどの有利な点がある。GSTは分子量26,000の二量体タンパク質であるため，GSTとの融合によって目的タンパク質の構造や活性に支障をきたす可能性がある。このため，一般にGSTと目的タンパク質の間には特異的なプロテアーゼ認識配列が挿入されるような設計にしておく。GST融合タンパク質のアフィニティークロマトグラフィーによる精製では，GSTの基質であるグルタチオンを固定化したセファロースなどの担体を用いる。GSTとグルタチオンの間の特異的な相互作用により目的のGST融合タンパ

ク質をカラムに吸着させ，目的タンパク質以外の非特異的な吸着タンパク質をバッファーで洗浄する。その後，目的のGST融合タンパク質をカラムに吸着させたままプロテアーゼ処理すると，GSTと目的タンパク質の間で切断が起こり，GST部分はカラムに残ったまま，目的タンパク質だけを回収することが可能である。あるいは，過剰量のグルタチオンで溶出することにより，GST融合タンパク質の形のままで精製することもできる。

　ストレプトアビジンとビオチンの間の強力な結合を応用した方法として，Strep-tag®/Strep-Tactin®システムがある。このシステムでは，ストレプトアビジンのビオチン結合部位に結合する8アミノ酸配列であるストレプタグ（WSHPQFEK）を目的タンパク質に融合させる。Strepタグ融合タンパク質はストレプトアビジンの遺伝子改変体であるストレプタクチンを固定化した樹脂担体に強く吸着する。吸着したストレプタクチンタグ融合タンパク質は，ビオチンのアナログ化合物であるデスチオビオチンをバッファーに添加することによって溶出可能である。このシステムでは，担体に固定化されているストレプタクチンがタンパク質であるため，尿素や塩酸グアニジンなどの変性剤の高濃度存在下では使用することができない。

　マルトース結合タンパク質（maltose binding protein, MBP）は分子量約42,000のタンパク質であり，マルトースに結合し，可溶性が高いという特性がある。このため，目的タンパク質のN末端にMBPを融合することで，発現タンパク質の可溶性の向上が期待できる。MBPとの融合タンパク質として目的タンパク質を発現させた場合には，デキストリンを担体に固定化した樹脂を用いたカラムクロマトグラフィーにより精製を行うことができる。カラムに吸着したMBPタンパク質は，マルトースを添加したバッファーにより溶出することができる。

　上述したほかにも，精製を目的とした融合タンパク質発現系がいくつか開発されている（**表9.9**）。これらの融合タンパク質あるいはタグは，目的に応じて複数を組み合わせて使うことも可能である。例えば，目的のタンパク質のN末端にGSTを融合させ，C末端にHisタグを付加する，といった具合である。

9.3.2◇封入体からのタンパク質の精製

　融合タンパク質の精製は可溶性画分から行うのが望ましいが，目的タンパク質が封入体を形成してしまい，さまざまな培養条件などを試しても改善が見られないことがある。このような場合には，不溶性画分の封入体から目的タンパク質を精製することを検討する。封入体の形成には，不利な点ばかりではなく，大腸菌宿主のプロテアーゼによる分解を回避でき，目的タンパク質の菌体からの分離・精製が容易であるという利点もある。しかし，封入体中の目的タンパク質は天然構造をとっていない

| 表9.9 | 精製を目的とした融合タンパク質発現系の例

融合タンパク質	付加位置	分子量	検出用試薬	精製用試薬	特徴	入手先
CBP	N末端・C末端	4,000	ビオチン化カルモジュリン	カルモジュリン	温和な条件でCa^{2+}の有無による精製が可能。	Stratagene社
Pinpoint	N末端	22,500	ストレプトアビジン標識酵素	アビジン	ビオチン化されている。	Promega社
GST	N末端	26,000	抗体	GST	安価で一般的。	
MBP	N末端	42,000	抗体	アミロース	精製が容易。磁気ビーズ型の試薬も市販されている。	New England Biolabs社
TAP (CBP + SBP)	N末端・C末端	8,000	抗体	ストレプトアビジン/カルモジュリン	主に哺乳動物におけるタンパク質複合体の精製に用いられる。	Stratagene社

TAP：複数種類の融合タンパク質やタグを組み合わせて目的タンパク質と結合している分子を網羅的に精製するためのタグ。tandem affinity purification の略。
Pinpoint融合タンパク質にビオチンを付加するにはビオチンリガーゼが必要だが，ビオチンリガーゼ発現遺伝子*birA* に変異をもたないHB101や JM109 など多くの大腸菌内ではビオチン化される。

不活性タンパク質であるので，尿素や塩酸グアニジンなどの変性剤による可溶化とその後のリフォールディング操作により天然構造を形成させる必要がある。

目的タンパク質が封入体を形成した場合，細胞破砕処理後の試料を遠心分離することにより，可溶性タンパク質を効率良く分離することができる。しかし，沈殿画分には封入体のほかにも細胞破砕残渣や膜タンパク質など不溶性の夾雑タンパク質が含まれている。そのような夾雑タンパク質の多くは，トリトンX–100のような非イオン性界面活性剤やデオキシコール酸のような陰イオン性界面活性剤による処理で抽出除去可能である。これらの界面活性剤は変性作用が弱いため，封入体は可溶化されずに遠心分離後の沈殿画分に残る。このような処理のみでも目的タンパク質の精製度を著しく上げることが可能であるが，それでもまだ夾雑タンパク質が除去できない場合は，6 M塩酸グアニジンや8 M尿素などの水素結合ネットワークを減少させるカオトロピック変性剤により封入体を可溶化した後に，変性剤の存在下でカラムクロマトグラフィーを行う。Hisタグ融合タンパク質として目的タンパク質を発現した場合であれば，変性剤の存在下でのアフィニティークロマトグラフィーが可能である。

界面活性剤による封入体の処理によって精製度の高い目的タンパク質が得られた場合でも，活性のある天然構造のタンパク質を得るためには，やはりカオトロピック変性剤による可溶化とリフォールディングが必要である。リフォールディングは，変性剤で可溶化した目的タンパク質を，変性剤を含まないバッファーで希釈したり，透析によって変性剤の濃度を下げたりすることよって成功することがある。タンパク質の種類によってリフォールディングの条件はさまざまであり，用いる変性剤の種類，バッファーのpHやイオン組成，イオン強度，希釈率，温度など多

9.3 発現タンパク質の精製 | 153

Column

耐熱性タンパク質の精製

　大腸菌発現系で発現させる目的タンパク質が耐熱性タンパク質の場合，無細胞粗抽出液を熱処理することで，容易に目的タンパク質を精製することが可能である。大腸菌宿主の内在性タンパク質のほとんどが熱変性するが，目的タンパク質は活性を失わない程度の高温で一定時間処理した後に，遠心分離すれば，大腸菌由来タンパク質は熱変性した沈殿画分に移行し，目的タンパク質が効率良く可溶性画分に得られる。

くのパラメータによって左右される。そのため，リフォールディングの条件は試行錯誤をともない経験的に決定されることが多い。

　ジスルフィド結合をもつ目的タンパク質をリフォールディングさせる場合には，正しいジスルフィド結合がかかるようにしなければならず，天然構造を得るには一般に困難をともなう。天然のタンパク質のジスルフィド結合形成には，ジスルフィド結合の導入酵素によるジスルフィド結合の交換反応を介した酸化的フォールディング（6.1.12項参照）が関わる。そこで，封入体から得られた目的タンパク質がジスルフィド結合をもつと考えられる場合は，リフォールディングを行う際に，還元型グルタチオンと酸化型グルタチオンの混合物（還元型：酸化型のモル比が5:1〜10:1）を最終濃度がmMオーダーになるようバッファーに添加すると，活性を有するタンパク質を得ることができる。

第10章

タンパク質工学の実際1 ——酵素としてのタンパク質

「タンパク質工学(protein engineering)」という用語は1983年，Ulmer によって提唱された[*1]。その論文には，高機能な組換えタンパク質が これから次々と創製されていくであろうと述べられており，その期待を 担うX線検出器とDNA合成機の写真が添えられている。Ulmerの予言 どおり，その後，高機能な組換えタンパク質が次々と創製された。タン パク質工学は基礎研究においても応用研究においても多くの成功を収め たといえる。タンパク質工学の分子設計は合理的設計法とランダム変異 導入法に大別される。しかし，新しい方法が次々と開発されており，全 貌がわかりにくい。本章では，酵素に対するタンパク質工学について代 表的な成功例を紹介し，さらにタンパク質工学を構成する技術を概説す る。

[*1] K. M. Ulmer, *Science*, **219**, 666 (1983)

10.1 ◆ 酵素工学を構成する技術

10.1.1 ◇ 合理的設計法

合理的設計法(rational design)とは，対象とするタンパク質のある特 定のアミノ酸残基(あるいはアミノ酸配列)をこのように変えると，目的 とする性能を獲得するであろうと予測を立てて，タンパク質を設計する 方法である。この方法では，設計した変異型酵素を1つ1つ発現させて 性能を評価する。評価しうる数には限界があり，この方法が成功するか 否かは設計の良し悪しにかかっているといえる。

設計においてもっとも重要な情報は，対象とするタンパク質の立体構 造である。X線結晶構造解析あるいはNMR分光法によって決定された タンパク質の構造が登録されているデータベースであるPDBや，既知 の立体構造との類似性に基づいて構造を予測する各種のデータベースを 利用する。対象とするタンパク質と相同性を有するタンパク質の情報も また重要である。BLAST(8.1.3項参照)などで相同性検索を行えば，一 次構造や特徴的配列の相同性が高いタンパク質を知ることができる。例 えば対象とするタンパク質は高活性であるが耐熱性は低く，一方で，類 似のタンパク質(群)は低活性であるが耐熱性は高いとする。このような ケースでは，類似のタンパク質(群)の高い耐熱性を担う構造の，対象と するタンパク質への「移植(キメラ化)」が試みられる。

これまでのタンパク質工学の成功例から学ぶことも設計においては重要である。耐熱性を向上させる合理的設計法として，疎水性コアの充填化，静電相互作用の導入，ジスルフィド結合の導入，グリシン残基の除去，プロリン残基の導入などが知られている。筆者が調査した結果であるが，2010年に報告された部位特異的変異導入により酵素の安定性を上げた論文41報を調査したところ，疎水性コアの充填化が10報，静電結合の導入が7報，ジスルフィド結合の導入が6報，グリシン残基の除去／プロリン残基の導入が4報であり，いろいろな設計法が用いられていることがわかる。

10.1.2◇ランダム変異導入法

ランダム変異導入法(random mutagenesis)とは，対象とするタンパク質のアミノ酸配列にいろいろな変異を導入したライブラリーを作製し，そこから目的とする性能を有するタンパク質を選別する方法である。この方法では，選別されたタンパク質に再び変異を導入し，より目的とに近い性能を有するタンパク質の選別がなされることが多く，進化工学的手法ともよばれる。この方法を成功させるためには，変異導入から発現およびスクリーニングに至るまで，多くの工程が重要である。

変異導入にもっともよく用いられる方法はエラープローンPCR法である(8.4.2項参照)。反応に用いる耐熱型DNAポリメラーゼのエラー率(誤ったデオキシリボヌクレオチドを取り込む割合)を高めるために，校正機能をもたない酵素を使い，反応時のMg^{2+}濃度を高くしてPCRを行う。操作自体は容易であるが，意味のない変異(アミノ酸変異につながらない変異)も多く入る。また，各クローンの変異導入数は一定の分布を示し，正確には制御できない。近年，これらの欠点を補うため，理論上すべてのクローンにおいて，特定の領域のアミノ酸残基1個だけが置換される変異導入法(全アミノ酸スキャニング法)が開発された。

実験の効率は発現法とスクリーニング法の処理能力により決定される。生育に基づくスクリーニングの場合は，対象とするタンパク質を宿主内で発現させ，固体培地に菌をまき，コロニーができるかどうかを観察するだけでよい。酵素活性に基づくスクリーニングの場合は，固体培地に基質を含ませ濁った状態にし，基質が分解されることにより透明な部分(ハロー)ができるかどうかを観察する。酵素の耐熱性を上げる場合は上記反応を高い温度で行う。いずれの場合も，ハローの大きさは対象とするタンパク質の性能だけでなくコロニーの大小によっても影響を受けるので注意を要する。

> **Column**
>
> ### 全アミノ酸スキャニング変異導入法
>
> 標的遺伝子の標的領域の任意の1アミノ酸のコドンが他の19種類のアミノ酸のいずれかのコドンに置換されたオリゴDNAライブラリーを用いて，QuikChange法によりプラスミドライブラリーを作製する。近年，マイクロアレイを用いた，このようなオリゴDNAライブラリーの委託合成が可能になった（委託合成先：アジレントテクノロジー社）。
>
>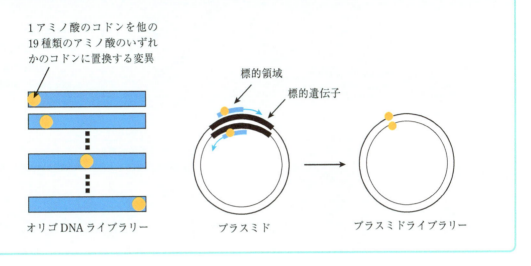

10.2 ◆ 酵素の機能改変

10.2.1 ◇ リゾチームの耐熱化

リゾチームはタンパク質工学におけるモデル酵素といえる。個々のアミノ酸残基がタンパク質の安定性にどの程度の寄与をしているのかを調べる目的で，T4ファージリゾチームでは，全164アミノ酸残基中，N末端のメチオニン以外のすべての残基についてそれぞれ，13個以上の一重変異型酵素が作製された[*2]。この広範な研究で明らかになったことは，約2,000個の変異のうち安定性を上げたものは約80個とわずかであり，しかも，1つ1つの効果は小さいものであった（融解温度[*3] T_m が約2℃上昇した程度）。しかし，それらを組み合わせると，顕著な安定化（T_m が10℃以上上昇）につながった。好熱菌や超好熱菌の酵素の高い熱安定性も，小さい効果の積み重ねにより獲得されていると考えられている。したがって，タンパク質工学による酵素の高機能化には，多重変異導入が1つの戦略であるといえる。

*2 W. A. Baase *et al.*, *Protein Sci.*, **19**, 631 (2010)

*3 タンパク質の構造が変化する温度。Melting temperature。

10.2.2 ◇ キシラナーゼの耐熱化

植物細胞壁を構成する代表的な多糖はセルロース，ペクチン，リグニンであるが，それ以外の多糖も多く含まれ，それらはヘミセルロースと総称される。β-1,4-D-キシラン（キシラン）はヘミセルロースの主成分

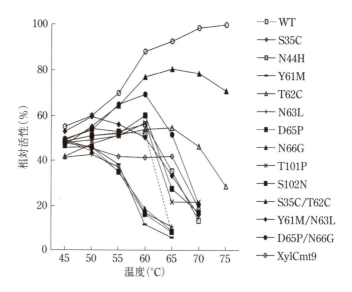

図10.1 合理的設計法によるキシラナーゼの耐熱化
Talaromyces cellulolyticus キシラナーゼの野生型酵素(WT)および変異型酵素13種のキシラン分解活性(相対値)の反応温度依存性を示す。

である。キシランは塩基性下において水溶性が向上する。キシラナーゼ(EC. 3.2.1.81)はキシランを分解する酵素である。今日，細菌や糸状菌が生産するキシラナーゼが食品・化粧品・製紙産業で利用されている。これらのキシラナーゼの反応最適温度は40〜50℃，反応最適pHは中性付近である。用途によっては高温や塩基性条件下で高活性を示すキシラナーゼが求められる。

　植物由来のバイオマスすなわち植物細胞壁からエタノール製造の原料となる糖を得るためには，高温で働く複数種のセルラーゼ(セルロースの末端部分から切断するセロビオヒドロラーゼ，セルロースの中央を切断するエンドグルカナーゼ，セロオリゴ糖をグルコースにまで分解するβ-グルコシダーゼ)とキシラナーゼが必要である。石川らは，アーキアから反応最適温度が90℃以上のエンドグルカナーゼとβ-グルコシダーゼを，糸状菌タラロマイセス・セルロリティカス(*Talaromyces cellulolyticus*)から高活性ではあるが反応最適温度が50℃のセロビオヒドロラーゼとキシラナーゼを単離した。石川らはこのキシラナーゼについてX線結晶構造解析を行い，低活性ではあるが反応最適温度が高いキシラナーゼとの構造比較により，本酵素の熱安定性を規定するのはN末端領域であることを見出した。そして，N末端領域にジスルフィド結合や水素結合の形成を意図した変異を集中的に導入し，酵素活性を低下させることなく反応最適温度が75℃以上である9重変異型酵素XylCmt9 (S35C/N44H/Y61M/T62C/N63L/D65P/N66G/T101P/S102N)を作製した(図10.1)[*4]。石川らはセロビオヒドロラーゼについてもX線結晶構造解析で得られた知見に基づき，熱安定性を向上させ反応最適温度が

＊4　M. Watanabe *et al.*, *Biochemistry*, **55**, 4399 (2016)

> ## Column
>
> ## 遺伝子組換えダイズ
>
> タンパク質工学の研究成果の価値を実用化の規模という観点から見たとき，もっとも大きいのは，5-エノールピルビルシキミ酸-3リン酸合成酵素（EPSPS，EC 2.5.1.19）へのグリホサート耐性の付与ではないだろうか。EPSPSは，3-ホスホシキミ酸-1-カルボキシビニルトランスフェラーゼともよばれ，植物で芳香族アミノ酸合成に必須の酵素である。グリホサートはラウンドアップともよばれ，1970年に米国企業が開発した除草剤で，EPSPSの活性を阻害し，あらゆる植物を枯
>
> 死させる。ここで，タンパク質工学によりグリホサートに阻害されないEPSPSが開発された（導入された変異の種類は不明）。この「グリホサートに阻害されないEPSPS」の遺伝子が導入されたダイズは，グリホサートに対して耐性である。本ダイズは，今日，遺伝子組換えダイズとして，海外で広く生産されている。
>
> $$^{2-}O_3P \diagdown \overset{+}{\underset{H}{N}} \diagup COO^-$$
>
> グリホサート

70℃以上である変異型酵素の作製に成功した[*5]。

中村らは，*Bacillus* sp. 41M-1株から反応最適pHが9.0であるキシラナーゼ（XynJ）を単離した。中村らは，XynJのX線結晶構造解析を行い，他の中性および酸性キシラナーゼとの比較により，本酵素の好アルカリ性を規定するのは触媒ドメインのクレフト内部に特徴的な塩橋のネットワーク（Asp14-Lys51，Glu16-Arg48，Glu16-Lys52，Arg48-Glu177，Glu177-Lys52）があることを見出した。そして，アルカリ性酵素は中性酵素に比してタンパク質分子表面にArgを多く含むことに基づき，分子表面に過剰のArgを導入し，かつ特異的塩橋を強化することで反応最適pHが9.5である変異型酵素（S26R/T34R/N74R/N76R/N192R）を作製した[*6]。

バイオ燃料の活用は世界的に大きな注目を集めている。Arnoldらは，好熱性の*Geobacillus*から活性が非常に高く，反応最適温度が70℃以上のエンドグルカナーゼであるGsCelAを単離した。本酵素のX線結晶構造解析および計算機による構造解析に基づき，GsCelAおよび*Bacillus*由来の本酵素のホモログであるBsCel5Aとのキメラ酵素を作製した。得られたキメラ酵素はGsCelAよりも高い活性と耐熱性を有した[*7]。Arnoldは本成果を含め，タンパク質工学により多くの有用酵素を創出しており，その業績により2016年ミレニアム技術賞と2018年ノーベル化学賞を受賞した。

10.2.3◇逆転写酵素の耐熱化

RNAを鋳型とするDNAポリメラーゼは逆転写酵素とよばれる。DNAを鋳型とするDNAポリメラーゼについては100℃でも安定な酵素が好熱性細菌やアーキアから単離されており，PCRに使用されている。逆

*5　特許公開番号：WO2015/182570（熱安定性が改善されたセロビオハイドロラーゼ）

*6　H. Umemoto *et al.*, *Biosci. Biotechnol. Biochem.*, **73**, 965 (2009)

*7　C. J. Chang *et al.*, *PlosOne*, **11**, e0147485 (2016)

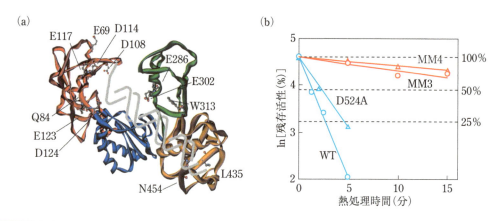

図10.2 | 合理的設計法による逆転写酵素の耐熱化
(a) MMLV RTの構造。赤はFingers領域，青はPalm領域，緑はThumb領域，黄はConnection領域を示す。アミノ酸および番号は変異を導入したアミノ酸残基を示す。(b) 熱失活曲線。野生型酵素(WT)，D524A，MM3 (E286R/E302K/L435R)，MM4 (E286R/E302K/L435R/D524A) を52℃で一定時間熱処理してから，polyAへのdTTP取り込み活性を測定した。残存活性は熱処理前の活性を100%としたときの熱処理後の活性を示す。

転写酵素についてはRNAをゲノムとするレトロウイルス由来のものがcDNA合成に使用されているが，耐熱性は低い。DNAポリメラーゼは通常，逆転写活性をもたない。一方，逆転写酵素は逆転写活性だけでなくDNAを鋳型としてDNAを合成する活性をもつ。逆転写酵素はさらに，リボヌクレアーゼH活性(RNase H活性，RNAとDNAからなる二本鎖中のRNAを分解する活性)を有する。

分子生物学的研究や臨床診断に広く用いられているのは，モロニーマウス白血病ウイルス逆転写酵素(Moloney murine leukemia virus reverse transcriptase, MMLV RT)とトリ骨髄芽球症ウイルス逆転写酵素(avian myeloblastosis virus reverse transcriptase, AMV RT)である。cDNA合成反応の効率は，RNAの二次構造が解消されると上がる。RNAの二次構造を解消させるために，高温(約65℃)での反応が望まれる。しかし，逆転写酵素の耐熱性が低いため，高温で反応を行えない。鋳型プライマーはリン酸基を有するため負電荷を帯びている。筆者らは，MMLV RT分子内で鋳型プライマーと結合する領域に部位特異的変異により正電荷を有する残基を導入すると，MMLV RTの鋳型プライマーとの親和性が高くなり，熱安定性が向上すると考え，**図10.2**(a)に示す12残基をそれぞれLys, Arg, Alaに置換した単変異型酵素36種を作製し，耐熱性を評価した。そして耐熱性を上げる変異(E286R，E302K，L435R)およびRNase H活性を消失させる変異(D524A)を組み合わせた4重変異型酵素MM4を作製した[*8]。52℃で熱処理を行うと，野生型酵素(WT)や単変異型酵素D524Aは急速に熱失活したが，MM4は安定であった(**図10.2**(b))。MMLV RTの熱安定性の向上については，エラープローンPCR法[*9]や全アミノ酸スキャニング法[*10]でも報告がなされている。

[*8] K. Yasukawa et al., J. Biotechnol., **150**, 299 (2010)

[*9] B. Arezi and H. Hogrefe, Nucleic Acids Res., **37**, 473 (2009), A. Baranauskas et al., Protein Eng. Des. Sel., **25**, 657 (2012)

[*10] Y. Katano et al., Biosci. Biotechnol. Biochem., **81**, 2339 (2017)

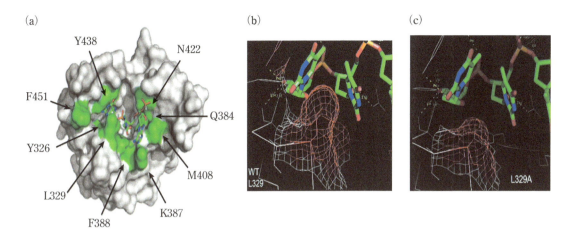

図10.3 合理的設計法による逆転写活性を有するDNAポリメラーゼの開発
(a) K4pol/RNA複合体の立体構造。RNAと接触する残基を緑で示した。(b) Leu329とリボースの2′-ヒドロキシ基。(c) Ala329とリボースの2′-ヒドロキシ基。

10.2.4 ◇ DNAポリメラーゼの基質特異性の改変

　好熱性細菌 *Thermotoga petrophila* K4株由来ファミリーA DNAポリメラーゼ（K4pol）は高い耐熱性と校正活性を有する。藤原らは，K4polの立体構造を大腸菌のKlenow fragmentを鋳型としてSwiss modelを用いて作製した（図10.3）。すると，Leu329の側鎖はRNAとの結合においてリボース2′位ヒドロキシ基と立体障害を起こしており，これをAlaに置換すると立体障害が起きないことが予測された。藤原らは，Leu329がAlaに置換された変異型酵素L329Aを作製し，これが逆転写活性を有することを見出した。さらに，L329Aを用いることにより，逆転写反応とPCRを1本のチューブで行え，二次構造をとるためにMMLV RTでは逆転写反応が進行しないRNAからでも逆転写反応が進行することを示した[11]。

　KOD DNAポリメラーゼ（KODPol）は，鹿児島県小宝島の硫気孔より単離された超好熱始原菌 *Thermococcus kodakaraensis* から単離された耐熱型DNAポリメラーゼで，PCR酵素として広く実用化されている。KODPolは逆転写活性をもたない。Ellfesonらは，KODPolに逆転写活性を付与するため，進化工学的手法を用いた。具体的には，(a)～(c)のサイクル（図10.4）を繰り返した。ただし，サイクルが進むにつれ，(c)の工程でより逆転写活性の強い変異型KODPolの遺伝子だけがPCRで増幅されるよう，リボヌクレオチドの塩基数を次第に増やした。こうして最終的に，17箇所に変異が導入された，逆転写活性を有するKODpolを作製した[12]。

[11] S. Sano et al., *J. Biosci. Bioeng.*, **113**, 315 (2012)

[12] J. W. Ellefson et al., *Science*, **352**, 159 (2016)

10.2.5 ◇ ビタミンD合成酵素の基質特異性の改変

　食品から摂取したビタミンD_2（VD2）やビタミンD_3（VD3）は体内で1α

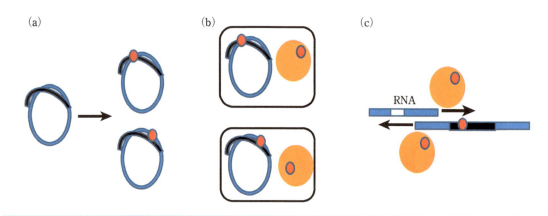

図10.4 ランダム変異導入法による，逆転写活性を有するDNAポリメラーゼの開発
(a) KODPol遺伝子への変異導入。高濃度Mg^{2+}存在下でPCR行い，KODPol遺伝子にランダム変異を導入する。(b) KODPolの発現。変異型KODPol遺伝子が挿入された発現プラスミドのライブラリーを大腸菌に導入し，発現させる。(c) エマルジョンPCR。1菌ずつオイル中の水滴（エマルジョン）内に区画化し，発現させた変異型KODPolにより，自らの遺伝子を鋳型としたPCRを行う。このとき，逆転写活性を有する変異型Polだけが自らの遺伝子を増幅できるように，リボヌクレオチドを部分的に含むプライマーを用いる。

位と25位がヒドロキシ化されて，活性化VD2（1,25D2）あるいは活性化VD3（1,25D3）となる。1,25D2と1,25D3は，それ自体も医薬品としても重要である。しかし，1,25D2と1,25D3の化学合成は多段階の反応が必要で収率が低い。そのため，VD2とVD3からそれぞれ1,25D2と1,25D3を酵素合成する方法の確立が求められている。

P450酵素（シトクロムP450）は酸化還元酵素の1ファミリーで，活性部位にヘムをもち，一酸化炭素がヘム鉄に結合すると450 nmの光を特異的に吸収する。富山県立大学の榊 利之らは，VD3に *Streptomyces griseolus* 由来のP450酵素であるCYP105A1を作用させると，1α位と25位がともにヒドロキシ化され，1,25D3が生成されることを見出した（**図10.5**）。1α位と25位は離れていることから，1α位がヒドロキシ化される場合と25位がヒドロキシ化される場合では，VD3のCYP105A1の活性部位への結合様式が異なる。榊らはさらに，CYP105A1のX線結晶構造解析およびCYP105A1とVD2あるいはVD3との複合体の立体構造予測に基づき，VD3の1α位および25位ヒドロキシ化活性（k_{cat}/K_m）が野生型酵素と比べてそれぞれ100倍および400倍に向上した変異型酵素R73A/R84Aを作製した。R73A/R84AはVD2の25位ヒドロキシ化活性を有したが，1α位ヒドロキシ化活性は非常に弱かった。そこで，新たに変異を導入し，VD2の1α位ヒドロキシ化活性（k_{cat}/K_m）がR73A/R84Aと比べて22倍に向上した変異型酵素R73A/R84A/M239Aを作製した[13]。

*13 K. Yasuda *et al.*, *Biochem. Biophys. Res. Commun.*, **486**, 336 (2017)

10.2.6 ◇ 耐熱性NADP依存性D-アミノ酸デヒドロゲナーゼのタンパク質工学的創製と応用

タンパク質構成アミノ酸がグリシンを除きL-α-アミノ酸から構成されているため，その光学（鏡像）異性体であるD-アミノ酸はあまり重要な生理機能をもたない非天然アミノ酸と長年考えられてきた。しかし，

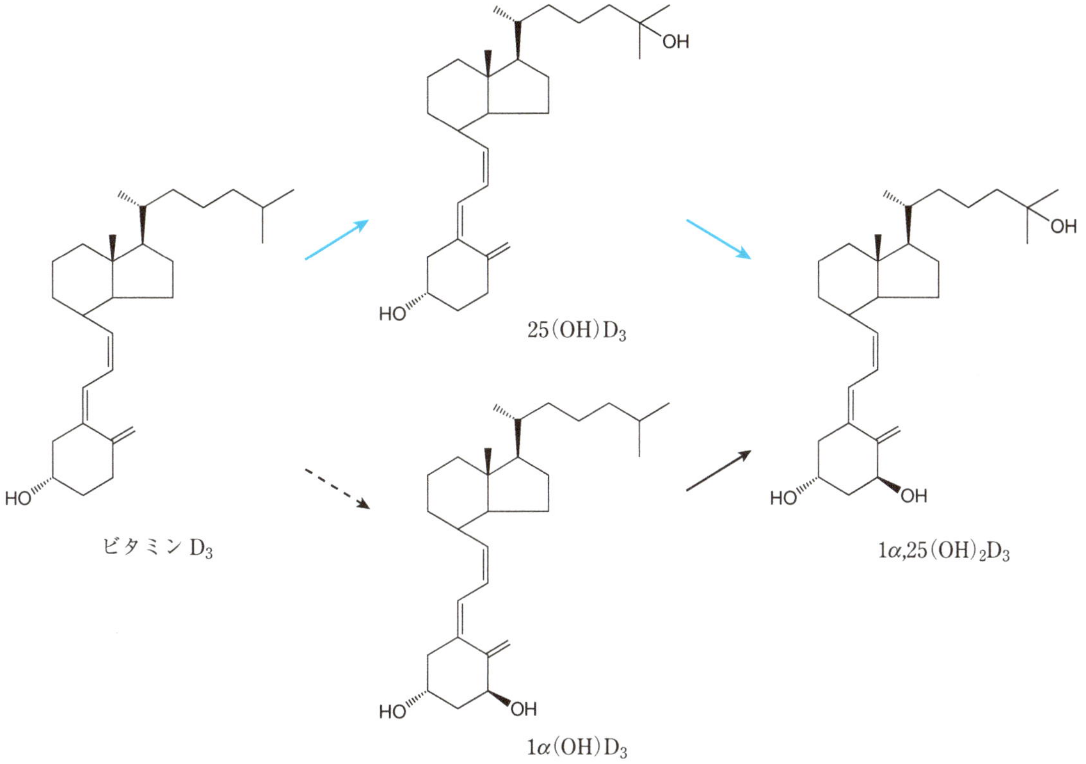

図10.5 CYP105A1によるビタミンD_3からの$1\alpha,25(OH)_2D_3$の生成

近年の分析技術の発展にともない，D-アミノ酸が重要な生理機能をもつことが明らかなっている。また医薬品や抗生剤，農薬などへの新たな利用が期待され，D-アミノ酸の新しい生産法の開発が必要となっている。D-アミノ酸はL-アミノ酸とは異なり微生物を用いた発酵法による生産が容易でないため酵素合成法が主な合成手段となっている。その中で，タンパク質工学的に調製された安定性の高い人工NADP依存性D-アミノ酸デヒドロゲナーゼ（D-AADH）を利用するD-アミノ酸の新しい酵素生産法が開発された。

A. 人工D-AADHのタンパク質工学的創製と特徴

生物においてNADやNADPを補酵素としてD-アミノ酸を酸化的に脱アミノ化する脱水素酵素は*Bacillus*属菌などの限られた微生物に存在する*meso*-ジアミノピメリン酸デヒドロゲナーゼ（*meso*-DAPDH，EC 1.4.1.16）だけである（**図10.6**）。この酵素はアスパラギン酸からのL-リシン生合成系の中間体であるL-2-アミノ-6-オキソピメリン酸（AOPA）から*meso*-ジアミノピメリン酸の合成に働いている。本酵素を利用すると化学合成できるアキラルなオキソ酸とアンモニアからキラルなD-アミノ酸の1段階での生産が期待できる。しかしこの酵素の基質特異性が高いのでAOPAから*meso*-ジアミノピメリン酸への合成以外にD-アミノ

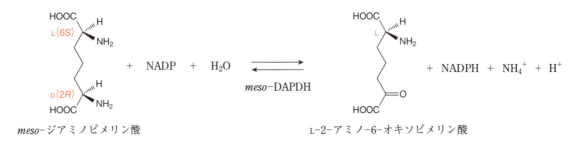

図10.6 *meso*-ジアミノピメリン酸デヒドロゲナーゼによる触媒反応の反応式

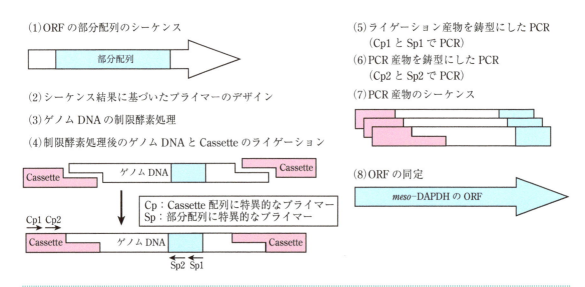

図10.7 *U. thermosphaericus* の *meso*-DAPDH 遺伝子の塩基配列を決定する方法
ステップ1〜7は酵素遺伝子のN末端側の配列に相当する塩基配列の決定法を示す。同様の操作をC末端側の塩基配列に対しても行うことで *meso*-DAPDH 遺伝子の塩基配列が決定できる。

*14 H. Akita *et al.*, *AMB Express*, **1**, 43 (2011)

酸の合成には利用できない。そこでAOPAの2位のL-アミノ酸を認識している酵素のアミノ酸残基を別の残基に変換すると，オキソ酸のアミノ化反応によるD型アミノ酸の合成を触媒する人工酵素の創製が期待できる。筆者らは，堆肥から分離した好熱菌 *Ureibacillus thermosphaericus* に安定性の高い *meso*-DAPDH を発見し各種のクロマトグラフィーを用いて均一に精製した[14]。そのN末端アミノ酸の10残基の配列をエドマン法で決定後，同じ配列をもつ酵素ホモログをデータベース上で検索した結果，*Geobacillus* sp. Y412MC10 など数種の細菌の *meso*-DAPDH と高いアミノ酸配列の相同性が認められた。それらの遺伝子の塩基配列のシーケンスアラインメントを作成して *meso*-DAPDH 遺伝子の塩基配列中に数箇所の保存領域を見出した（図10.7，ステップ1）。その配列情報に基づいて縮重プライマーを作製し，*U. thermosphaericus* 由来のゲノムDNAを鋳型にしてPCRによる遺伝子の増幅が確認できた産物の塩基配列を解読して *U. thermosphaericus* 由来の *meso*-DAPDH 遺伝子の部分配列を決定した（ステップ2）。また *U. thermosphaericus* 由来の *meso*-DAPDH の

N末端およびC末端の遺伝子配列を解読するため，*U. thermosphaericus*由来のゲノムDNAをPst IまたはEco RIの各制限酵素を用いてそれぞれを処理し（ステップ3），市販のキット（TaKaRa LA PCR™ *in vitro* Cloning Kit）を用いて制限酵素特異的なカセットにライゲーションした（ステップ4）。得られたそれぞれのサンプルを鋳型にして遺伝子のPCRによる増幅を行い，塩基配列をそれぞれ決定した（ステップ5～7）。その後，*meso*-DAPDH遺伝子の部分配列と組み合せて全塩基配列が決定できた（ステップ8）。

次に大腸菌を宿主として*meso*-DAPDH遺伝子の発現系を構築し，発現産物を熱処理やHisタグアフィニティークロマトグラフィーなどを用いて簡便に精製することに成功した。

B. *U. thermosphaericus*由来の*meso*-DAPDHを用いたD-AADHの創製

好熱菌*U. thermosphaericus*と既知の常温菌*C. glutamicum*由来の*meso*-DAPDHのアミノ酸配列のシーケンスアライメントを作成し，配列の相同性を比較すると，両者間で46%の相同性が認められた。また，*C. glutamicum*由来の*meso*-DAPDH中で*meso*-ジアミノピメリン酸の認識に関与するアミノ酸残基が*U. thermosphaericus*由来の酵素中でも同様に保存されていた[15]。そこで，*C. glutamicum*の*meso*-DAPDHからの変異酵素の創製に使われた5箇所の変異が加えられたアミノ酸残基を*U. thermosphaericus*の酵素のアミノ酸配列上で特定して，Q154L，D158G，T173I，R199M，H249Nの変異を遺伝子レベルで部位特異的に導入した（図10.8）[16]。変異酵素の遺伝子を大腸菌で発現させ，精製して得られた酵素は親酵素の基質である*meso*-ジアミノピメリン酸に対する活性を完全に消失し，NADP依存的にD-シクロヘキシルアラニンやD-イソロイシンなどのD-アミノ酸の脱アミノ反応を触媒する活性を新たに示した。また，変異酵素は親酵素では検出できないNADPH依存的な2-オキソ酸のアミノ化によるD-アミノ酸の合成反応を触媒できるようになった（表10.1）。この人工的に創製した酵素は65℃で30分間処理後も失活せず，60℃を超える温度で失活する親酵素よりも高い耐熱性を示した。また，広範囲のpH領域でも親酵素と同様に高い安定性を示した。これにより，タンパク質工学的手法によって親酵素よりも耐熱性の高いNADP依存性D-アミノ酸脱水素酵素（D-AADH）が創製できた。

*15　H. Akita *et al.*, *Biotechnol. Lett.*, **34**, 1693（2012）

*16　H. Akita *et al.*, *Appl. Microbiol. Biotechnol.*, **98**, 1135（2014）

C. 耐熱性D-AADHを利用するD-分岐鎖アミノ酸とその安定同位体標識アナログの生産

人工的に創生した耐熱性D-AADHのアミノ化反応を利用すると，化学合成で生産できる2-オキソ酸と安価なアンモニアを原料としてNADPH依存的にD-アミノ酸を合成できる。NADPHは高価な補酵素で

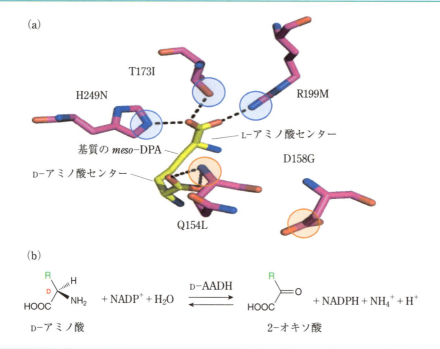

図10.8 (a) meso-DAPDHの基質 meso-DPA認識に関与する5つのアミノ酸残基の構造上の変異点。(- - - -)はイオン結合または水素結合。(b) D-アミノ酸デヒドロゲナーゼ(D-AADH)による触媒反応の反応式。

表10.1 人工 D-AADHの基質特異性

	基質(生成物)	相対活性(%)
酸化的脱アミノ反応	meso-DAP	0
	D-シクロヘキシルアラニン	100 (0.33 μmol/min/mg)
	D-イソロイシン	63
	D-2-アミノオクタン酸	59
	D-リシン	57
	D-シクロペンチルアラニン	56
	D-2-アミノヘプタン酸	47
	D-ノルロイシン	25
	D-ロイシン	24
	D-ノルバリン	9
	D-オルニチン	9
還元的アミノ化反応	2-オキソオクタン酸 (D-2-アミノオクタン酸)	100 (4.1 μmol/min/mg)
	2-オキソヘプタン酸 (D-2-アミノヘプタン酸)	167
	3-メチル-2-オキソブタン酸(D-バリン)	121
	3-メチル-2-オキソブタン酸 (D-イソロイシン)	118
	2-オキソブタン酸(D-2-アミノブタン酸)	106

基質濃度は10 mM, カッコ内は生成物を表す。

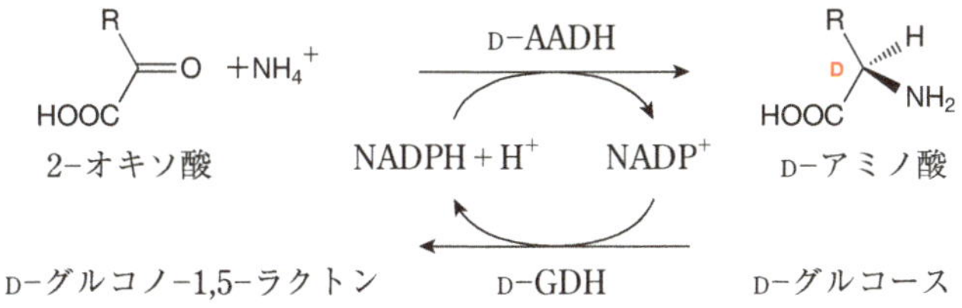

図10.9 D-アミノ酸合成のためのD-AADHとグルコースデヒドロゲナーゼ（GDH，超好熱菌*Sulfurisphaera tokodaii*由来）による共役反応系

あるので生産物であるNADPから再生するためにもう1つのデヒドロゲナーゼが必要である。その共役反応用酵素には超好熱菌*Sulfurisphaera tokodaii*由来の安定性の高いグルコースデヒドロゲナーゼ（GDH：EC 1.1.1.47）が有効である。この共役酵素反応により，安価なグルコースを電子供与体としてNADPからNADPHを供給できる（**図10.9**）[17]。D-アミノ酸の生産効率を高めるために，生産用の共役反応系の緩衝液（濃度，種類，pH），反応温度，補酵素（NADP，NADPH）濃度，2種の酵素量などの最適化を行うと，2-オキソ-4-メチル吉草酸（ロイシンのオキソアナログ）から高い変換率（最大99％）でD-ロイシンの生産を達成できた。ただし，2-オキソ-3-メチル吉草酸からのD-イソロイシンを生産する場合では，その変換率は約49％である。これは原料の2-オキソ-3-メチル吉草酸には，3*S*と3*R*の2種類の異性体が等量存在し，D-AADHは立体特異的に(3*R*)-2-オキソ-3-メチル吉草酸のみをアミノ化するため，最大変換率は50％であると考えられる。

　次に，安定同位体^{15}N（^{15}Nは自然界に主に存在する^{14}Nの同位体を示す）で標識されたNH$_4$Cl，および^{13}C（^{12}Cの同位体）で標識された2-オキソ酸を基質として，それらの単独，および両者で標識されたD-分岐鎖アミノ酸の合成を行った。その結果，[^{15}N]NH$_4$Clを用いた反応系でD-[^{15}N]イソロイシン，D-[^{15}N]ロイシン，D-[^{15}N]バリンの生産が可能となった。また[1-^{13}C]-2-オキソ-4-メチル吉草酸を基質に利用したNH$_4$Clあるいは[^{15}N]NH$_4$Clを用いた反応系では，それぞれD-[1-^{13}C]ロイシンとD-[1-^{13}C, ^{15}N]ロイシンの効率的な合成が達成できた。これらの結果から，人工D-AADHを用いる同位体標識オキソ酸とアンモニアから5種類の異なる安定同位体標識D-分岐鎖アミノ酸を高収率に合成できる方法が確立できた。この方法は，^{13}Cまたは^{15}Nの安定同位体で標識したD-分岐鎖アミノ酸の最初の選択的合成法である。

　質量分析装置の発展にともない同位体の分離分析を高い精度で簡便に行うことが可能になっているので，放射性同位体とは違い安定同位体は安全性が高く使いやすいため，生体内代謝産物の生合成や分解経路の解明などに広く利用できる。D-アミノ酸は生体内で重要な新しい生理機能をもつことが明らかになってきているので，安定同位体標識D-アミ

*17　H. Akita *et al.*, *Appl. Microbiol. Biotechnol.*, **98**, 1135（2014）

ノ酸の利用も拡大すると考えられる。

D. 耐熱性 D–AADH を利用した D–イソロイシンの特異的分析法

イソロイシンには分子内に2つの不斉炭素が存在することから，D-イソロイシン，L-イソロイシン，D-*allo*-イソロイシン，L-*allo*-イソロイシンの4種類の異性体が存在する。D-AADHは4種類の異性体のうち，D-イソロイシンのみをNADP存在下で脱アミノし，NADPHを生成する[18]。それゆえ，この酵素を利用すると4種の異性体のうちD-イソロイシンに特異的にNADPHの340 nmの吸光度の増加の測定により分析できる。

*18 H. Akita *et al.*, *Biotechnol. Lett.*, **36**, 2245(2014)

E. 立体構造解析の情報に基づく変異酵素の改良

上述のように好熱菌由来の*meso*-DAPDHの基質認識部位に5箇所の変異を導入して調製されたD-AADHは組換え体大腸菌細胞によって高生産できるだけでなく，そのC末端アミノ酸にヒスチジン6残基のタグ（Hisタグ）が付加されているので，そのタグに特異的に親和性をもつ樹脂を充填したカラムを用いて，簡単に精製できる。それゆえ，D型の分岐鎖アミノ酸やその安定同位体標識体の合成などに有効利用できる。ただし，精製されたD-AADHのD-リシンの脱アミノ反応の比活性は親酵素の*meso*-ジアミノピメリン酸の脱アミノ反応における比活性と比較して約1／20と低い欠点がある。その活性の増強を図るためにD-AADHの結晶構造解析を行い（**図10.10**）[19]，その構造をHisタグの付加されていない*C. glutamicum*の*meso*-DPADHの構造と比較した結果，C末端のHisタグが付加されているとそのタグがC末端により形成される静電的相互作用を破壊するためにコンパクトな構造をとれないことがわかった。そこでHisタグを付加しないD-AADHを調製するとD-Lysの脱アミノ反応の比活性を約36倍増大させることに成功した（**表10.2**）[20]。また，D-AADHの基質であるD-アミノ酸の結合部位付近のアミノ酸残基を調べるとAsp94が存在した（**図10.11**）。このAsp残基をAla残基に変異させたD-AADH（D94A）を調製して基質特異性を調べると，D-リシンに対する活性は低下するが，D-Phe，D-Met，D-Leuなどに対する脱アミノ活性が親酵素であるタグなしD-AADHの約50倍増大した（表10.2）。また逆反応のフェニルピルビン酸のアミノ化反応でも非常に高い活性が得られた。これにより，D94Aは新しい反応性をもつ新規D-アミノ酸デヒドロゲナーゼとしてD-Phe，D-Met，D-Leuなどとそれらの安定同位体標識アナログの合成に利用できる。このように酵素の構造の詳細を解析し，それらの情報をもとに酵素の構造と機能をデザインして，人工的な酵素を創製し，新しい医薬品や機能性食品の開発などに積極的に利用することが今後の酵素利用において重要な手法となると考えられる。

*19 H. Akita *et al.*, *Acta Cryst.*, **D71**, 1136(2015)

*20 J. Hayashi *et al.*, *Appl. Environ. Microbiol.*, **83**, e00491(2017)

10.2 | 酵素の機能改変 | 169

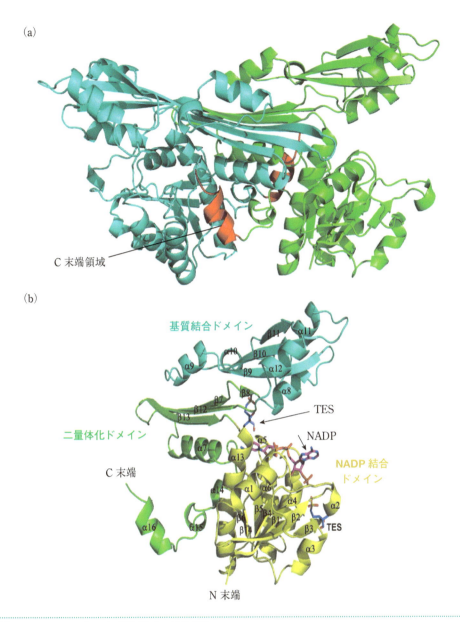

| 図10.10 | *meso*-DAPDH（Hisタグ付き）の二量体構造
(a)結晶化には酵素液に1 mM NADPを添加したものを使用。シッティングドロップ蒸気拡散法で結晶化され，高エネルギー加速研究機構でデータ収集が行われた。矢印は1つのサブユニットのC末端領域がもう1つのサブユニットに入り込み2つのサブユニットを結合させていることを示している。
(b)サブユニットの構造。TESは基質結合部位に存在する緩衝液成分である*N*-tris（hydroxymethyl）methyl-2-aminoethanesulfonic acidを表す。
[H. Akita *et al.*, *Acta Crystallogr.*, **D71**, 1136（2015）]

表10.2 人工D-AADH改良酵素（タグなし，Hisタグ付き，D94A）の基質特異性

基質 (10 mM)	相対活性(%) タグなし	相対活性(%) Hisタグ付き	相対活性(%) D94A（タグなし）
D-リシン	100	2.8	12
D-アルギニン	6.7	0.068	0.76
D-ノルロイシン	3.9	0.99	39
D-メチオニン	2.0	0.17	24
D-ロイシン	1.8	0.98	45
D-バリン	1.1	0.13	1.7
D-イソロイシン	1.0	1.8	16
D-フェニルアラニン	0.92	0.098	49
D-トリプトファン	0.34	—	2.3
D-ヒスチジン	0.16	—	1.3

相対活性はタグなし酵素の基質をD-リシンとしたときの反応速度10.8 μmol/min/mgを100％とした相対値。

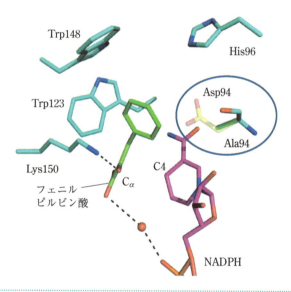

図10.11 D-AADHおよび変異酵素D94Aの基質フェニルピルビン酸の結合サイトの構造モデル

基質のフェニル基はTyr 148とNADPHのニコチンアミド環の間に挟まれて保持される。酵素のAsp 94の側鎖とは異常接近した位置になる。変異D94Aでは基質結合ポケットの拡張が起こる。またAla 94酵素では基質側鎖周辺の疎水性が増強され，基質のフェニル基との疎水結合性が増大する。

10.3 ◆ 酵素の構造と機能の解析

10.3.1 ◇ γ−レゾルシン酸デカルボキシラーゼ

　ヒドロキシ安息香酸デカルボキシラーゼ(EC 4.1.1.x)はさまざまな微生物に存在し，2,3−，2,5−，3,4−，4,5−ジヒドロキシ安息香酸や4−ヒドロキシ安息香酸をそれぞれ対応するフェノール誘導体へと変換する反応を触媒する(図 **10.12**)。ヒドロキシ安息香酸デカルボキシラーゼの多くは，可逆的に反応を触媒し，触媒反応に補酵素を必要としない。興味深いことに，これまで2,6−ジヒドロキシ安息香酸(γ−レゾルシン酸)に作用する酵素の報告例はなかった。γ−レゾルシン酸は，医薬品や農薬の中間体として重要な化合物であるが，現在主流の化学合成法では，α,β−レゾルシン酸が副生し，これらを分離するのがきわめて困難である。しかし，γ−レゾルシノールを原料として酵素γ−レゾルシン酸デカルボキシラーゼ(γ−RDC)の逆反応でγ−レゾルシン酸を生産することができれば，立体特異的なγ−レゾルシン酸の常温，常圧，中性付近での穏やかな反応条件下での生産が可能となる。

　近年，根粒細菌である *Rhizobium* sp. MTP−10005からγ−RDCが初めて精製され，その酵素科学的性質が明らかとなった[21]。本酵素は，培地にγ−レゾルシン酸を添加すると生産される誘導酵素であり，可逆的にγ−レゾルシン酸を分解または生成する反応を触媒する。ここでは，第9章までで得られた知識に基づき，γ−レゾルシン酸デカルボキシラーゼ代謝関連酵素を中心に，タンパク質工学的手法による酵素の構造と機能の解析を実際に行った例について解説する。

[21]　M. Yoshida *et al.*, *J. Bacteriol.*, **186**, 6855 (2004)

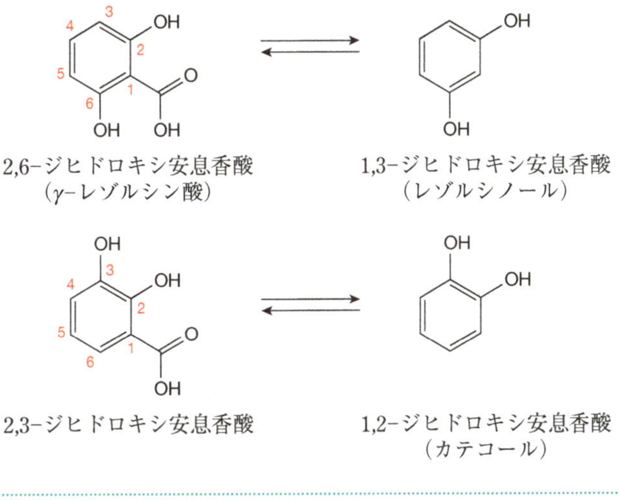

2,6−ジヒドロキシ安息香酸
(γ−レゾルシン酸)

1,3−ジヒドロキシ安息香酸
(レゾルシノール)

2,3−ジヒドロキシ安息香酸

1,2−ジヒドロキシ安息香酸
(カテコール)

図 10.12｜**ヒドロキシ安息香酸デカルボキシラーゼによる触媒反応の反応式**

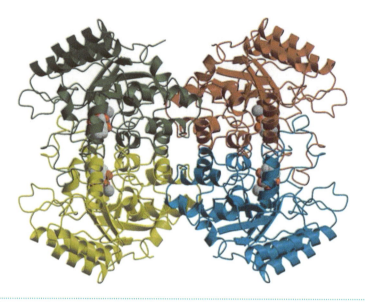

図10.13 γ-レゾルシン酸デカルボキシラーゼ—基質複合体の立体構造

A. γ-レゾルシン酸デカルボキシラーゼの触媒機構

　当初γ-レゾルシン酸デカルボキシラーゼ(γ-RDC)は，既報の他のヒドロキシ安息香酸デカルボキシラーゼ同様，補酵素非依存的に脱炭酸反応を触媒すると考えられていた．それは，γ-RDCが2,3-，2,6-ジヒドロキシ安息香酸以外に作用しない高い特異性を有することや，精製酵素標品の吸収スペクトルがピリドキサール5′-リン酸をはじめとする結合補酵素に由来する特徴的な吸収極大を示さないことが，既報のヒドロキシ安息香酸デカルボキシラーゼに類似していたためである．しかし，γ-RDCは新規酵素であるため，酵素を結晶化しX線結晶構造解析による立体構造解析を行い，反応機構を解析する必要がある．そこで*Rhizobium* sp. MTP-10005の培養菌体からゲノムを調製し，PCRでγ-レゾルシン酸デカルボキシラーゼ遺伝子(*graF*)を増幅後，pET14bベクターのNdeI-BamHIサイトにライゲーションし，*Escherichia coli* BL21 Star (DE3)に形質転換し，可溶性画分に発現させた．N末端に6残基のHis残基を付加させたγ-RDCをNi-キレートカラムクロマトグラフィーで精製し，SDS-ポリアクリルアミドゲル電気泳動で単一であることを確認した．まず，精製γ-RDC（野生型酵素）を結晶化させた後，データ取得前に2,6-ジヒドロキシ安息香酸または2,4-ジヒドロキシ安息香酸をソーキングすることによって，野生型酵素，基質複合体，基質アナログ複合体のX線結晶構造解析を行った[22]．γ-RDC—基質複合体の全体構造を図10.13に示した．γ-RDCはサブユニットの分子量が約37,500のホモ四量体であることがゲルろ過クロマトグラフィーおよびSDS-PAGEにより明らかとなっていたが，補酵素については不明であった．ところが，X線結晶構造解析の結果，Glu8, His10, His218, Asp287か

*22　M. Goto *et al.*, *J. Biol. Chem.*, **281**, 34365 (2006)

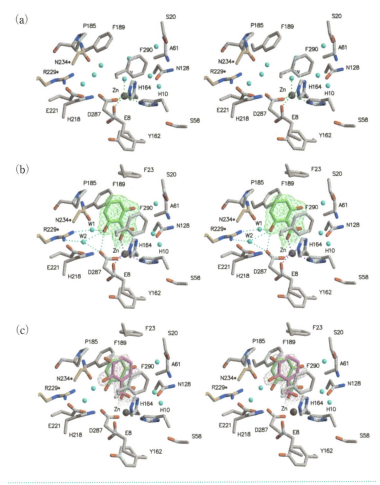

図10.14 γ-レゾルシン酸デカルボキシラーゼの活性中心の立体構造（ステレオ図）
(a)野生型酵素，(b)酵素−基質(2,6-ジヒドロキシ安息香酸)複合体，(c)酵素−基質(2,3-ジヒドロキシ安息香酸)複合体

ら2.0〜2.3Åの範囲内に強い電子密度のピークが観測され，これはZn^{2+}の結合に由来するものであることが明らかとなった（**図10.14**）。また原子吸光分析の結果からも，γ-RDCはサブユニットあたり1個のZn^{2+}を含んでいることがわかった。したがって，γ-RDCは，新規なZn^{2+}含有型ジヒドロキシ安息香酸デカルボキシラーゼであることがわかった。これまで，ジヒドロキシ安息香酸の脱炭酸反応にZn^{2+}が関与するという報告例はなく，本酵素が最初の例である。そこで本酵素の反応機構を推定した（**図10.15**）。まず基質2,6-ジヒドロキシ安息香酸が活性中心に接近すると，リンカー1（Ser29-Ala30）がコンフォメーションを変え，基質を活性部位に取り込む。基質分子の一方のカルボキシ基のO原子が，Zn^{2+}と相互作用し，そして基質の2位の-OH基がAsp287のカルボキシ基と水素結合を形成する。Asp287は，Zn^{2+}のリガンドの1つであり，His218，Glu221とともに触媒三残基を形成する。このことは，Asp287

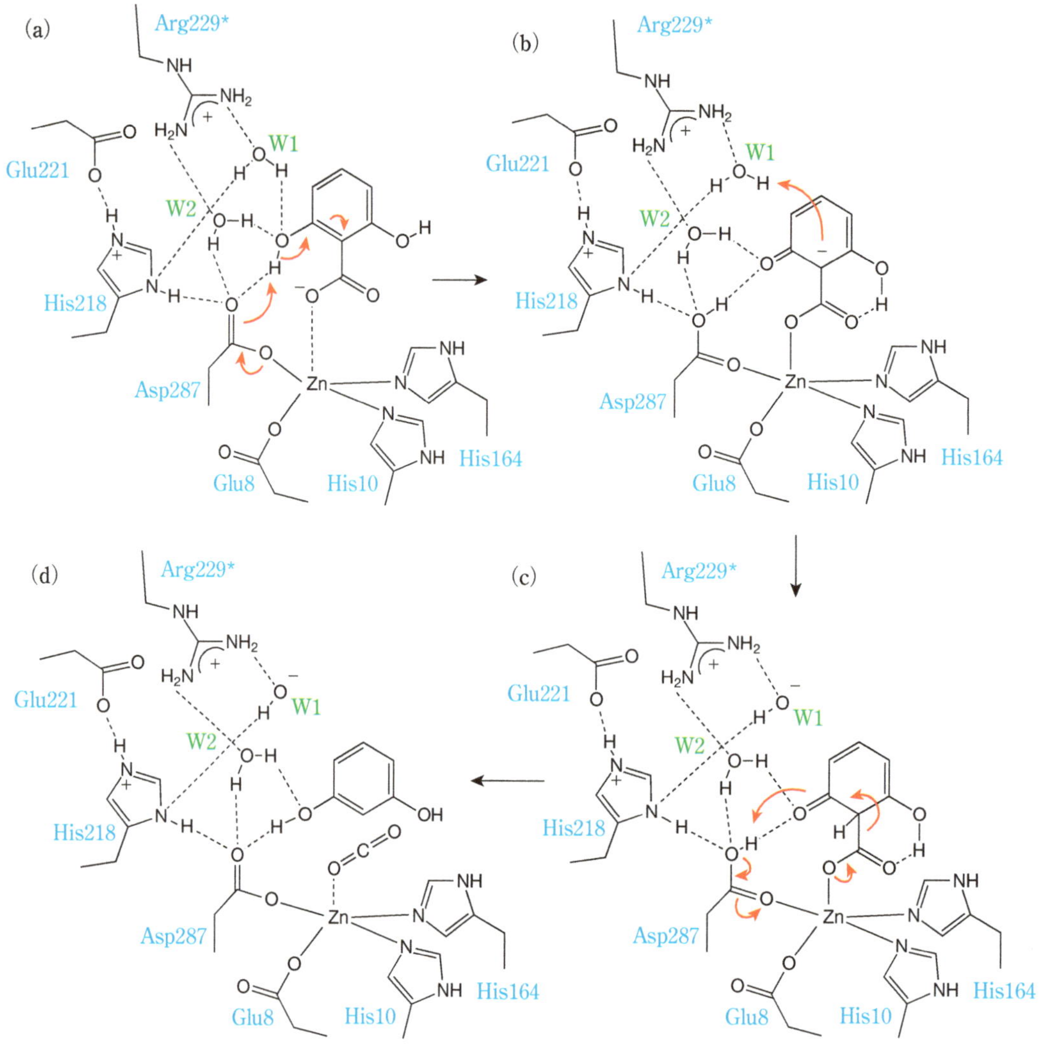

174 | 第10章 タンパク質工学の実際1─酵素としてのタンパク質

図**10.15** | γ−レゾルシン酸デカルボキシラーゼの反応機構

が触媒能の発現に重要な機能をもつことを意味する。水分子（W1）は，正の電荷をもったHis218とArg229および基質の2位の−OH基と相互作用する。また水分子（W2）は，Arg229と相互作用し，Asp287と架橋し，基質の2位の−OH基と水素結合を形成する。Asp287，His218，Glu221，W1，W2は，基質分子のカルボキシ基とこれに隣接するOH基を特異的に認識する基質結合サイトを形成すると考えられる。この基質結合サイトに結合した基質2,6−ジヒドロキシ安息香酸のカルボキシ基の負電荷は，Zn^{2+}を経由してHis218とGlu221によって極性を付与されたAsp287のカルボキシ基へ移動する（図10.15（a））。その結果，Asp287のカルボキシ基の塩基性が増加し，基質の2位のOH基からプロトンを引き抜くための触媒的塩基としての役割を果たす。基質O−2上で形成された負電荷は，芳香環に流れC−1原子上に蓄積し，基質カルボアニオンを形

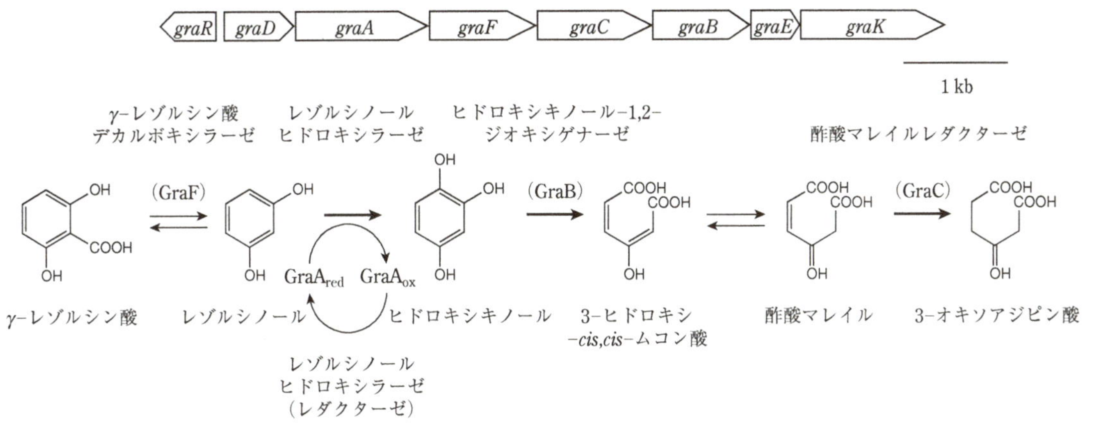

10.3 | 酵素の構造と機能の解析 | 175

図10.16 | γ-レゾルシン酸デカルボキシラーゼ代謝関連酵素遺伝子群

成する（図10.15 (b)）。次にプロトンがC-1原子に付加する。そして水分子W1がArg229とHis218の正電荷と相互作用し、そのpK_aを低下させる。またpK_aは、Asp287によって2位のOH基のプロトンが引き抜かれた後、さらに低下する。すなわち、Asp287のプロトン化は、Asp287とHis218間の水素結合を弱め、His218のN-1における電子密度を減少させ、その結果、W1とHis218との間の相互作用を減少させる（図10.15 (c)）。この反応機構では、基質のカルボキシ基とC-1カルボアニオン間での反発的な相互作用は、カルボキシ基のZn^{2+}への配位によって抑制される。そして基質のC-2位のカルボニル基が、基質の脱炭酸にともなってAsp287のカルボキシ基からプロトンを引き抜き、二酸化炭素とレゾルシノールが生成する（図10.15 (d)）。

B. γ-レゾルシン酸代謝関連酵素遺伝子群の発見と機能解析

Rhizobium sp. MTP-10005のγ-レゾルシン酸代謝経路の全容を解明するため、ゲノムウォーキングPCRでγ-レゾルシン酸デカルボキシラーゼ遺伝子（*graF*）の上流および下流のDNAの塩基配列を解析した。その結果、γ-レゾルシン酸代謝関連酵素は、*graRDAFCBEK*の8遺伝子がクラスターを形成しており、*graABCD*は、大腸菌での発現と遺伝子産物の機能解析の結果、*graA*はレゾルシノールヒドロキシラーゼ（EC 1.14.13.x）のオキシゲナーゼコンポーネント、*graB*はヒドロキシキノール1,2-ジオキシゲナーゼ（EC 1.13.11.37）、*graC*はマレイルアセテートレダクターゼ（EC 1.3.1.32）、*graD*はレゾルシノールヒドロキシラーゼのオキシゲナーゼコンポーネントをそれぞれコードしていることが明らかとなった[23]。また相同性検索の結果、*graE*、*graR*、*graK*は機能未知タンパク質、MarR型転写制御因子、安息香酸トランスポーターをそれぞれコードしていることが明らかとなった（図**10.16**）。さらに*graDAFCBE*のRT-PCRの結果、これらの遺伝子群は単一のmRNA上に転写され、

[23] M. Yoshida *et al.*, *J. Bacteriol.*, **189**, 1573 (2007)

オペロンを形成していることが明らかとなった(図10.16)。

10.3.2 ◇ 酢酸マレイルレダクターゼ

酢酸マレイルレダクターゼ(GraC)は，NADHまたはNADPH存在下，フェノール，チロシン，安息香酸，4-ヒドロキシ安息香酸，レゾルシノールなどの芳香族化合物の微生物における分解反応を触媒する。これまで酢酸マレイルレダクターゼについては，さまざまな研究がされてきたが，X線結晶構造解析による立体構造の解析や反応機構の解明は行われていない。*Rhizobium* sp. MTP-10005では，本酵素は*graC*がコードしており，γ-RDCによるγ-レゾルシン酸の脱炭酸反応によって生じたレゾルシノールを3-アミノアジピン酸に変換する反応を担う重要な酵素である。そこでγ-RDCと同様の宿主ベクター系を用いて*graC*を発現し，精製酵素(GraC)を結晶化するとともにX線結晶構造解析を行い，機能を解析した[*24]。

*24 T. Fuji *et al.*, *Proteins*, **84**, 1029 (2016)

まず，精製GraC(野生型酵素)のX線結晶構造解析を行い，1.5 Åの分解能データを取得した。GraCの活性中心の構造を**図11.17**に示した。既報のマレイルアセテートレダクターゼファミリータンパク質との一次構造の比較から，His243はGraCの触媒反応に必須であると推定された。またGraCは，*p*-クロロメルキュリ安息香酸やHg^{2+}で強く阻害されることから，システイン残基が活性発現に重要であると考えられ，GraCのC末端側ドメインに存在する保存性の高いCys242がその役割を担っていると推定された。さらに，GraCはホモ二量体構造をとるが，両サブユニットの構造には，Tyr326の向きに大きな違いがあることが明らかとなった。

これらの立体構造情報から推定される活性発現に必須と考えられるアミノ酸残基を，QuikChange法を用いてアラニンに置換した3種類の変異型酵素(C242A-GraC，H243A-GraC，Y326A-GraC)を調製し，精製変異型酵素の酵素活性を測定した(**表10.3**)。その結果，H243A-GraCでは，活性がほぼ0となり，またC242A-GraCでは，活性が著しく減少した。

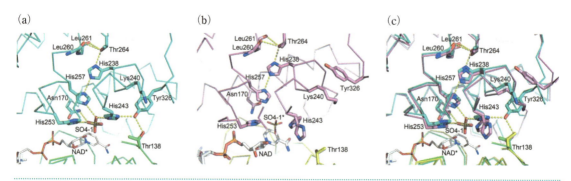

図10.17 酢酸マレイルレダクターゼ(GraC)の活性中心の構造

表10.3	野生型および変異型酵素の比活性および相対活性

酵　素	比活性 (U/mg)	相対活性 (%)
野生型	202 ± 8.2	100
C242C	50.0 ± 2.26	25
H243A	0.721 ± 0.0130	0.4
Y326A	11.7 ± 0.168	6

これらの結果は，GraCの一次情報から推定される機能とよく一致した。興味深いことに，Y326A-GraCでは，活性がほとんど検出できなかった。このことから，GraCの2つのサブユニットでのY326の向きの違いが，GraCの活性発現に重要な役割を果たしていることが明らかとなった。

　以上のように，さまざまなタンパク質工学的手法を使うことによって，新規酵素の構造や機能を解析することができ，また立体構造情報に基づき新規な酵素反応の機構を解明することができる。

第11章

タンパク質工学の実際2
──機能/構造タンパク質

タンパク質の構造・機能は実に多種多様であり，第10章でとりあげた酵素以外にも，輸送体，受容体，電子伝達体，転写調節因子など多岐にわたる。それらの構造と機能，さらには機能制御機構，生理的役割まで含めて理解することは，タンパク質工学におけるタンパク質の分子設計に役立つ。本章では，タンパク質工学の研究対象となりうる機能タンパク質の具体例として，金属タンパク質，膜タンパク質，蛍光タンパク質について概説する。また，最後に構造と機能の相関についての例を紹介する。

11.1 ◆ 金属タンパク質

タンパク質の中には，金属と結合してはじめて機能を示すさまざまな金属タンパク質がある。金属タンパク質の例としては，呼吸や光合成における電子伝達やヘモグロビンのように酸素運搬に関わるもの，さらには，遺伝子発現制御に関わる転写因子もある。また，特に触媒作用をもつ金属タンパク質は金属酵素ともよばれる。金属酵素は，全酵素の1/3にも達するといわれるほど多く存在する。金属イオンに匹敵するような求電子性基はタンパク質中のアミノ酸側鎖には存在しない。金属酵素においてはアミノ酸側鎖と金属イオンが協同することによって，アポタンパク質のみでは行うことが困難な触媒反応を効率的に実現している。

11.1.1 ◇ 金属酵素

銅，鉄，コバルト，マンガンなどは，複数の異なる酸化状態をとることができ，一般に電子伝達や酸化還元反応に関与する。また，亜鉛，マンガン，マグネシウム，カルシウムなどはルイス酸として働き，酸素，窒素，硫黄などの原子の分極を促進し，基質を活性化する。後者の金属は同様に，配位した水のpK_aを下げて水酸化物イオンの濃度を局所的に高め，反応を促進することができる。

リン酸エステル結合の加水分解反応を触媒するアルカリホスファターゼ，ホスホジエステラーゼ，および種々のヌクレアーゼでは，亜鉛やマグネシウム，マンガンなどが触媒作用に関わる。ペプチド結合の加水分解を触媒するカルボキシペプチダーゼ，アミノペプチダーゼ，サーモラ

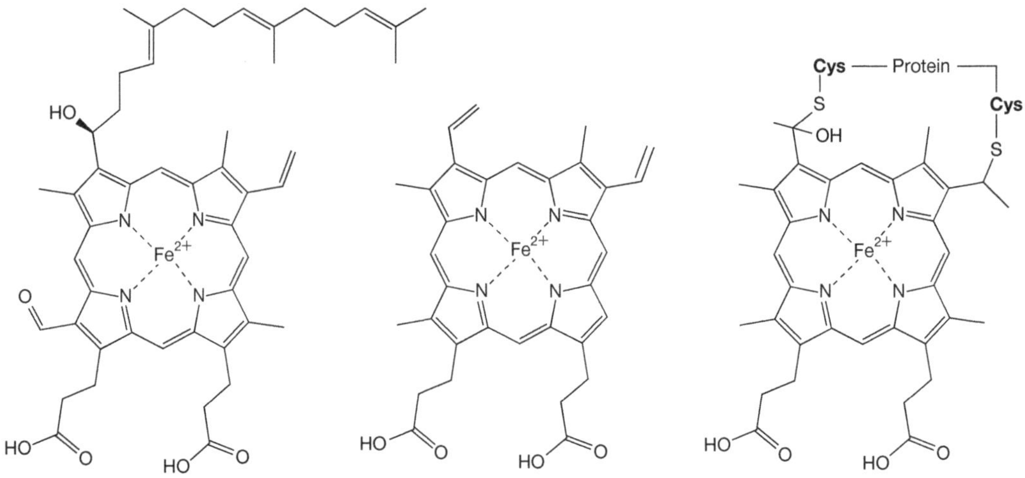

図11.1 ヘムの構造

イシンにおいては，亜鉛イオンが重要な役割を果たす。ペニシリンなどを開裂させるβ-ラクタマーゼにも，活性中心に亜鉛イオンを1個あるいは2個含むものが存在する。尿素を加水分解するウレアーゼには，二核Ni中心をもつものがある。大腸菌染色体の複製に関与するDNAポリメラーゼIIIのεサブユニット，尿素サイクルでL-アルギニンを加水分解するアルギナーゼは，二核Mn^{2+}部位をもつ。セリン／スレオニンホスファターゼは2Mn，2Fe，Fe/Znなどの二核金属中心をもつ。これら種々の金属依存性加水分解酵素では，2価金属イオンに配位しているOH^-が基質を求核攻撃する機構，あるいは金属の配位が基質の分極を引き起こす機構により加水分解反応を促進している。

　O_2を活性化して基質に導入する酸素添加反応を触媒する酵素はオキシゲナーゼとよばれる。ヘム含有オキシゲナーゼでは，プロトヘムIX（ヘムb）上でFe（II）－O_2錯体を形成してO_2を活性化する（図11.1）。このような酵素の代表例としてP450が知られる。P450は非常に広い基質特異性を示し，さまざまな生体分子の生合成，代謝，外来毒物の解毒化などに関与している。P450以外のヘム含有オキシゲナーゼとしては，アルギニンから一酸化窒素を生成するNOシンターゼ，第二級アミンから第一級アミンとアルデヒドを生成する第二級アミンモノオキシゲナーゼ，トリプトファンを酸化的に開裂させるトリプトファン2,3-ジオキシゲナーゼなどが知られる。非ヘム鉄含有オキシゲナーゼとしては，カテコールジオキシゲナーゼ，リポキシゲナーゼ，イソペニシリンN-シンターゼ，エチレン生成酵素，アスパラギンヒドロキシラーゼ，4-ヒドロキシマンデル酸シンターゼなどが知られる。また，RieskeジオキシゲナーゼはNADPHからの電子伝達を行うために［2Fe-2S］クラスター（図11.2）をもち，チロシンヒドロキシラーゼなどの芳香族アミノ酸ヒドロキシラー

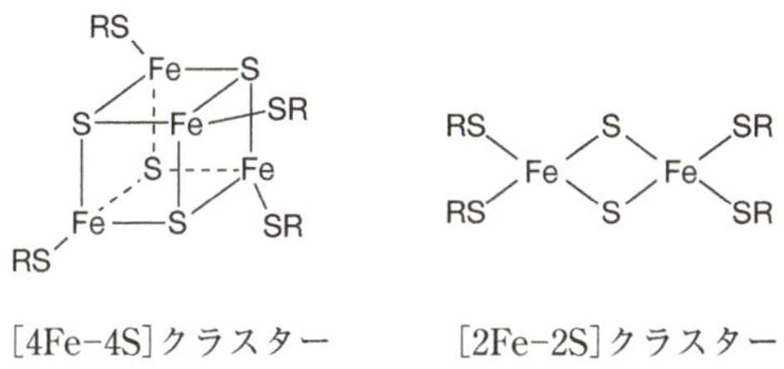

[4Fe–4S]クラスター　　[2Fe–2S]クラスター

| **図11.2** | **鉄硫黄クラスターの構造**

ゼはプテリン[*1]を要求する。一方，可溶性メタンモノオキシゲナーゼは，2Fe中心をもつヒドロキシラーゼ，NADHの電子を反応に供給するレダクターゼ，および調節タンパク質からなる複合体である。銅を含有するオキシゲナーゼも存在し，ドーパミンβ-モノオキシゲナーゼ，チロシナーゼ，アンモニアモノオキシゲナーゼなどが知られる。

　スーパーオキシドジスムターゼは，2分子のO_2^-をH_2O_2とO_2に変換する反応を触媒し，活性酸素の解毒で重要な役割を果たす。Cu/Zn含有，Mn含有，Fe含有，Ni含有など，異なるタイプの酵素が知られる。この反応で生じる過酸化水素はカタラーゼによって除去される。カタラーゼはヘムを利用して過酸化水素を水と酸素に分解する。また，ヘムに依存する種々のペルオキシダーゼも過酸化水素あるいは過酸化物を基質とする。動物のグルタチオンペルオキシダーゼ（セレン含有タンパク質）や植物のアスコルビン酸ペルオキシダーゼ（ヘムタンパク質）も過酸化水素の消去に関わっている。

　ある種の細菌は窒素固定能を有するが，これはニトロゲナーゼによるものである。この酵素は，$\alpha\beta\gamma_2$の機能単位2つからなるヘテロ八量体として存在し，[4Fe–4S]クラスター（**図11.2**）に加えて，FeMoコファクターおよびPクラスターとよばれる特殊な金属補因子をもつ（**図11.3**）。FeMoコファクターは，モリブデン，鉄および硫黄からなるクラスターにホモクエン酸が結合してできている。Pクラスターは，2個の[4Fe–4S]クラスターが1個の硫黄原子を介して連結した8核Fe–Sクラスターである。

　ある種の細菌による有機物の発酵で生じるH_2は還元剤として利用され，酸素，硝酸，硫酸，二酸化炭素，フマル酸などの電子受容体の還元を介してATPが生産される。H_2の可逆的酸化還元反応を触媒するヒドロゲナーゼには[NiFe]型，[NiFeSe]型，[FeFe]型，[Fe]型の4種類が知られている。[NiFeSe]ヒドロゲナーゼでは，Niに配位するシステイン残基のうちの1つがセレノシステイン残基に置き換わっている（**図11.4**）。

11.1.2◇電子伝達タンパク質

　電子伝達を担うタンパク質には，ヘムタンパク質であるシトクロム，

*1　プテリン：ピラジン環とピリミジン環から構成される化合物で，酵素の補因子として機能する。

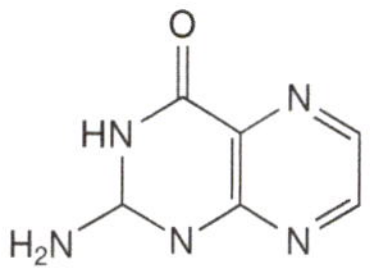

プテリン

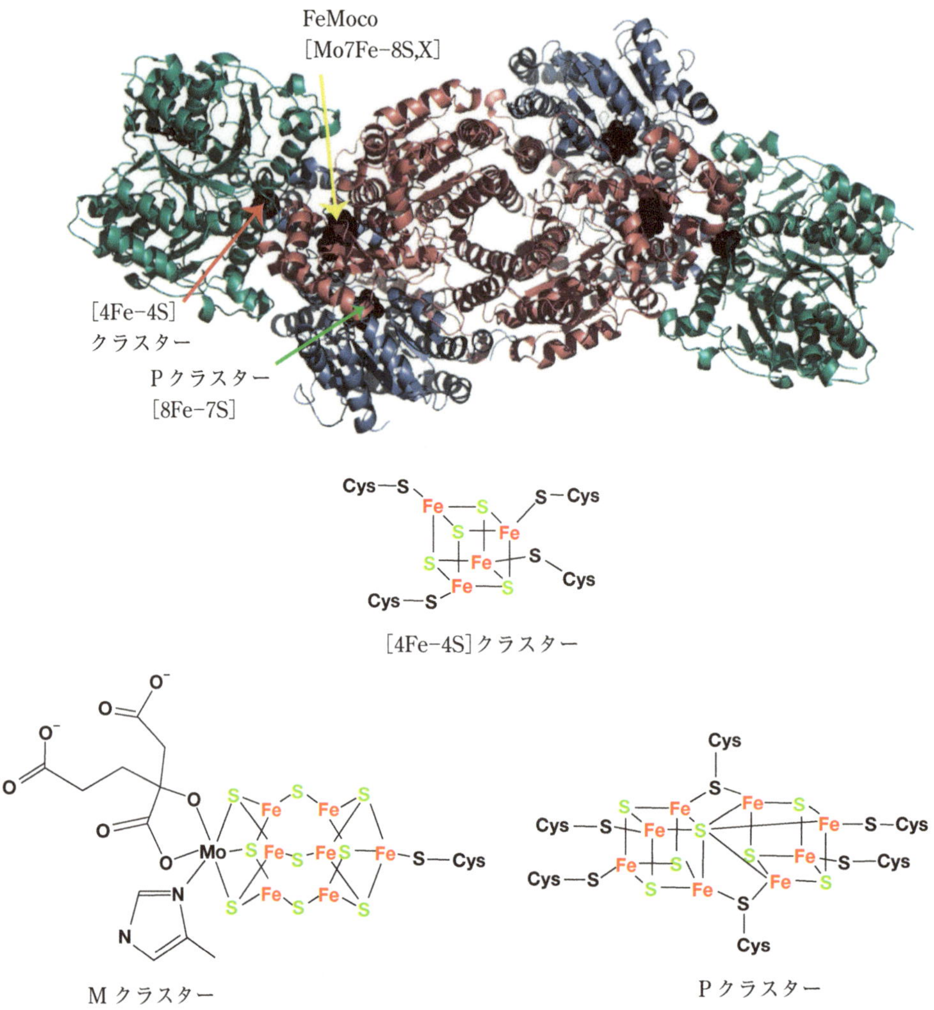

182 | 第11章 タンパク質工学の実際2—機能/構造タンパク質

FeMoco
[Mo7Fe-8S,X]

[4Fe-4S]
クラスター

P クラスター
[8Fe-7S]

[4Fe-4S]クラスター

M クラスター

P クラスター

図11.3 | **ニトロゲナーゼの金属補因子（PDB ID：1N2C）**

[http://www.chemtube3d.com/solidstate/BC-26-49.htm]

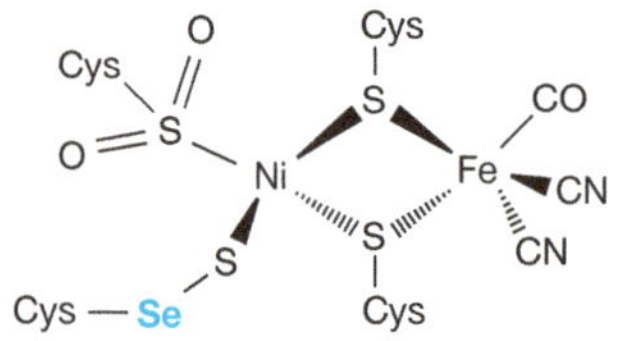

図11.4 | **[NiFeSe]ヒドロゲナーゼの活性中心構造**

Desulfovibrio vulgaris Hildenborough 由来[NiFeSe]ヒドロゲナーゼ（酸化型）の金属補因子。
[C. Wombwell, E. Reisner, *Dalton Trans.*, **43**, 4483-4493 (2014)]

非ヘムタンパク質の鉄硫黄タンパク質, ブルー銅タンパク質などがある。
シトクロムは特徴的な可視吸収帯を示すヘムタンパク質である。シトク
ロムは含んでいるヘムの種類によって, シトクロム*a*, シトクロム*b*,
シトクロム*c*といった具合に名前が付けられている（図11.1）。シトクロ

ム類は，ミトコンドリアの電子伝達系，植物やシアノバクテリアの光合成，光合成細菌の光合成電子伝達系，嫌気呼吸の異化的硝酸還元や異化的硫酸還元などで電子供与体として機能している。鉄硫黄タンパク質には，4つのシステイン残基が1つのFeに四面体型に結合している単核タンパク質と複数のFeと無機硫黄からなるクラスターを含むタンパク質がある（図11.2）。電子伝達体として機能する鉄硫黄タンパク質の代表としては，細菌がもつ単核のルブレドキシンやデスルホレドキシン，細菌からヒトまで広く存在する[2Fe-2S]フェレドキシン，シトクロムbc_1複合体や光合成系シトクロムb_6/f複合体に含まれるRiskeタンパク質，光合成細菌，嫌気性細菌，アーキアに見られる[4Fe-4S]フェレドキシンと高ポテンシャル鉄硫黄タンパク質などがある。ブルー銅タンパク質（クプレドキシン）は，1個のCu原子をもつ分子量1万～2万のタンパク質であり，青～青緑色を呈する。代表的なブルー銅タンパク質であるプラストシアニンは，光合成系においてシトクロムb_6/f複合体からの電子を光化学系Iに伝達する役割を担っている。また，細菌の異化型硝酸還元においてシトクロムcからシトクロムcオキシダーゼへの電子伝達を担うアズリンおよびシュードアズリン，メチルアミンデヒドロゲナーゼからの電子を伝達するアミシアニン，鉄酸化細菌のラスチシアニンなどが存在する。

11.1.3 ◇ 金属依存性転写調節因子

転写調節因子の中には，金属に依存してDNAに結合あるいはDNAから解離するものがある。もっとも広く知られている金属依存性転写調節因子は，ジンクフィンガータンパク質である。これらタンパク質に共通するドメイン構造であるジンクフィンガーは，2つの逆平行βシートと1つのαヘリックスからなり，亜鉛イオンがその構造とDNA結合能に重要な役割を果たす。ジンクフィンガーはステロイドホルモン受容体などの核内受容体，GATAファミリー因子などに見られる。

大腸菌の転写因子であるSoxRは[2Fe-2S]クラスターをもち，これがスーパーオキシドを検知するレドックスセンサーとして機能する。SoxRはスーパーオキシド応答レギュロンを制御する$soxS$遺伝子の転写を活性化する。同じく大腸菌のIscRも鉄硫黄タンパク質であり，鉄硫黄クラスター生合成に関わる遺伝子やオペロンの転写を制御する。ここでも，鉄硫黄クラスターはレドックスセンサーとして機能している。

11.1.4 ◇ 金属タンパク質の解析例：ジヒドロピリミジンデヒドロゲナーゼ

ジヒドロピリミジンデヒドロゲナーゼ（DPD）は，チミンおよびウラシルをそれぞれ5,6-ジヒドロチミンおよび5,6-ジヒドロウラシルに還元する反応を触媒する酵素である。哺乳動物では，本酵素はピリミジンの

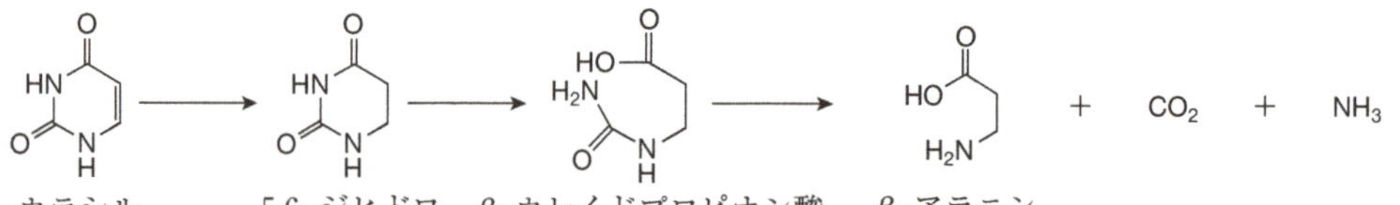

図11.5 ピリミジン還元的分解経路

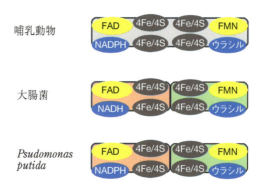

図11.6 DPDの構造比較

　還元的分解経路（図11.5）において第一段階となる律速反応を担い，β-アラニン，パントテン酸，CoAの生合成に関与する。まれに，ヒトの先天性ヌクレオチド代謝異常症として，DPD活性が欠損あるいは低下している人がいる。多くの場合，尿中のウラシル量が増加する程度で，通常の生活に特に問題はない。しかし，本酵素は，抗がん剤として繁用される5-フルオロウラシル（5-FU）の唯一の不活性化反応経路の第一段階である律速反応を触媒しているため，がんの化学療法でDPD欠損者に5-FUを投与すると，死亡を含む重篤な副作用が発生する。このような背景から，哺乳動物のDPDについては古くから多くの研究例がある。哺乳動物のDPDは，分子量11万の同一サブユニット2つからなるホモ二量体酵素であり，各サブユニットあたり，1つのFMN，1つのFADおよび4つの[4Fe-4S]型鉄硫黄クラスターをもつフラビン含有金属タンパク質である（図11.6）。また，本酵素はNADPHから電子を供給され，これがフラビンおよび鉄硫黄クラスターを通って基質のピリミジンの還元に用いられると考えられている。

　一方，細菌のピリミジン分解経路としては，哺乳類と同じ代謝中間体を経る還元的分解経路に加えて酸化的分解経路が存在することが古くから知られていた。酸化的分解経路はウラシルから2段階の代謝中間体を経て尿素とマロン酸を最終生成物とする経路であり，一部のごく限られた細菌でのみ見つかっている。しかし，還元的および酸化的ピリミジン分解経路に関与する代謝酵素遺伝子群の同定はいずれについてもほとんど行われておらず，細菌におけるピリミジン代謝の詳細は長らく不明で

あった。一次構造および機能が最初に明らかにされた細菌DPDは，大腸菌における鉄硫黄クラスター生合成に関する研究の過程で，鉄含有の機能未知タンパク質として見出された[*2]。興味深いことに，大腸菌のDPDは，オペロン様構造をなす*preT*と*preA*の2つの遺伝子によってコードされ，*preT*遺伝子産物(PreT)は哺乳動物のDPDのN末端側半分と，*preA*遺伝子産物(PreA)は哺乳動物のDPDのC末端側半分と，それぞれ約30％程度のアミノ酸配列が一致する。すなわち，大腸菌DPDは哺乳動物DPDを真っ二つに分断したような構造をとっている(図11.6)。生化学的解析の結果，大腸菌DPDは，PreTとPreAそれぞれ2サブユニットからなる$\alpha_2\beta_2$型のヘテロ四量体構造をとり，PreTにはFADおよび2つの[4Fe-4S]結合領域が，PreAにはFMNおよび2つの[4Fe-4S]結合領域が存在する。哺乳動物DPDがNADPH依存性であるのに対し，大腸菌DPDはNADHに依存する点でも両者は異なっている。NADHはPreT側に結合し，基質ピリミジンはPreA側に結合すると推定されている。不思議なことに，大腸菌には，DPD以降の還元的ピリミジン異化代謝経路の代謝酵素遺伝子がゲノム上に存在していない。大腸菌DPDの生理的役割の詳細は不明であるが，細胞内ピリミジンプールの調節に関わっていると考えられている[*3]。

　大腸菌以外の多くの細菌は還元的ピリミジン分解経路をもつ。*Pseudomonas putida*のゲノムには，大腸菌DPDの相同タンパク質をコードする*pydX*と*pydA*がオペロン様構造を形成しており，そのすぐ近傍にジヒドロピリミジナーゼ遺伝子*pydB*，β-アラニンシンターゼ遺伝子*pydC*が存在する。PydX–PydAの酵素学的性質を解明するために，大腸菌で発現させた本タンパク質の精製と解析が行われた[*4]。PydX–PydAは，PreT–PreAと同様に$\alpha_2\beta_2$型のヘテロ四量体であり，PydXにFADが1つ，PydAにFMNが1つ結合し，PydX–PydAあたり4つの[4Fe-4S]クラスターを有すると推定された。PydX–PydAはNADHではなく，NADPHに依存してウラシルやチミンを還元したことから，この点でPreT–PreAとは異なり，哺乳類DPDに類似している。*pydA*欠損株は，ウラシルまたはチミンを単一の窒素源とした最小培地で生育できないことから，PydX–PydAは，*Pseudomonas putida*のピリミジン還元的分解経路に生理的に関わることが示された。

[*2] H. Mihara *et al.*, *Biochem. Biophys. Res. Commun.*, **372**, 407 (2008)

[*3] R. Hidese *et al.*, *J. Bacteriol.*, **193**, 989 (2011)

[*4] R. Hidese *et al.*, *J. Biochem.*, **152**, 341 (2012)

11.2 ◆ 膜タンパク質

　細胞や細胞小器官は，生体膜によってその外界と仕切りを作り，細胞内部の環境を維持している。生体膜の構成成分は脂質とタンパク質であり，膜の種類によって成分は多様である。膜タンパク質は疎水的な相互作用で膜と結合しているため，単離・精製するためには膜から外し，界面活性剤などを用いて可溶化する必要があり(第3章参照)，水溶性タン

パク質に比べて取り扱いが困難である。しかしながら，膜タンパク質は細胞の内外のイオンや糖，有機化合物の輸送や，膜外の情報の内部への伝達など生命活動に非常に重要な役割を果たしている。したがって，これらのタンパク質を特定のイオンや分子のセンサーとして利用できると期待される。また，膜タンパク質は創薬のターゲットでもあるため，多くの研究がなされ，立体構造に基づいた分子機構の解明が進んでいる。以下にいくつかの膜タンパク質の構造と機能について説明する。

11.2.1 ◇ 膜輸送体

細胞を外界から隔てている細胞膜はイオンや極性物質を透過させないので，これらの膜通過には通過させる物質に対応する膜タンパク質がそれぞれ関与している。輸送は，受動的な仲介輸送と能動的な輸送に分けることができる。いずれもタンパク質が特定の分子と結合して輸送を行うが，前者は濃度勾配に従って輸送するのに対し，後者は逆に低濃度側から高濃度側へと輸送する。

受動的な仲介輸送には，エネルギーを必要とせず，チャンネルとよばれる膜を貫通する構造をもったタンパク質によるものがある。ポリペプチド鎖が脂質二分子膜を貫通するためには，脂質と接触する疎水性側鎖をもち，主鎖の極性を打ち消すように折りたたまれている必要がある。αヘリックスはこの条件を満たしており，逆平行βシートからなるバレル構造でもよい。

カリウムイオンを通すイオンチャンネルは，もっともよく研究がなされているイオンチャンネルである。マキノン（Roderick MacKinnon）は，放線菌由来のカリウムチャンネルの構造をX線結晶構造解析により明らかにし，機能を解明したことにより2003年のノーベル化学賞を受賞した。カリウムチャンネルは，カリウムイオンを透過させる孔があるドメインと，外部刺激を受け取るドメインからなる。孔があるドメインはカリウムチャンネルに共通な構造であり，2つのほぼ平行な膜貫通ヘリックスと1本の短いヘリックスからなるサブユニットが4個，4回軸を膜に対して垂直な方向に向けて会合しており，中央の孔はカリウムイオンのサイズに適した構造になっている（**図11.7**）。図の上側から水和したカリウムイオンを取り込み，途中で配位子をタンパク質の酸素原子に交換しながらタンパク質内を通過させる。孔の径がカリウムイオンに適しており，より小さいナトリウムイオンではうまく配位構造がとれなくなっているため，ナトリウムイオンに比べカリウムイオンのみを圧倒的に通過させることができる。このメカニズムではカリウムイオンの移動の方向は決まっておらず，移動の方向と輸送速度は膜を介した電気化学ポテンシャルのみに依存していることとなる。カリウムチャンネルには前述のように外部刺激を受けるドメインがつながっていて，チャンネルの開閉を行っている。

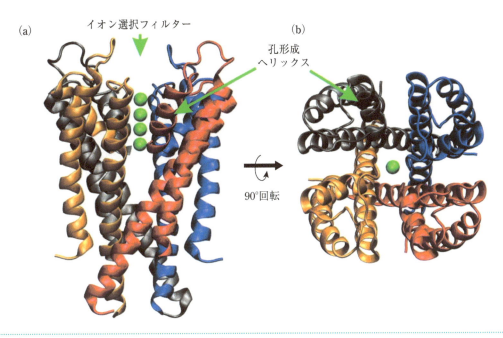

図11.7 カリウムチャンネルの構造（PDB ID：1K4C）
[D. Naranjo, *J. Gen. Physiol.*, **148**, 277-291（2016）]

　水分子は分子サイズが小さく濃度が高いため，単純な拡散でタンパク質を介さずに膜通過できそうだが，細胞においては単純な拡散よりも速く水を浸透させるため，水分子を選択的に通過させるタンパク質であるアクアポリンが存在する。アクアポリンは，単純な拡散よりもはるかに速いスピードで水分子を膜通過できるにもかかわらず，電荷を帯びたイオンを通してしまうと膜電位に影響するため，H_3O^+さえも透過させないしくみをもつ必要がある。アグレ（Peter Agre）はアクアポリンの発見により1992年にノーベル化学賞を受賞している。Erikssonらは，酵母由来アクアポリンの立体構造を0.88Åという原子分解能で決定している（**図11.8**）[*5]。水分子が通過する孔は膜貫通αヘリックスで囲まれており，孔の大部分には疎水基が並び，孔を通過する水分子は周辺残基と強く相互作用することなく高速に透過できるようになっている。アクアポリンの場合も，カリウムチャンネルと同様に水分子が孔を通過する際に配位する水和水は外され，その代わりにタンパク質由来の酸素原子が配位するような形をとる。孔を通っている複数の水分子間は相互作用しない。なぜなら，孔を通る水分子間が水素結合でつながってしまったら，水素結合に関わるプロトンは「プロトンジャンプ」で水分子よりももっと速く透過してしまうこととなるからである。
　糖分子も同様に糖輸送体（グルコーストランスポーター：GLUT）により赤血球への受動的な輸送が行われている。GLUTの場合，膜内外のグルコースの相対濃度に応じてどちらの方向にも輸送することができるが，カリウムチャンネルやアクアポリンのように，二分子膜を貫通する

＊5　U. K. Eriksson *et al.*, *Science*, **340**, 1346（2013）

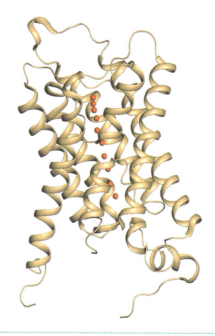

図11.8 酵母由来アクアポリン（PDB ID：3zoj）
6本のヘリックスと1本の擬ヘリックスの7本のヘリックスで水が通る孔がつくられている。赤い球は水分子。
[U. K. Eriksson *et al.*, *Science*, **340**, 1346-1349（2013）より改変]

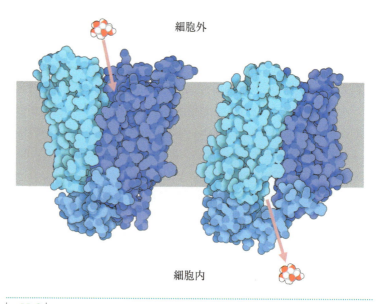

図11.9 GLUTの輸送モデル
[http://pdb101.rcsb.org/motm/208]

孔が開いているわけではなく，膜内で糖結合部位の片側が開き，片側が閉じた構造をつくる。グルコースが膜の一方の側からタンパク質に結合するとコンフォメーション変化が起こって結合した部位が閉じ，膜の反対側が開いた構造となりグルコースが解離する（図11.9）。このような構造をとることにより，糖以外の低分子やイオンを透過しないしくみを

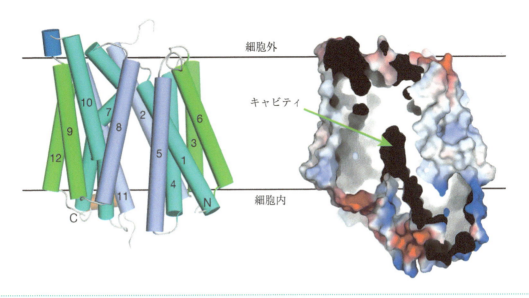

図11.10 ヒトGLUT1の全体構造（PDB ID：4PYP）
左はN, CはN末端，C末端を表す。1〜12はαヘリックス。右は表面電荷図を細胞膜に垂直な面で切断した断面。
[D Deng et al., Nature, **510**, 121-125（2014）より改変]

作っている。GLUTにはさまざまな種類があり，基質特異性や組織局在性，生理的役割も異なっている。2014年にYanらは，ヒトのGLUT1の立体構造を初めて明らかにした[6]。GLUT1は，脳へのグルコース供給に関わるため，GLUT1の機能不全を引き起こす変異は脳の低血糖状態を招く。GLUT1の構造が明らかになったことで，GLUT1をコードする遺伝子変異がもたらす機能不全の機構が解明でき，他のGLUTファミリーの構造の情報を与えることとなった。GLUT1は12本の膜貫通αヘリックスからなり，N末端とC末端は細胞内側を向いている（図11.10）。また，このGLUT1とグルコース誘導体の複合体構造は，細胞内側へ開いた構造をしていた。GLUT5はフルクトースに特異的なトランスポーターであり，過剰に取り込まれたフルクトースは肥満や脂肪肝の原因となる。2015年に岩田らがラットのGLUT5の細胞外側へ開いた構造とウシのC末端欠失変異体の細胞内側に向かって開いた構造を明らかにした[7]。この2つの構造を比較することで，2組のαヘリックスの束が基質結合部位のまわりで回転することにより開く方向が変わることを明らかにした。フルクトースが結合した状態の構造は得られなかったが，キャビティの最深部にあるアミノ酸を変異させることで基質結合部位を生化学的に同定し，基質結合部位に存在すると考えられるGlnをGluに置換することにより，GLUT5の基質特異性をフルクトースからグルコースに変換させることができた。

　受動的な輸送とは対照的に，濃度の低い側から取り込んで濃度が高い側に輸送する能動的な輸送では，ATP加水分解反応をともなうものが多い。ナトリウムポンプはATP 1分子あたり3個のナトリウムイオンを細

[6] D. Deng et al., Nature, **510**, 121（2014）

[7] 野村紀通ほか，結晶学会誌，**58**, 133（2016）

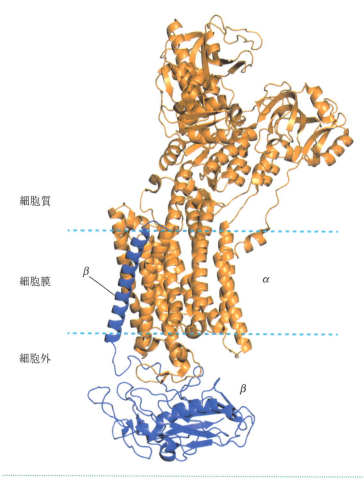

| 図11.11 | ナトリウムイオンが結合したナトリウムポンプの構造（PDB ID：3WGU）

胞内から細胞外へ汲み出し，2個のカリウムイオンを汲み入れるという，対向輸送を行う細胞にとって非常に重要なタンパク質であり，これを発見したスコウ（Jens Christian Skou）は1997年にノーベル化学賞を受賞している。ナトリウムポンプの立体構造は，豊島らによって2009年にカリウムイオンが結合した構造が2.4 Åの分解能で[*8]，2013年にナトリウムイオンを結合した構造が2.8 Åの分解能で[*9]決定された。これらの詳細な構造解析より，ナトリウムポンプがナトリウムイオンを選択的に結合し，運搬する機構が明らかになった。ナトリウムポンプは，ATPを分解する活性と静電相互作用部位をもつ分子量11万のαサブユニットと，糖を結合した5.5万のβサブユニットからなる（図11.11）。ナトリウムイオンとATP分子が結合する状態と，カリウムイオンだけが結合する状態の2つのコンフォメーションをとると考えられている。ナトリウムポンプと同様な働きをするタンパク質に，酸性を維持するプロトンポンプや筋肉弛緩に関わるカルシウムポンプがある。また，ナトリウムポンプなどで作られるイオン勾配が他の輸送を駆動する，二次能動輸送とよば

[*8] T. Shinoda *et al.*, *Nature*, **459**, 446 (2009)
[*9] R. Kanai *et al.*, *Nature*, **502**, 201 (2013)

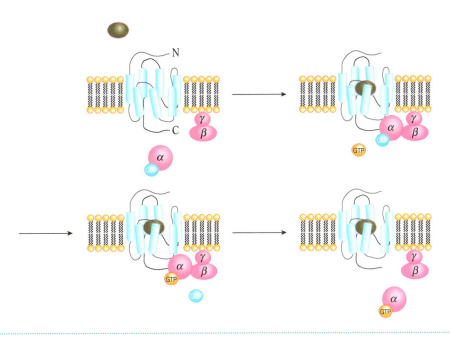

| 図11.12 | GPCRの構造と機能の模式図

れるものがある。小腸でのグルコース吸収は，先のGLUTとは異なり，ナトリウムとグルコースを一緒に運ぶ（共輸送）機構である。すなわち，ナトリウムポンプが作ったイオン勾配によって与えられるエネルギーを利用して輸送されている。

11.2.2 ◇ 受容体

　生体膜には，細胞外側から内部へ分子やイオンを通すのではなく，外部の情報を内部へ伝える働きをする受容体タンパク質が存在する。受容体は，膜輸送体のように膜内外を貫通するチャンネルや輸送するためのキャビティがあるわけではなく，外部刺激を受け取る箇所とそれを膜内部へ伝えるしくみをもっている。内部に伝えられた情報は，その刺激を受けて酵素反応が起こり，さらにその結果が次の酵素反応を引き起こすといった方法で伝達されていく。

　Gタンパク質結合受容体（G-protein coupled receptor, GPCR）は，ヒトに800種類以上も存在し，生体のあらゆる細胞表面で呼吸や消化など生命維持に重要な機能と関連している。現在流通している薬剤の多くがこのGPCRをターゲットとしているため，多くの研究者がGPCRの構造決定に取り組んでいる。GPCRは，Gタンパク質を活性化するタンパク質であり，巨大な複合体ではなく，1本のポリペプチド鎖からなるタンパク質である。GPCRの種類は膨大であるが，基本となる構造は共通していて，膜を貫通する長さにそろったαヘリックスが7回膜を貫通し，N末端を細胞外に，C末端を細胞内に出している（図11.12）。一方で，細胞外に露出している末端やヘリックス間のループ（細胞外，細胞内にそ

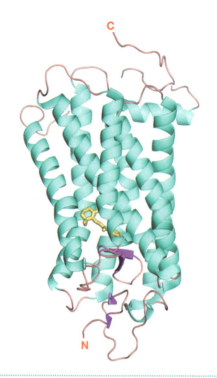

図11.13 ロドプシンの全体構造（PDB ID：1F88）
レチナール分子を黄色で示す。

れぞれ3つ存在する）の長さにはバリエーションがあり，この違いでさまざまなリガンドに対応している。GPCRが情報伝達のリガンドを結合すると構造変化し，細胞内の対応するヘテロ三量体Gタンパク質に結合する。GPCRが結合したヘテロ三量体Gタンパク質は活性化された後，GPCRから解離し，次のタンパク質を活性化させる（図11.12）。最初に構造が決定され，よく研究がされているGPCRの代表例としてロドプシンがあげられる。ロドプシンは動物の網膜上に存在し，光を受容して細胞質側のGタンパク質へ伝えるが，光を受容するのはロドプシンに含まれるクロモフォアであるビタミンA誘導体のレチナールである。レチナールのアルデヒド基はタンパク質を構成するリシン残基とシッフ塩基をつくっており，光を吸収すると異性化してシス型からトランス型へ変化する。この構造変化がロドプシンの全体構造を変化させる引き金となる。伸びたトランス型のレチナールはタンパク質から遊離し，再びシス型のレチナールが結合する（図11.13）。GPCRとGタンパク質との複合体の構造は，どのようにしてGPCRがGタンパク質へシグナルを伝達するのかを明らかにする上で非常に興味深く，最近では低温電子顕微鏡を用いた解析が進んでいる。

　GPCRは膜輸送タンパク質と同様な複数の膜貫通ヘリックスをもつ構造をとっているが，1本のヘリックスのみ貫通させた構造をもつ受容体群も存在する。チロシンキナーゼ型受容体は，1本の膜貫通αヘリック

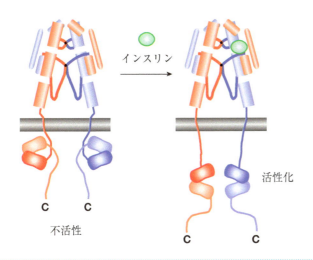

図11.14 チロシンキナーゼ受容体の活性化のモデル
[C. W. Ward, M. C. Lawrence, *Front. Endocrinol.*, **2**, 76（2011）より改変]

スが細胞外にあるリガンド結合部位と細胞内にあるチロシンキナーゼ部位をつないでいる構造になっている。チロシンキナーゼは，ATPを用いてタンパク質中のチロシン残基をリン酸化する反応を触媒する酵素である。リガンドが結合しても，たった1本の膜貫通αヘリックスでは何らかの構造変化により情報を伝達するとは考えにくい。チロシンキナーゼ型受容体は共通して，二量体化により情報を伝達すると考えられている。例としてインスリン受容体の構造を示す（図11.14）。インスリン受容体は，完全に細胞外に出ているα鎖と，細胞外に出ている部分とチロシンキナーゼの部分とが1本の膜貫通αヘリックスでつながれた構造をもつβ鎖からなる。インスリン受容体の場合はリガンドのインスリンが結合していない状態においても2つのα鎖の間にジスルフィド結合が形成されているが，インスリン1分子が結合することによってこの2つの鎖の距離が縮まる。その結果，チロシンキナーゼ部分も接近し，互いをリン酸化できるようになる（図11.14）。インスリン受容体の自己リン酸化が進むことによりATPとタンパク基質を結合する場所を阻害していたループ構造が構造変化を起こしてチロシンキナーゼ活性が高くなり，さらに他のタンパク質をリン酸化していく。

11.3 ◆ 蛍光タンパク質

蛍光とは，一般に光のエネルギーを吸収して励起状態となった物質が，そのエネルギーを光で放出する現象およびその放出される光を指す。タンパク質分子を構成しているアミノ酸残基の中ではフェニルアラニン，チロシン，トリプトファンが蛍光を示すが，その光は紫外光領域であるため目視ではわからない。しかしながら，ホタルやクラゲなどの生物は

194 | 第11章 | タンパク質工学の実際2─機能／構造タンパク質

目で見てわかる蛍光を示すタンパク質をもっている。これらの蛍光タンパク質のうち，もっともよく研究され，生命科学研究のツールとして利用されているものの1つである緑色蛍光タンパク質について以下に詳細を説明する。

11.3.1 ◇ GFPの発見および発光のしくみ

オワンクラゲは，外部刺激を受けると体内に存在する蛍光タンパク質が青白く光る。この光るタンパク質を初めて発見，分離精製し，発光メカニズムを解明した下村 脩は，2008年にノーベル化学賞を受賞した。オワンクラゲは，体内に発光基質であるセレンテラジンを含むイクオリンというタンパク質をもっている。イクオリンはカルシウムイオンと反応して青色の光を発する性質をもっている。さらに，オワンクラゲはほかにも光るタンパク質，緑色蛍光タンパク質（green fluorescent protein, GFP）をもち，イクオリンで発生した青色の光エネルギーがGFPへ移動し（蛍光共鳴エネルギー移動：FRET），GFPから緑色の光が発生する。オワンクラゲ中では，GFPはイクオリンの青色の光（蛍光極大波長470 nm）を緑色の光（蛍光極大波長508 nm）にシフトさせているが，単離したGFPに青色の光を当てても同様に緑色に光る。すなわち，光を放出するための基質や補因子を加えなくても，GFPに励起光を照射すれば，緑色の蛍光を発する。

GFPは238個のアミノ酸残基からなるタンパク質で，その立体構造は1996年に発表されているが[10]，逆並行βシートが樽状になった構造をしている（**図11.15**(a)）。GFPが緑色の光エネルギーを吸収し，発色することができるのは，樽の構造中にタンパク質由来のアミノ酸残基から構成される発色団があるからである。**図11.15**(b)に示すように，まず65番目のセリン残基のカルボニル基と67番目のグリシンのアミド基が反応する環化反応が起こった後，脱水反応によりイミダゾール環が生成する。その後，酸素によって酸化されて発色団が完成するが，この酸化反応は遅く，成熟までには数時間かかる。また，いったん成熟したGFPは非常に安定であるが，光の強度や蛍光寿命などはGFPをとりまく環境（温度やpH）によって変わる。野生型GFPは2つの異なる波長（395 nmと470 nm）の光を吸収するが，これは発色団が2つの異なる電荷状態で存在していることに起因する。つまり，発色団を構成するアミノ酸残基そのものや，発色団をとりまく周辺アミノ酸残基を変異させることで，吸収波長が変わる。下村 脩と同時にノーベル化学賞を授与されたチエン（Roger Y. Tsien）は，GFPを構成するアミノ酸残基を人工的に置換することにより，蛍光強度を上げたり，さまざまな色に発光させたりすることに成功した。もっとも有名な最初の変異体GFPは，65番目のセリン残基をトレオニン残基に置換することで蛍光強度を上げたS65T GFPである。さらに，66番目のチロシン残基を変異させることで青色の蛍

[10]　R. Y. Tsien *et al.*, *Science*, **273**, 1392（1996）, F. Yang *et al.*, *Nature Biotechnol.*, **14**, 1246（1996）

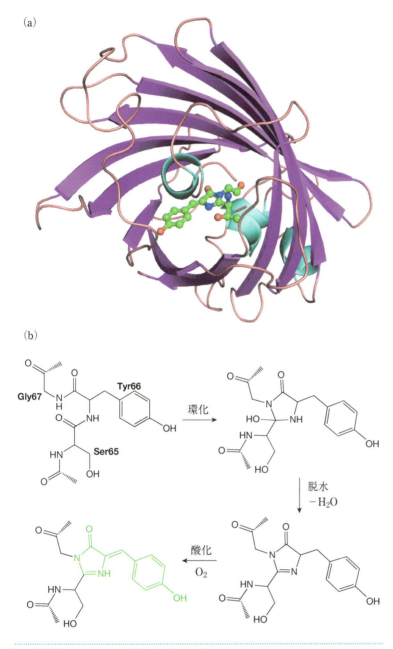

図11.15 GFPタンパク質（PDB ID：1EMA）
(a)全体構造のリボンモデルによる表示，(b)発色団の生成反応。

光を示すBFPや，65番目のセリン残基をグリシン残基に置換することで黄色の蛍光を示すYFPなどが作製された。

11.3.2 ◇ GFPの利用

　下村 脩，チエンと同時にノーベル化学賞を受賞したチャルフィー（Martin Chalfie）は，GFP遺伝子を大腸菌や線虫の遺伝子に組み込み，それらの体内でGFPを発現させることに成功した。さらに別のタンパ

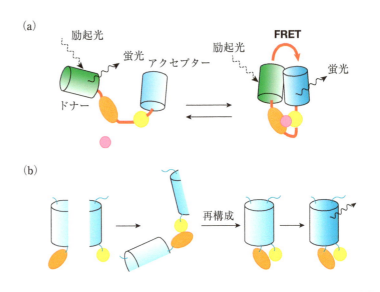

図11.16 GFPタンパク質の利用
(a) 分割した蛍光タンパク質が再構成により蛍光発光することからタンパク質の相互作用を検出。
(b) タンパク質の両端に2種類の蛍光タンパク質を融合して，構造変化にともなうFRETの変化を測定する。
[永井健治，松田知己，生物物理，**55**, 305-310（2015）より改変]

ク質とGFPの遺伝子をつなぎ合わせて細胞内で発現させ，その蛍光を観察することにより細胞中でのタンパク質の局在や寿命を追跡することができるようになった。このように遺伝子の発現を数値化する実験をレポーターアッセイといい，用いられるGFPの遺伝子はレポーター遺伝子とよばれる。GFPの立体構造は強固なので，発色団そのものやまわりのアミノ酸残基が変わらないのであれば，末端に別のタンパク質をつなげても吸収波長やその性質は変わらない。しかも，GFPとつなげられるタンパク質側も，つなげられることによる影響をほとんど受けない。これらの性質は，レポーターアッセイにおいて非常に重要である。また，GFPがつながっているタンパク質がどの場所でどの程度発現しているかは，そのまま励起光を照射し，細胞内から出てくる蛍光の強度を測定すればわかる。

このように有用なGFPではあるが，注目するタンパク質や発現させる細胞の種類によっては，うまく発現しない，あるいは発現しすぎて本来の細胞の状態と異なる状況を観察している，さらには温度条件によっては光らないといった問題が生じることもある。現在ではGFP変異体・ベクター作製から検出に至るまでさまざまな手法が開発されているが，それぞれの目的に合わせて選ぶことや，目的とする現象を正しく観測できているかについては注意する必要がある。

注目するタンパク質の末端にGFPをつなげて発現させ，GFPの蛍光測定を利用する上記の方法が一般的だが，他にもさまざまな利用方法がある。例えば，色が異なる2つの蛍光タンパク質をそれぞれ別のタンパ

ク質とつなげて発現させることで，タンパク質の会合を蛍光エネルギー移動で調べることが可能である（**図11.16**(a)）。また，相互作用するタンパク質のそれぞれにGFPのN末端側ドメインとC末端側ドメインをつなげる方法もある。GFPを2つの断片に分けて発現させるといずれも蛍光をもたないが，互いが相互作用すると蛍光を発する（**図11.16**(b)）このような場合，別々の鎖であるにもかかわらず，相互作用する段階で1つのGFPタンパク質を構築していると考えることができる。

11.4 ◆ 立体構造と機能の関係：PLP酵素を例に

　タンパク質の立体構造の種類は，タンパク質の種類が膨大であるのに対してそれほど数多くは存在していない。アミノ酸の種類とペプチドのコンフォメーションに制限があることも理由ではあるが，タンパク質がある機能をもとうとした場合に，進化の過程で必須の構造の保持が重要だからとも考えられる。さまざまなリガンドに対する特異性をもたせるためには，個々のタンパク質でアミノ酸配列を変える必要があるが，先にあげた電子移動，輸送，シグナル伝達などを効率良く行うことができる立体構造はそれほど多く存在していないということである。ビタミンB_6誘導体であるピリドキサール5′-リン酸（PLP）は，アミノ酸代謝に関わる多くの酵素タンパク質において補酵素として機能している（7.5節参照）。PLPは分類上異なる酵素に共通の補酵素として働くが，PLPを補酵素とする酵素の立体構造はわずか7つのグループ（Fold-type I ～ Fold-type VII）に分けられる。すなわち，異なる機能をもつ酵素が同じ形をしているということである。アミノ基転移を触媒する酵素をアミノトランスフェラーゼといい，図7.7にこの酵素が触媒する化学反応が示されている。この図のすべての反応は可逆反応であるから，アミノトランスフェラーゼは2つの異なる種類のアミノ酸を基質として本質的に同じ反応（アミノ基転移反応）を触媒するという見方ができる。PLPは酵素に結合しているとき，リシン残基のアミノ基とシッフ塩基を形成しており，基質となるアミノ酸と結合するときはPLPと基質アミノ酸との間でシッフ塩基が形成される（図7.5）。アミノトランスフェラーゼでは，PLPと結合した基質アミノ酸のα水素が脱離し，その後にシッフ塩基が開裂してPMPとケト酸が生成する（図7.6）。この反応においては，PLPと基質が反応に適当な状態で固定されていることが反応速度を劇的に速めている。つまり，酵素に基質とPLPが結合できる三次元的な空間とそれぞれの分子がもつ電荷の相補的な相手（酵素のアミノ酸残基）があって，反応で結合をつくったり切ったりするのに都合のよい方向に向かい合わせて固定されている必要がある。以下にFold-typeが異なるアミノトランスフェラーゼにおけるPLPと基質の結合様式について紹介する。

11.4.1 ◇ Fold-type Iに属するアミノトランスフェラーゼ

　PLPを補酵素とする酵素でもっとも古くから研究がなされている酵素の1つに，Fold-type Iに分類されるアスパラギン酸アミノトランスフェラーゼがある。Fold-type Iの中には，ほぼ構造が同じであるヘテロ二量体構造や，基本のホモ二量体構造がもう1つ集合した四量体構造をとるものなども存在する。図11.17(a)に大腸菌由来アスパラギン酸アミノトランスフェラーゼの全体構造を示す。Fold-type Iの構造の基本はまったく同じペプチドが2つ集まった形のホモ二量体であり，PLPが結合する箇所は1つのサブユニットに含まれる大小2つのドメインの境界で，かつサブユニットの境界である。PLPは活性部位のくぼみの底に位置しており，基質が入ってきてくるとシッフ塩基の交換反応が起こってPLPは基質とシッフ塩基を形成する。このとき，大腸菌由来アスパラギン酸アミノトランスフェラーゼでは，小ドメインが剛体となって動いて基質と酵素のアミノ酸残基が相互作用する誘導適合(7.4節参照)が起こる。酵素に基質を結合させると反応が起こってしまい，酵素-基質複合体の立体構造をとらえることはできないため，基質に似た構造で酵素に結合するが反応は進行しない化合物を結合させて解析を行う。図11.17(b)では，基質であるアスパラギン酸の代わりに，コハク酸が酵素に結合したときの活性部位の構造を模式的に示している(未発表データ：変異型酵素とコハク酸複合体(PDB ID : 1CZE)はPDBに登録がある)。

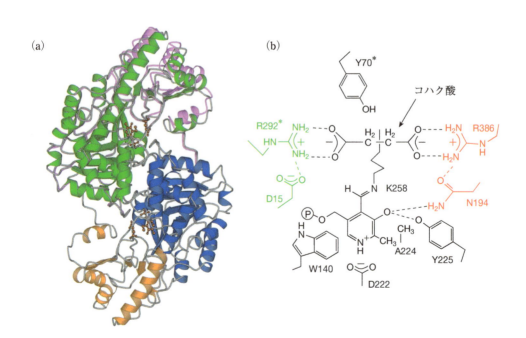

図11.17 | 大腸菌由来アスパラギン酸アミノトランスフェラーゼの構造
(a)全体構造(PDB ID : 1ARS)。1つのサブユニット全体を緑で，もう1つのサブユニットはドメインに分けて色付けしてある(オレンジが小ドメイン，青が大ドメイン)。コハク酸が付いた構造を1つのサブユニットのみ重ね合わせて示した(紫)。PLPとコハク酸を赤のball and stickモデルで示している。(b)活性部位の構造の模式図。赤で示した側が基質のα-カルボキシ基の認識，緑が側鎖のβ-カルボキシ基を認識するアミノ酸である。PLPのⓅはリン酸基である。*が付いているのはもう1つのサブユニットに由来するアミノ酸である。

PLPのピリジン環は，140番目のトリプトファンのインドール環と224番目のアラニンのメチル基に挟まれて固定されており，ピリジン環の窒素原子の正電荷は222番目のアスパラギンのカルボキシ基の負電荷と相互作用している。酵素原子に結合したコハク酸は，右から2つ目の炭素原子に付いている水素原子をアミノ基に置換したアスパラギン酸に置き換えて考えると，PLPとシッフ塩基を形成できそうな位置にいることがわかる。また，基質アスパラギン酸のアミノ酸のα-カルボキシ基の負電荷は386番目のアルギニンの側鎖の正電荷とちょうど向かい合うように相互作用することで固定されると予想できる。さらに，194番目のアスパラギンもアルギニンの側鎖と相互作用しており，アミノ基転移反応の間にα-カルボキシ基が動かないよう固定していることもわかる。もう1つのカルボキシ基も292番目のアルギニンの側鎖と15番目のアスパラギン酸が同様な相互作用をして活性部位に固定されている。図7.7に示されている反応を触媒するのであれば，グルタミン酸が基質の場合にも，アスパラギン酸と同じ場所に結合しなければならないということになる。グルタミン酸のアミノ基を水素原子に置き換えた構造をしているグルタル酸を結合させた酵素の結晶構造（PDB ID : 1AMS）において，α-カルボキシ基側はコハク酸とまったく同じ配置で，386番目のアルギニンと相互作用している。α-カルボキシ基はアミノ基が転移する反応場に近いため，グルタミン酸でもアスパラギン酸とまったく同じ箇所に結合する必要があり，この結果は当然ともいえる。側鎖のカルボキシ基は，コハク酸に比べて1つ炭素原子が長くなった分，292番目のアルギニンの側鎖が動くことで同様な相互作用をとることができていた。アルギニンの側鎖は長く柔軟性があるので，炭素原子1つ分程度であればコンフォメーションを変化させて対応することができる。15番目のアスパラギン酸は，基質が結合して動く小ドメインに含まれており，292番目のアルギニンの側鎖のコンフォメーション変化にともなってアミノ酸の位置を移動させることができるようになっていた。

　芳香族アミノ酸（フェニルアラニン，チロシン，トリプトファン）を基質とする芳香族アミノ酸アミノトランスフェラーゼもFold-type Iに属している。この芳香族アミノ酸アミノトランスフェラーゼでも，PMPからPLPに戻すのは2-ケトグルタル酸－グルタミン酸の反応が使われている。*Paracoccus denitrificans*由来の芳香族アミノ酸アミノトランスフェラーゼでは，基質が結合していない酵素（PDB ID : 1AY4），3-フェニルプロピオン酸（フェニルアラニンのアミノ基が水素に置き換わったもの）（PDB ID : 1AY8）およびマレイン酸（グルタミン酸に似た化合物）（PDB ID : 1AY5）が結合した酵素の3つの結晶構造解析がなされている。この酵素の全体構造，および基質結合時における小ドメインの構造変化は，アスパラギン酸アミノトランスフェラーゼとほとんど同じである。さらに，活性部位を構成するアミノ酸残基も図11.17（b）とまったく同

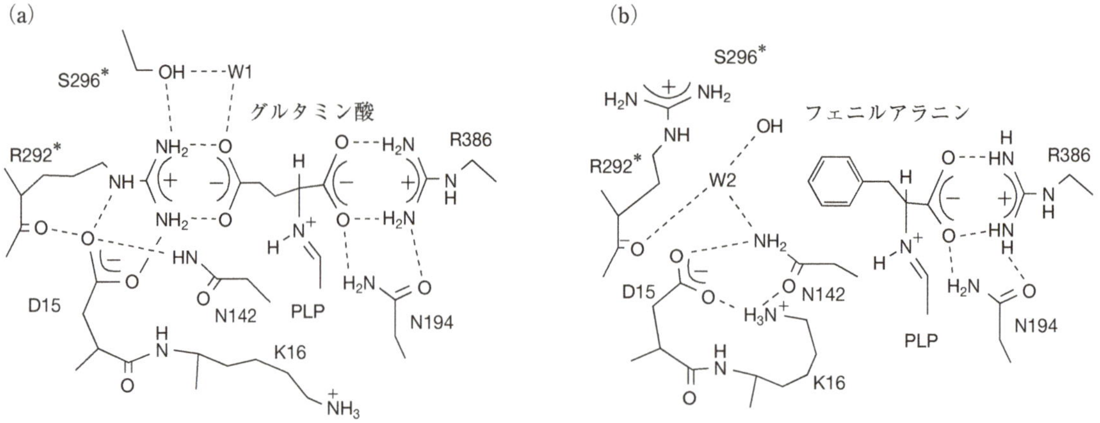

200 | 第11章 タンパク質工学の実際2—機能/構造タンパク質

図 **11.18** | ***Paracoccus denitrificans*** 由来芳香族アミノ酸アミノトランスフェラーゼの基質結合様式
(a) グルタミン酸の結合様式, (b) フェニルアラニンの結合様式。
[K. Hirotsu *et al.*, *Chem. Rec.*, **5**, 160-172 (2005)]

じ構造をとっている。

　それでは, いかにしてこの酵素が芳香族アミノ酸を基質として結合するのかを説明する。**図11.18**は実験結果で得られた構造から予測される結合様式を示している[*11]。図11.18 (a) から, グルタミン酸の2つのカルボキシ基は, 図11.17 (b) のコハク酸のカルボキシ基と同じように, 2つのアルギニン残基と相互作用していることがわかる。一方で, 図11.18 (b) より, フェニルアラニンの側鎖であるベンゼン環を結合させる場合には, 大幅に相互作用のネットワークを変えて空間を広げ, 292番目のアルギニンの側鎖が酵素原子の外側に出て, 15番目のアスパラギン酸は隣の16番目のリシンと相互作用することで電荷を打ち消しあっていることがわかる。先に説明した大腸菌のアスパラギン酸アミノトランスフェラーゼでは16番目のアミノ酸はリシンではなくプロリンであるため同じような構造はとれず, 芳香族アミノ酸アミノトランスフェラーゼと同様な形で芳香族アミノ酸を結合することはできない。しかしながら, アスパラギン酸アミノトランスフェラーゼの16番目のアミノ酸をリシンに変更するだけで芳香族アミノ酸に対しても活性が生じるかというとそう簡単ではない。1つのアミノ酸を置換すると, その周辺のアミノ酸に影響を与えるからである。Fold-type Iに属する酵素で基質や反応を変換する試みはなされており, いくつか成功例も発表されているが, すべて複数のアミノ酸の変異が必要である。

*11　K. Hirotsu *et al.*, *Chem. Rec.*, **5**, 160-172 (2005)

11.4.2◇Fold-type IV に属するアミノトランスフェラーゼ

　アミノトランスフェラーゼの多くがFold-type Iに属しているが, Fold-type IVに属するアミノトランスフェラーゼも存在する。Fold-typeが違うと全体構造はまったく異なる。分岐鎖アミノ酸(バリン, ロイシン, イソロイシン)を基質とする分岐鎖アミノ酸アミノトランスフェラーゼ

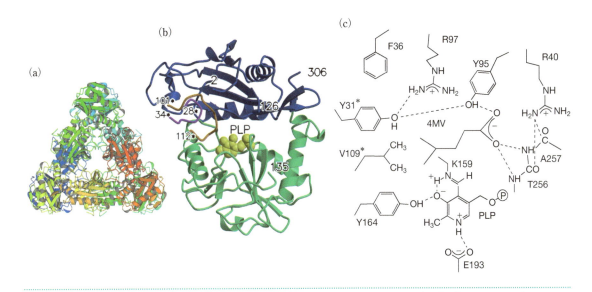

図11.19 *Thermus thermophilus* HB8由来分岐鎖アミノ酸アミノトランスフェラーゼの構造（PDB ID：2EIY）
(a)全体構造（六量体）。(b)単量体（隣のサブユニットのループ構造が活性部位付近に位置する）。番号はアミノ酸の残基番号。PLPを空間充填モデル（黄）で示す。2つのドメインを緑と青で示す。(c)4-メチル吉草酸（4MV）の結合様式の模式図。

はFold-type IVに属している。図11.19にThermus thermophilus HB8由来分岐鎖アミノ酸アミノトランスフェラーゼの構造を示す。図11.19(a)が六量体の構造，図11.19(b)が単量体の構造であるが，図11.19(b)から活性部位であるPLPはFold-type Iと同様に2つのドメインの境界に存在していることがわかる。PLPが結合する箇所には隣のサブユニットから伸びたループ構造の部分が存在する。図11.19(c)は，基質であるロイシンのアミノ基を水素に置き換えた化合物である，4-メチル吉草酸（4MV）が結合した活性部位の構造の模式図である。この図は図11.17(b)と同じ向きに，紙面の手前が酵素表面，PLPの奥が活性部位ポケットの底になるよう描かれているが，PLPの向きが左右逆（右側にリン酸基がある）になっていることがわかる。一方で，4MVの結合の仕方を見ると，アミノ酸基質は逆向きには入らずに，紙面右手にカルボキシ基を，左側に側鎖を向ける配置で，アスパラギン酸アミノトランスフェラーゼの基質と同じ向きに酵素に結合することがわかる。カルボキシ基の1つの酸素原子は，直接40番目のアルギニン残基と相互作用をしていないが，256番目のトレオニンや257番目のアラニンの主鎖を介して静電的な相互作用をしている。もう1つの酸素原子も95番目のチロシンを介して97番目のアルギニンが相互作用しており，アミノ基転移が起こる箇所に近い部分は強固に固定されていることがわかる。また，ロイシンの側鎖には，36番目のフェニルアラニンや164番目のチロシン，隣のサブユニットから31番目のチロシンや109番目のバリンが集まってきて疎水的な相互作用をしていることがわかる。分岐鎖アミノ酸アミノトランスフェラーゼも，アスパラギン酸アミノトランスフェラーゼや芳香族アミ

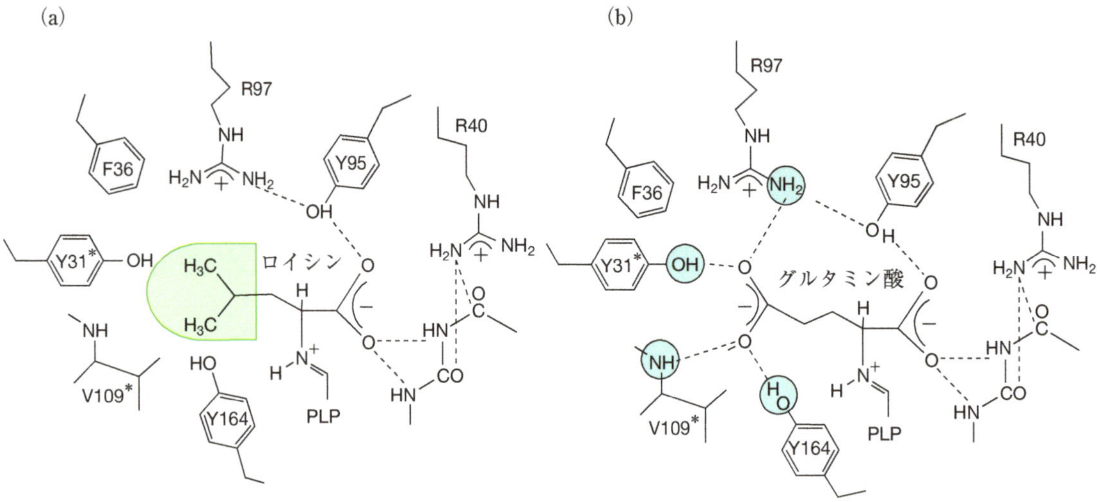

202 | 第11章 タンパク質工学の実際2—機能/構造タンパク質

図11.20 | **Thermus thermophilus** HB8 由来分岐鎖アミノ酸アミノトランスフェラーゼの基質結合様式
(a)バリンの結合様式（緑が疎水性ポケットを示す）。(b)グルタミン酸の結合様式（青は親水性の官能基を示す）。
[K. Hirotsu *et al.*, *Chem. Rec.*, **5**, 160-172 (2005) より改変]

ノ酸アミノトランスフェラーゼと同様，PMPをPLPに戻すのに使われるのは2-ケトグルタル酸—グルタミン酸の反応である。**図11.20**は実験結果で得られた構造から予測される結合様式を示している[*11]。図11.20(a)は，図11.19(c)の基質をロイシンに置換して，PLPとシッフ塩基を形成した状態を予想していたものであるが，緑で囲まれた部分が疎水性ポケットとなっており，バリンやイソロイシンもこのポケットの部分に側鎖を結合できると考えられる。図11.20(b)は，グルタル酸を結合した構造（PDB ID：1IYD）をもとに，グルタミン酸が結合してPLPとシッフ塩基を形成した状態を示している。この場合は，11.4.1項で説明した芳香族アミノ酸アミノトランスフェラーゼのやり方とは異なり，大きな水素結合の組み換えやアミノ酸のコンフォメーション変化を起こさず，そのまま結合することが可能となっている。グルタミン酸は，疎水ポケット部分に側鎖の途中の炭化水素でできた構造を結合させて，カルボキシ基の末端はポケットから外側に出るように向いている。そして，外側に向いたカルボキシ基に対して，親水性の官能基が相互作用している。

さらに勉強をしたい人のために

[第2章　アミノ酸とタンパク質の構造と性質に関して]

・船山信次，アミノ酸，タンパク質と生命活動の化学，東京電機大学出版局(2009)
　　→アミノ酸とアミノ酸由来物質の構造と機能，利用について詳細に書かれている。

・C. Branden, J. Tooze 著，勝部幸輝，竹中章郎，福山恵一，松原 央 監訳，タンパク質の構造入門 第2版，ニュートンプレス(2000)
　　→タンパク質の構造について基礎から詳しく述べられている。タンパク質の立体構造図が非常にわかりやすい。

[第3章　タンパク質の抽出・精製と分析に関して]

・長谷俊治，高尾敏文，高木淳一 編，タンパク質をつくる―抽出・精製と合成(2008)
　　→タンパク質の抽出・精製法，分析法などについて，原理から具体的な方法までわかりやすく書かれている。

[第4章　タンパク質の構造決定に関して]

・L. M. Harwood, T. D. W. Claridge 著，岡田惠次，小嵜正敏 訳，有機化合物のスペクトル解析入門―UV, IR, NMR, MS，化学同人(1999)
　　→UV, IR, NMR, MSの基礎的な解説書。ただし，タンパク質ではなく有機化合物に関して述べられている本である。

・J. Drenth 著，竹中章郎，勝部幸輝，笹田義夫，若槻壮市 訳，タンパク質のX線結晶解析法 第2版，丸善出版(2012)
　　→タンパク質のX線結晶構造解析について，結晶化からデータ収集，構造決定に至るまでの一連の流れが学べる基礎的な解説書。

・B. Rupp, *Biomolecular Crystallography : Principles, Practice, and Application to Structural Biology*, Garland Science(2009)
　　→800頁のかなりボリュームのある本であるが，発刊当時における最先端のタンパク質結晶学をすべて網羅している。

[第5章　タンパク質の生合成と分解に関して]

・L. A. Moran, H. R. Horton, K. G. Scrimgeour, M. D. Perry 著，鈴木紘一，笠井献一，宗川吉汪 監訳，ホートン生化学 第5版，東京化学同人(2013)
　　→生化学全体がわかりやすくかつ詳細に書かれている。

・D. Papachristodoulou, A. Snape, W. H. Elliott, D. C. Elliott 著，村上 誠，原 俊太郎，中村元直 訳，エリオット生化学・分子生物学 第5版，東京化学同人(2016)
　　→生化学と細胞生物学の両方をバランスよく理解できる。

・J. M. Berg, J. L. Tymoczko, L. Stryer 著，*Biochemistry, 7th Edition*, Palgrave MacMillan(2011)
　　→生化学と細胞生物学の全容が36のChapterにまとめられている。Chapter 30がタンパク質の生合成である。英語で書かれた教科書を求めている方にお薦めしたい。日本語訳は入村達郎，岡山博人，清水

孝雄 監訳，ストライヤー生化学 第7版，東京化学同人(2013)。

[第6章　タンパク質の構造形成と輸送]

- C. T. Walsh, *Posttranslational Modification of Proteins : Expanding Nature's Inventory*, W H Freeman(2005)
  →翻訳後修飾について詳しく書かれている優れた本。
- 稲垣昌樹 編，タンパク質の翻訳後修飾解析プロトコール，羊土社(2005)
  →さまざまな翻訳後修飾の解析法について書かれた良書。実験プロトコールではあるが，翻訳後修飾の種類についての勉強にもなる。
- R. H. Pain 編，崎山文夫 監訳，河田康志，桑島邦博 訳，タンパク質のフォールディング 第2版，シュプリンガー・フェアラーク東京(2002)
  →タンパク質のフォールディングについて専門的に学びたい場合にも参考になる。
- 遠藤斗志也 編，タンパク質の一生集中マスター――細胞における成熟・輸送・品質管理(バイオ研究マスターシリーズ)，羊土社(2007)
  →分子シャペロンの働きやタンパク質の成熟，輸送についてなどの全体を把握するのに参考になる。

[第7章　酵素としてのタンパク質に関して]

- L. A. Moran, H. R. Horton, K. G. Scrimgeour, M. D. Perry 著，鈴木紘一，笠井献一，宗川吉汪 監訳，ホートン生化学 第5版，東京化学同人(2013)
  →酵素に関する基本的事項がわかりやすくかつ詳細に解説されている。
- T. D. H. Bugg 著，井上國世 訳，入門 酵素と補酵素の化学，シュプリンガー・フェアラーク東京(2006)
  →酵素反応がいろいろな視点から詳述されている。酵素学の深みを味わえる良書である。
- J. M. Berg, J. L. Tymoczko, L. Stryer 著，*Biochemistry, 7th Edition*, Palgrave MacMillan(2011)
  →Chapter 8, 9, 10が酵素学である。酵素の構造，反応速度論および反応機構がバランスよく解説されている。

[第8章　遺伝子工学に関して]

- 田村隆明 編，改訂第3版 遺伝子工学実験ノート(上)――DNA実験の基本をマスターする，羊土社(2009)
  →タンパク質工学に用いる遺伝子工学実験の具体的な実験方法がわかりやすく解説されている。
- 菅野純夫，鈴木穣 監修，次世代シークエンサー――目的別アドバンストメソッド，学研メディカル秀潤社(2012)
  →次世代シークエンサーについて，基本的な用語から目的別の実験方法までわかりやすく解説されている。
- 綱沢進，平野久 編，プロテオミクスの基礎，講談社(2001)
  →プロテオミクスの概念からタンパク質の機能改変の手法まで，プロテオーム解析の具体的な実験手法についてわかりやすく解説されている。

[第9章　遺伝子発現とタンパク質精製に関して]

- 永田恭介，奥脇暢 編，目的別で選べるタンパク質発現プロトコール(実験医学別冊25)，羊土社(2010)
  →タンパク質の発現系の種類とそれぞれの特徴および実験プロトコールについてわかりやすく書かれている。
- S. J. Higgins, B. D. Hames, *Protein Expression : A Practical Approach*(Practical Approach Series), Oxford

University Press（1999）

→幅広いタンパク質の発現系を網羅した良書。少し古いが基礎を学ぶのによい。

- G. Gellissen 編, *Production of Recombinant Proteins : Novel Microbial and Eukaryotic Expression Systems,* Wiley-Blackwell（2005）

→タンパク質発現実験を行っている研究者にとってもたいへん参考になる優れた本。実用面と理論の両方について詳しく解説されている。

- 岡田雅人, 宮崎 香 編, 改訂第4版 タンパク質実験ノート（上）―タンパク質をとり出そう, 羊土社（2011）

→タンパク質の精製と発現系についての情報が多く掲載されていて参考になる。

索　引

【欧　文】

BCA法	▶35
BLAST	▶123
CDスペクトル	▶41, 42
COSY	▶44
D–Dペプチダーゼ	▶96
DNAシーケンサー	▶118
DNAポリメラーゼ	▶53, 112, 161
DNAリガーゼ	▶106
FLAGタグ	▶30, 144
FT–IR	▶43
GFP	▶194
GPI修飾	▶71
Gタンパク質結合受容体	▶191
Hanahan法	▶132
^{1}H–^{15}N HSQC	▶44
IPTG	▶108
IR/MAR遺伝子増幅法	▶148
KDEL配列	▶79
lacオペロン	▶56, 140
LC–MS/MS	▶40
Native–PAGE	▶33
Ni^{2+}キレートカラムクロマトグラフィー	▶150
NMR	▶44
Overlapped extension法	▶135
PAGE	▶32
PCR	▶114
Protein Data Bank	▶49
pUC18	▶107
QuikChange法	▶136
RNAプライマー	▶55
SAXS	▶47
SDS–PAGE	▶33
Sec経路	▶81
Strep–tag®/Strep–Tactin®システム	▶151
Swiss–Prot	▶66
S–ニトロシル化	▶70
Tat経路	▶82
TAクローニング	▶133
UV法	▶34
X–gal	▶108
X線結晶構造解析	▶45
X線自由電子レーザー	▶48
X線小角散乱法	▶47
αヘアピンモチーフ	▶18
αヘリックス	▶15
β構造（βシート構造）	▶16
βヘアピンモチーフ	▶18
β–ラクタマーゼ	▶96
γ–レゾルシン酸デカルボキシラーゼ	▶171

λファージ	▶111

【ア】

アガロースゲル電気泳動	▶116
アクアポリン	▶186
アシル化	▶70
アシルキャリアータンパク質	▶72
アスパラギン酸アミノトランスフェラーゼ	▶94
アデノシルコバラミン	▶72
アフィニティークロマトグラフィー	▶30, 144, 149, 150
アミノアシルtRNA	▶59
アミノ酸	▶7
——の一文字表記	▶8
——の三文字表記	▶8
アミノ酸配列	▶13, 37
アルカリ抽出法	▶134
アレニウスの式	▶100
アロステリック効果	▶100
アロステリック酵素	▶100
アンチカオトロピックイオン	▶25
アンチコドン	▶59
アンピシリン	▶128
イオン交換クロマトグラフィー	▶29
イオンチャンネル	▶186
移行シグナルペプチド	▶80
異性化酵素	▶85, 86
イソプレニル化	▶70
イソプロピル–β–チオガラクトピラノシド	▶108
イソメラーゼ	▶86
一次構造	▶13, 37
——の決定法	▶37
一文字表記	▶8
遺伝子クローニング	▶122
遺伝子導入法	▶131
インサート	▶122
インスリン	▶192
インバースPCR	▶129
インポーチン	▶81
ウイルスベクター	▶110
エドマン分解	▶37
エナンチオマー	▶8
エピトープタグ	▶144
エフェクター	▶100
エラープローンPCR	▶137, 156
エレクトロスプレーイオン化	▶40
エレクトロポレーション法	▶132
塩析	▶27
円偏光	▶41
円偏光二色性	▶42
岡崎フラグメント	▶55
オキシゲナーゼ	▶180
オートファジー	▶63, 64
オープンリーディングフレーム	▶139

オペロン	▶56

【カ】

界面活性剤	▶25
カオトロピック試薬	▶25
カオトロピック変性剤	▶152
鍵と鍵穴モデル	▶93
可逆的な阻害	▶96
核移行シグナル	▶80
核酸	▶51
核磁気共鳴	▶44
核多角体ウイルス	▶149
加水分解酵素	▶85
活性化エネルギー	▶87
活性部位	▶93
カナマイシン	▶128
可溶化	▶24, 152
カラムクロマトグラフィー	▶29
カルボキシ化	▶68
キシラナーゼ	▶157
ギブソン・アセンブリー法	▶126
キモシン	▶1
逆転写酵素	▶159
キャピラリー式蛍光DNAシーケンサー	▶119
吸着クロマトグラフィー	▶32
金属酵素	▶179
金属タンパク質	▶179
グルコーストランスポーター	▶186
グルタチオンS-トランスフェラーゼ	▶30, 144, 150
グルタミン酸デヒドロゲナーゼ	▶21
クロラムフェニコール	▶128
形質転換	▶108
形質転換体	▶134
ゲノムウォーキングPCR	▶123, 124
ゲルろ過クロマトグラフィー	▶31
限外ろ過膜	▶28
原核生物	▶139
光学異性体	▶9
光学活性	▶8
酵素	▶85
――基質複合体	▶90
――の分類	▶85, 87
――番号	▶85
――反応速度論	▶89, 92
抗体酵素	▶102
酵母	▶145
合理的な再設計	▶155
コザック配列	▶145
コスミドベクター	▶111
コドン使用頻度	▶143
コラーゲン	▶20
コンセンサス配列	▶139
昆虫細胞	▶149

コンピテントセル	▶131
コンフォメーション	▶15

【サ】

最大反応速度	▶91
最適pH	▶99
最適温度	▶100
酢酸マレイルレダクターゼ	▶176
サブクローニング	▶133
サブユニット	▶19
サルベージ合成系	▶19
サンガー法	▶118
酸化還元酵素	▶85
三次構造	▶18
三文字表記	▶8
紫外吸収法	▶34
シグナル認識粒子	▶78
シグナル配列	▶73
シグナルペプチド	▶77
脂質修飾（脂質アンカー）タンパク質	▶70
ジスルフィドイソメラーゼ	▶74
ジスルフィド結合	▶73
次世代DNAシーケンス技術	▶120
失活	▶19
質量分析	▶39
ジデオキシ法	▶118
シトクロム	▶181
ジヒドロピリミジンデヒドロゲナーゼ	▶183
ジヒドロ葉酸レダクターゼ法	▶148
シャイン―ダルガーノ配列	▶61
シャトルベクター	▶107, 146
シャペロン	▶75
臭化シアン	▶38
宿主	▶107
――の選択	▶130
小胞体移行ペプチド	▶77
人工遺伝子合成	▶141
スター活性	▶129
スタッキングゲル	▶33
ストレプトアビジン	▶151
スーパーオキシドジムスターゼ	▶181
制限酵素	▶105
成熟	▶65
赤外吸収スペクトル	▶42
セリンプロテアーゼ	▶93
全アミノ酸スキャニング変異導入法	▶157
遷移状態	▶87
遷移状態アナログ	▶102
セントラルドグマ	▶51
相同性検索	▶123
阻害剤	▶96
阻害定数	▶98
疎水性相互作用クロマトグラフィー	▶32

【タ】	
大腸菌タンパク質発現系	▶126
タイチン	▶49
耐熱性NADP依存性D−アミノ酸デヒドロゲナーゼ	▶162
耐熱性タンパク質の精製	▶153
楕円偏光	▶42
多角体	▶110
ターン構造	▶16
胆汁酸系界面活性剤	▶25
タンデム質量分析計	▶40
タンパク質	▶7
──工学	▶1, 155
──ソーティング	▶77
──ターゲティング	▶77
──の可溶化	▶24
──の構造形成の熱力学	▶77
──の精製	▶28
発現──	▶149
封入体からの──	▶151
──の抽出	▶23
──の発現	▶139
原核生物における──	▶139
酵母における──	▶145
昆虫細胞における──	▶149
動物細胞における──	▶147
──の分解	▶63, 64
チアミンピロリン酸	▶72
チオレドキシン	▶144
チモーゲン	▶72
超二次構造	▶17
直線偏光	▶41
チロシンキナーゼ	▶192
定常状態近似	▶90
デノボ合成系	▶19
転移酵素	▶85
電子顕微鏡	▶47
転写	▶56
──効率の向上	▶139
──の終結	▶61
天然構造	▶65
糖鎖付加	▶71
透析	▶28
透析膜	▶28
等電点	▶12
等電点電気泳動	▶33
動物細胞	▶147
特異性定数	▶91
ドデシル硫酸ナトリウム	▶25
ドメイン	▶19
トランスファーRNA	▶52
トランスロコン	▶78
トリトンX–100	▶152
トリプシン	▶38, 73

【ナ】	
二次元NMRスペクトル	▶44
二次元電気泳動	▶34
二次構造	▶14
ニック	▶129
二面角	▶14
ヌクレオシド	▶52
ヌクレオチド	▶51
熱力学第二法則	▶88
ノンコーディングRNA	▶53

【ハ】	
バイオインフォマティクス	▶49
バキュロウイルス	▶110, 149
発現タンパク質の精製	▶149
発現ベクター	▶126
バレルモチーフ	▶18
反応次数	▶89
反応阻害物質	▶96
反応速度定数	▶89
飛行時間型質量分析計	▶40
非コードRNA	▶53
ヒスチジンタグ	▶30, 144, 149
比旋光度	▶9
ビタミンB_6	▶94
ビタミンD合成酵素	▶161
ビタミンK	▶72
非タンパク質性アミノ酸	▶13
ヒートショックタンパク質	▶75
ピリドキサール5′−リン酸	▶71, 94, 197
ヒル係数	▶100
ビルトイン型補酵素	▶72
ピルビン酸デヒドロゲナーゼ	▶20
ファージ	▶106
ファージ・ディスプレイ法	▶102
部位特異的変異導入法	▶135
封入体	▶144
──からのタンパク質の精製	▶151
フーリエ変換赤外分光光度計	▶43
フェノール・クロロホルム抽出	▶122
フォーリン−チオカルトー試薬	▶35
フォールディング	▶65, 76
不可逆的な阻害	▶96
付加脱離酵素	▶85
複製	▶53, 56
複製フォーク	▶55
付着末端	▶105
プテリン	▶181
プラスミド	▶107
ブラッドフォード法	▶36
プリプロタンパク質	▶73
プロインスリン	▶72

プロ酵素	▶72
プロセシング	▶66, 72
プロテアソーム	▶63
プロテインシーケンサー	▶37
プロトロンビン	▶68
プロモーター	▶56, 139
分子シャペロン	▶75, 144
分子動力学シミュレーション	▶48
分泌タンパク質	▶83
平滑末端	▶105
ベクター	▶107
ペプチド	▶7
ヘモグロビン	▶19
ヘリックス	▶15
変性	▶19
補因子	▶94
補欠分子族付加	▶71
補酵素	▶94
ホスホロアミダイト法	▶124
ポリアクリルアミドゲル電気泳動	▶32
ポリシストロニックな転写	▶56
ポリヘドリン	▶110
ポリペプチジルキャリアータンパク質	▶72
ポリメラーゼ連鎖反応	▶114
ホローファイバー	▶28
翻訳	▶59
——効率の向上	▶142
翻訳後修飾	▶63, 66

【マ】

マキサム—ギルバート法	▶119
膜タンパク質	▶185
マトリックス支援レーザー脱離イオン化	▶40
マルチクローニングサイト	▶107
マルトース結合タンパク質	▶151
ミオグロビン	▶19, 21
ミカエリス—メンテンの式	▶90
メチル化	▶68
メチルコバラミン	▶72
メッセンジャー RNA	▶52
モチーフ	▶17
モチーフ配列	▶13

モノマー	▶19
モリブデン補因子	▶72

【ヤ】

薬剤耐性遺伝子	▶128
融合タンパク質	▶143, 149
誘導適合モデル	▶93
ユニット	▶115
ユビキチン	▶63
ユビキチン化	▶69
ユビキチン—プロテアソーム系	▶63
四次構造	▶19

【ラ】

ライゲーション	▶106
ラギング鎖	▶55
ラクトースオペロン	▶56
ラマチャンドランプロット	▶14
ランダムコイル構造	▶17
ランダム変異導入法	▶137, 156
ランニングゲル	▶33
リアーゼ	▶85, 86
リガーゼ	▶85, 87
リゾチーム	▶157
リーディング鎖	▶55
リフォールディング	▶76, 152
リボソーム	▶61
リボソーム RNA	▶52
硫酸アンモニウム	▶27
緑色蛍光タンパク質	▶194
臨界ミセル濃度	▶25
リン酸化	▶68
レチノール	▶72
レポーターアッセイ	▶196
連結酵素	▶85
レンネット	▶1
ロスマンフォールド	▶18
ローディングバッファー	▶117
ロドプシン	▶72, 191
ローリー法	▶35

著者紹介

老川典夫 博士（農学）
1991 年 京都大学大学院農学研究科博士後期課程農芸化学専攻 研究指導認定退学
現 在 関西大学化学生命工学部生命・生物工学科 教授

大島敏久 農学博士
1975 年 京都大学大学院農学研究科博士課程農芸化学専攻 退学
現 在 大阪工業大学工学部生命工学科 客員教授
京都教育大学名誉教授，徳島大学名誉教授，九州大学名誉教授

保川 清 医学博士
1984 年 東京大学大学院理学系研究科生物化学専攻修士課程 修了
現 在 京都大学大学院農学研究科食品生物科学専攻 教授

三原久明 博士（農学）
1999 年 京都大学大学院農学研究科博士後期課程農芸化学専攻 研究指導認定退学
現 在 立命館大学生命科学部生物工学科 教授

宮原郁子 博士（理学）
1994 年 大阪市立大学大学院理学研究科化学専攻後期博士課程 中退
現 在 大阪公立大学大学院理学研究科化学専攻 准教授

NDC464　　222 p　　26 cm

エッセンシャル　タンパク質工学

2018 年 2 月 23 日　第 1 刷発行
2023 年 2 月 20 日　第 4 刷発行

著　者　老川典夫・大島敏久・保川 清・三原久明・宮原郁子
発行者　鈴木章一
発行所　株式会社　講談社　　　　　　　　　　KODANSHA
　　　　〒 112-8001　東京都文京区音羽 2-12-21
　　　　　　販　売　（03）5395-4415
　　　　　　業　務　（03）5395-3615
編　集　株式会社　講談社サイエンティフィク
　　　　代表　堀越俊一
　　　　〒 162-0825　東京都新宿区神楽坂 2-14　ノービィビル
　　　　　　編　集　（03）3235-3701
本文データ制作　株式会社　双文社印刷
印刷・製本　株式会社　ＫＰＳプロダクツ

落丁本・乱丁本は，購入書店名を明記のうえ，講談社業務宛にお送り下さい。送料小社
負担にてお取替えします。なお，この本の内容についてのお問い合わせは講談社サイエ
ンティフィク宛にお願いいたします。定価はカバーに表示してあります。

©T. Oikawa, T. Ohshima, K. Yasukawa, H. Mihara, I. Miyahara, 2018

本書のコピー，スキャン，デジタル化等の無断複製は著作権法上での例外を除き禁じら
れています。本書を代行業者等の第三者に依頼してスキャンやデジタル化することはた
とえ個人や家庭内の利用でも著作権法違反です。

|JCOPY| 〈（社）出版者著作権管理機構 委託出版物〉
複写される場合は，その都度事前に（社）出版者著作権管理機構（電話 03-5244-5088，
FAX 03-5244-5089，e-mail：info@jcopy.or.jp）の許諾を得て下さい。

Printed in Japan

ISBN 978-4-06-153899-3

講談社の自然科学書

エッセンシャル食品化学	中村宜督・榊原啓之・室田佳恵子／編著	定価	3,520 円
エッセンシャル構造生物学	河合剛太・坂本泰一・根本直樹／著	定価	3,520 円
エッセンシャル植物生理学	牧野 周・渡辺正夫・村井耕二・榊原 均／著	定価	3,520 円
タンパク質の立体構造入門	藤 博幸／編	定価	3,850 円
はじめてのバイオインフォマティクス	藤 博幸／編	定価	3,080 円
よくわかるバイオインフォマティクス入門	藤 博幸／編	定価	3,300 円
生命科学のための物理化学 15 講	功刀 滋・内藤 晶／著	定価	3,080 円
たのしい物理化学 1	加納健司・山本雅博／著	定価	3,190 円
改訂 酵素―科学と工学	虎谷哲夫ほか／著	定価	4,290 円
改訂 細胞工学	永井和夫・大森 斉・町田千代子・金山直樹／著	定価	4,180 円
新版 ビギナーのための微生物実験ラボガイド	中村 聡・中島春紫ほか／著	定価	2,970 円
バイオ機器分析入門	相澤益男・山田秀徳／編	定価	3,190 円
新版 すぐできる 量子化学計算ビギナーズマニュアル	平尾公彦／監修 武次徹也／編	定価	3,520 円
すぐできる 分子シミュレーションビギナーズマニュアル DVD-ROM 付	長岡正隆／編著	価格	4,950 円
テイツ／ザイガー 植物生理学・発生学 原著第6版	L. テイツ・E. ザイガー／編 西谷和彦・島崎研一郎／監訳	定価	13,200 円

新バイオテクノロジーテキストシリーズ

バイオ英語入門	NPO 法人 日本バイオ技術教育学会／監修 池北雅彦・田口速男／著	定価	2,420 円
分子生物学 第2版	NPO 法人 日本バイオ技術教育学会／監修 池上正人・海老原 充／著	定価	3,850 円
遺伝子工学 第2版	NPO 法人 日本バイオ技術教育学会／監修 村山 洋ほか／著	定価	2,750 円
新・微生物学 新装第2版	NPO 法人 日本バイオ技術教育学会／監修 別府輝彦／著	定価	3,080 円

エキスパート応用化学テキストシリーズ

触媒化学	田中庸裕・山下弘巳／編著	定価	3,300 円
高分子科学	東 信行・松本章一・西野 孝／著	定価	3,080 円
生体分子化学	杉本直己／編著	定価	3,520 円
光化学	長村利彦・川井秀記／著	定価	3,520 円
分析化学	湯地昭夫・日置昭治／著	定価	2,860 円
機器分析	大谷 肇／編著	定価	3,300 円
錯体化学	長谷川靖哉・伊藤 肇／著	定価	3,080 円
有機機能材料	松浦和則／ほか著	定価	3,080 円
環境化学	坂田昌弘／編著	定価	3,080 円

※表示価格は消費税（10%）込みの価格です。 「2023 年 1 月現在」

講談社サイエンティフィク https://www.kspub.co.jp/